城市数字孪生导论

中国(上海)数字城市研究院　主编

同济大学 出版社
TONGJI UNIVERSITY PRESS

·上海·

图书在版编目(CIP)数据

城市数字孪生导论 / 中国(上海)数字城市研究院主编. —上海:同济大学出版社,2023.9
ISBN 978-7-5765-0713-3

Ⅰ. ①城… Ⅱ. ①中… Ⅲ. ①数字技术—应用—城市建设—研究 Ⅳ. ①TU984.2

中国国家版本馆 CIP 数据核字(2023)第 018294 号

2023 年上海市重点图书

城市数字孪生导论

中国(上海)数字城市研究院　主编

出 品 人　金英伟　　责任编辑　周原田
责任校对　徐逢乔　　封面设计　完　颖　　版式设计　朱丹天

出版发行　同济大学出版社　　www.tongjipress.com.cn
　　　　　(地址:上海市四平路 1239 号　邮编:200092　电话:021-65985622)
经　　销　全国各地新华书店、建筑书店、网络书店
排版制作　南京展望文化发展有限公司
印　　刷　上海丽佳制版印刷有限公司
开　　本　710 mm×1000 mm　　1/16
印　　张　23.5
字　　数　470 000
版　　次　2023 年 9 月第 1 版
印　　次　2023 年 9 月第 1 次印刷
书　　号　ISBN 978-7-5765-0713-3

定　　价　188.00 元

编　委　会

序 1

  党的二十大报告指出,"当前,世界之变、时代之变、历史之变正以前所未有的方式展开。……人类社会面临前所未有的挑战。世界又一次站在历史的十字路口,何去何从取决于各国人民的抉择。"诺贝尔经济学奖获奖者、著名经济学家约瑟夫·斯蒂格利茨(Joseph Eugene Stiglitz)曾预言:"影响人类 21 世纪生活有两大因素,一个是以美国为主导的全球新技术革命,一个是以中国为主导的城市化。"城市发展已成为中国高质量发展的关键动力和区域经济协同并进的重要引擎。本书在梳理城市发展的历程基础上,总结了超大城市发展所面临的挑战,指出城市数字孪生系统是支撑城市数字化、可视化和智能化必不可少的新基建,总结和提炼了超大城市数字孪生典型应用场景,从新体系、新要素、新模式、新愿景等维度进行阐述,为打造数字城市先行示范提供了理论与实践相结合的解决方案,具有一定的理论意义和实践价值。

  2023 年 2 月,中共中央、国务院印发《数字中国建设整体布局规划》,从党和国家事业发展全局和战略高度,提出了新时代数字中国建设的整体布局,明确了数字中国建设的指导思想、主要目标、重点任务和保障措施。文件将"打通数字基础设施大动脉"作为夯实数字中国建设基础的重要一环,为我国数字基础设施建设指明了发展方向,提供了强有力的政策支撑。数字孪生,以模型和数据为基础,达到物理实体状态在数字空间的精准映射,通过数字孪生体的诊断、分析和预测,进而优化实体对象在其全生命周期中的决策、控制行为,最终实现实体与数字模型共享智慧和协同发展。城市数字孪生是数字孪生技术在城市领域融合应用的产物,是引领城市这一复杂巨系统数字化转型的重要抓手,其全局视野、精准映射、模拟仿真、虚实交互、智能干预等典型特性正加速推动城市治理和各行业领域应用创新发展,在我国城市交通管理、能源管理、规划设计、环境监测等领域已形成了一些有代表性的应用场景,并向城市全要素表达、预警预测、场景仿真推演、态势感知、智能决策等领域深入发展。在这一大背景下,上海正以数字化为引领,通过"整体性转变、全方位赋能、革命性重塑"创造性地解决超大城市治理和发展难题。

大学与城市双向赋能,融合发展。《城市数字孪生导论》由来自同济大学、华为、中国电信的多位教授、专家联袂合作,是集体智慧的结晶和多学科协同创新的产物;也是大学知识外溢,服务上海城市数字化转型的力作,非常值得肯定。本书在梳理国内外理论和实践的基础上,从数字化转型与数字孪生、数字孪生与城市数字孪生系统、城市数字孪生核心技术及其引领下的未来城市形态、数字孪生典型场景应用等方面,为读者立体展示了数字孪生技术全方位重塑城市治理模式和生活方式的图景,特别推荐给有志于了解城市数字化转型、数字孪生底座的政策决策者、业界研究者和行业探索者阅读和参考。

陈杰

中国工程院院士

2023 年 3 月

序 2

改变未来世界的契机已经到来,高创新性的认知已经成为一种动能。凯文·凯利(Kevin Kelly)在《必然》一书提出:"过去30年里塑造数字科技的强劲浪潮还会在未来30年中继续扩张、加强,当我们面对数字领域极力向前的新科技时,未来的科技生命将会是一系列无尽的升级,而迭代的速度正在加速⋯⋯"。未来的城市站在历史长河的十字路口,凝视着穿梭于过去和未来的信息洪流,一股是来自城市发展可见且确定的数字化力量,一股是来自城市变革潜在且超越的数字化生产力。回顾历史上的科技革命给城市发展带来的双重深远影响,第一次科技产业革命带来了工业化城市的兴起(如港口、资源),构建了工业化城市体系和功能分工,同时引发了"污染""居住""健康"等城市病;第二次科技产业革命的新电力、新通信、新交通加速了生产和资本的集中,加速形成了可流通的城市群和可联合的企业组织,同时带来"资源匮乏、贫困、基础设施落后"等城市病;第三次科技产业革命全面推动人类社会的整体变革,科技发展速度越来越快、科技成果转化周期越来越短,人类经历了规模最大、速度最快的城市化进程,城市成为人类伟大的发明,但同时"城市病"相伴而生,人口膨胀、环境恶化、交通拥堵、能源危机等成为未来城市的治理缺口。

以5G、云计算、AI、新能源、新材料、虚拟现实、量子技术为代表的第四次科技产业革命,每个领域的技术进步呈指数级增长,从而推动人类社会达到前所未有的智能水平和高度的物质文明,也将带来城市发展的新一轮飞跃。正如《智能世界2030》报告所言,"站在智能世界的入口,眺望2030年:人们希望进一步提升生命质量,普惠绿色饮食,改善居住体验;不再受出行拥堵和城市环境污染的困扰,无顾虑地使用绿色能源、享受各种数字服务;放心地将重复性的、危险的工作交给机器人来完成,从而把更多时间和精力投入到有意义、有创意的工作和兴趣中去。"

1

想象未来靠科幻,创见未来靠科技,未来城市孪生造。未来数字孪生城市将由一系列创新的科学与技术来"建造",华为云秉承"一切皆服务"的理念,联合学术界和产业界不遗余力地推动科技进步与发展,通过数字孪生技术让城市的进化与演进插上想象的翅膀。《城市数字孪生导论》给读者绘制了一幅地图(城市数字孪生技术图谱),并且送上一个指南(数字孪生城市建设指引)。希望学术研究者和专业工作者以此为参考,参考我们在实践中的亲身经历,激发出更多的知识和想法,从而形成更优的研究方法以及清晰的实践理论体系。

尚海峰

华为云 Stack 总裁

2023 年 2 月

序 3

自人类文明出现以来,城市的演变,一直是文明进程的独特见证。城市,不仅是人类创造力、社会进步和文化繁荣的缩影,也是人类梦想的承载体。

过去数十年间,数字技术的基础能力集不断扩充,应用能力集则不遗余力地赋能不断演变的城市结构,丰富并延展着文明的内涵。其中,数字孪生让城市有了更旺盛的生命力和更丰富的想象力。

仅以字面理解,城市数字孪生意指一座城市在比特世界里的"再生"与"复刻",是现实世界的镜像。然而,某种程度上,城市数字孪生更像是对现实世界的"预言":诞生六千年之后,城市形态第一次突破了时空维度,城市实体与虚拟形态融合互鉴,其复杂性、有机性、动态性以及自我调节的能力,最终可能进化为一种可追溯过去、可感知现在、可推演未来的"超能力",融入城市生活、生产、公共空间之中。

毫无疑问,这是科技的胜利。伴随新型数字基础设施和智能终端的不断升级和普及,大数据、人工智能、AR / VR、BIM、仿真传感等技术的大规模应用,数字孪生进入了集成融合发展的新维度。

通过将数字孪生的思维、方法和技术应用于城市运营与发展,建立城市物理空间、社会空间与数字空间之间全要素、全天候、全周期的精准映射和多维连接,城市管理者可以实现对城市态势的实时感知、深度洞察、交互控制和智能干预,而生成式人工智能的技术突破,大规模语言模型出现后的智能"涌现",更将人与数字孪生的技术鸿沟逐渐"填平"。城市,在数字孪生的世界里,将进化出无限可能。每一条数据的流动,都是城市的一次心跳,每一个决策,都是城市的一次呼吸,每一次创新,都是城市的一次演进,每一位建设者,都是城市文明的受益者。

如今,城市数字化转型升级行至云深处,以"让数字有温度""让治理有人情""让服务有温情""让市民有热情"理解城市数字孪生,是摆在城市建设者、管理者、科技工作者面前的重要课题。

从这个意义上说,《城市数字孪生导论》的出版恰逢其时。在这本书中,作者深入探讨了城市、文明和数字之间复杂而深刻的关系,阐述了国内外城市发展历程和数字孪生的概念流变,分析了运用数字孪生技术的必要性和可行性,也对数字孪生技术体系架构和核心技术进行了系统性的研究和介绍,并对未来城市发展进行了展望。

同时,全书列举的城市数字孪生诸多典型应用场景和案例,生动而有借鉴意义。城市管理者,抑或城市建设者,都可以将本书作为工具,了解数字孪生在不同领域的应用效果和形态,从而启发创新思维,激发实践激情,描摹城市未来。

当然,数字孪生城市建设势必带来新的伦理挑战和潜在的法律纷争,隐私保护和数据安全问题将持续浮出水面,城市规划和技术发展必须以可持续性和公平性为导向,确保每个城市居民都能享受到技术的裨益。阅读本书,将为我们思考城市未来,追求科技向善带来新的启迪、新的视角。

很高兴中国电信的专家参与了编写,为本书贡献了智慧。中国电信的云网边端一体化智云网络,为实现城市数字孪生提供了强大的算网能力支持,也在数字孪生应用领域积累了丰富的实践经验,在产业园区、工业制造、教育医疗、城市管理等场景形成了许多成功案例。

最后,希望本书的付梓能为我国城市数字孪生的创新和发展,以及实现数字善治贡献经验和智慧。

马益民

上海市通信学会荣誉理事长

2023 年 3 月

前言

随着物联网、云计算、大数据、人工智能等新兴技术的发展,人类经济和社会生活发生了巨大变革,人们越来越关注信息技术对城市发展的影响。技术革新也促进城市形态由单中心到多中心,再向分布式、网格化发展,对城市建设提出了更高的要求。国际上,各大城市开始通过城市数字化解决城市发展问题。当下,建设数字中国已经成为把握新一轮科技革命和产业变革新机遇的战略选择。

党的十九大以来,党中央高度重视信息化发展,制定了面向新时代的发展蓝图,提出建设网络强国、数字中国、智慧社会的指导方针。在党的二十次全国代表大会上,习近平总书记提出打造宜居、韧性、智慧城市的新要求。2023年2月,中共中央国务院印发的《数字中国建设整体布局规划》指出,加快数字中国的建设,对全面建设社会主义现代化国家、全面推进中华民族伟大复兴具有重要意义和深远影响。

2021年7月,在世界人工智能大会上,依托同济大学建设的中国(上海)数字城市研究院(以下简称"研究院")正式揭牌成立,同济大学党委书记方守恩兼任院长。研究院围绕"城市数字化转型"这一首要任务,立足上海、服务全国、面向世界。研究院计划开展数字城市前瞻性、综合性和基础性的研究,旨在打造数字城市研究的高端智库,培养数字转型和数字治理人才,为上海和全国全面数字化转型和数字城市建设提供理论、技术和人才支撑。

中国(上海)数字城市研究院在方守恩书记的带领下,针对城市数字化组织开展了大量调研工作,对数字化转型建设中的痛点、难点进行梳理并提供解决思路,工作成果形成了《城市数字孪生导论》一书。本书围绕城市发展及演化趋势,对数字孪生的起源、概念、特征及其技术的发展做了详细介绍,针对城市数字孪生系统与其核心技术等重点内容,结合项目案例进行深入解析,同时对数字孪生技术引领下的未来城市形态进行畅想,解构典型场景应用。

　　本书能顺利编写完成,首先感谢中国(上海)数字城市研究院团队成员细致的工作。陈启军、黄新林、钮心毅、安琨、陈斐斐在本书的框架起草、资料搜索与整理、内容编写、外部联系成书的过程中,倾注了大量心血和精力。本书共6章,第1章由周向红编写;第2章由陆剑峰、王健、刘建、戴薇、张浩共同编写;第3章由华为云计算技术有限公司胡玉海、徐俊、悦怡、王中一、季亮、杨瑜芹、王飞、乔丽娜共同编写;第4章中,4.1节由王中杰、徐瑞华、周峰共同编写,4.2节由叶伟、范睿共同编写,4.3节由李江峰、罗浩、李子玉、王博文共同编写,4.4节由郭露露、王宇雷、陈虹共同编写,4.5节由王俊元、石运梅、华静共同编写;第5章由刘超、戴娉偲、秦天、胡玶妍、郑艺鹏、张荣昌、田野佑民共同编写;第6章由中国电信上海公司周其刚、郑更河、王轶昇、胡越和上海电信工程公司辛炜博共同编写。

　　此外,感谢上海市经济和信息化委员会、上海市杨浦区科学技术委员会等地方政府给与团队的大力支持。在本书的编写过程中,编写团队参阅了国内外学者的相关论著及互联网上开放共享的信息,在此,谨向这些文章的作者一并表示衷心的感谢!

　　由于城市数字孪生交叉学科众多、涉及领域广泛,我们希冀以本书为引,为各地开展城市数字孪生建设提供指引,让更多的人聚焦城市数字孪生相关领域,从而加快数字中国的建设,助力中国式现代化。书中难免有谬误或不足之处,殷切期望广大读者提出宝贵意见,以便进一步修订!

编者

2023 年 4 月于上海

目　录

序 1

序 2

序 3

前言

第1章　城市驱动全球经济增长 ·· 1

1.1　城市化与城市发展 ·· 2

1.2　智慧城市、数字城市是城市发展的高级阶段 ··················· 3

1.3　数字化转型及数字孪生进入建设实施阶段 ······················ 6

1.4　城市数字孪生系统是必不可少的新基建 ························· 10

第2章　数字孪生 ··· 13

2.1　数字孪生的起源 ·· 14

2.2　数字孪生概念与特征 ·· 16

2.3　数字孪生技术的发展 ··· 25

第3章　城市数字孪生系统 ·· 87

3.1　城市数字孪生体系 ··· 88

3.2　城市数字孪生底座平台 ·· 108

第4章　城市数字孪生核心技术 ·· 167

4.1　仿真 ·· 168

4.2　智能算法 ··· 185

4.3　全要素多粒度时空模型 …………………………………… 222

4.4　隐私与网络安全 …………………………………………… 245

4.5　云网融合 …………………………………………………… 265

第 5 章　数字孪生技术引领下的未来城市形态 …………………… 283

5.1　数字孪生下的未来城市概述 ……………………………… 284

5.2　孪生技术下的未来实体城市 ……………………………… 286

5.3　孪生技术下的未来虚拟城市 ……………………………… 293

5.4　城市空间的数字孪生技术转型策略 ……………………… 299

第 6 章　数字孪生典型场景应用 …………………………………… 313

6.1　园区数字孪生 ……………………………………………… 314

6.2　工厂数字孪生 ……………………………………………… 321

6.3　校园数字孪生 ……………………………………………… 328

6.4　医院数字孪生 ……………………………………………… 332

6.5　交通数字孪生 ……………………………………………… 338

6.6　社区数字孪生 ……………………………………………… 343

6.7　新城数字孪生 ……………………………………………… 350

6.8　建筑数字孪生 ……………………………………………… 357

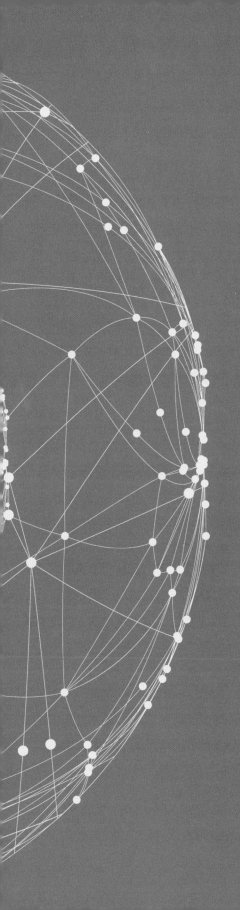

第1章
城市驱动全球
经济增长

1.1 城市化与城市发展

马克思指出,物质劳动和精神劳动最大的一次分工,就是城市和乡村的分离①。人类历史上的城市革命有三次②,第一次发生在奴隶社会末期,小农经济的诞生和奴隶对乡村小农经济的追求引起了奴隶城市的崩溃和封建城市的出现。第一次城市革命的直接结果,一方面使城市不仅有"城",而且有"市",城市开始成为手工业集中地和商品集散地,成为马克思所说的"真正的城市";另一方面出现了"城市乡村化",即"乡村在经济上统治着城市",工业在城市中和城市的各种关系上模仿着乡村。③ 第二次城市革命开始于18世纪中叶,工业革命的兴起不仅使资本主义城市彻底取代了封建城市,而且使资本主义城市发展获得了前所未有的动力。第二次城市革命的直接结果是城市工业化,社会生产力以极高的速度不断发展。乡村城市化加速,越来越多的人口从乡村迁入城市,享受着新的城市生活方式,随着生产和资本的高度集中,城市数量和规模不断膨胀,城市环境问题以及"城市病"开始出现。

第三次城市革命,也就是我们目前正在经历的城市革命,比前几次更为重要、影响更大、意义更为深远。第三次城市革命开始于20世纪70年代,以计算机的广泛应用和信息时代的出现为标志,知识经济取代了工业时代的物质经济,知识资本取代了物质资本,在生产力三要素中起决定作用,城市发展以人为中心,并进入数字化、个性化、分散化发展的时代,城市与乡村、人与环境进入共生、共享、共荣的"三共"时期。

西方的城市发展在历史上有过三次高潮,第一次是在公元前5世纪,以古希腊城邦社会为代表;第二次是在11—12世纪欧洲封建社会初期与中期之交,以首先开始于意大利的城市复兴为代表,后影响至巴黎等城市;第三次是在近代工业革命之后,18—19世纪迎来城市发展的高潮,至20世纪30年代后,西欧、北美出现旧城改建及新城规划的浪潮。1909年,英国颁布了第一部城市规划法案。同年,美国召开第一次全国城市规划会议,在会上公布了芝加哥的"花园城市运

---

① 马克思,恩格斯.德意志意识形态(3卷)[M].北京:人民出版社,1960:56.

② 杨重光.中国城市化与城市现代化[C]//中国科学院中国现代化研究中心.中国现代化战略研究:第一期中国现代化研究论坛文集,2003:80-88.

③ 马克思,恩格斯.德意志意识形态(3卷)[M].北京:人民出版社,1960:56.

动"规划方案并成立了建设委员会,该方案经过试验、推广,逐渐形成城市建设的潮流。工业革命后的 100 多年间,西方国家的城市建设经历了从乌托邦到花园城、生态城,从回归自然到将自然引入城市,尝试了许多解决城市发展的路径。城市不仅是效率优化的平台,也是经济发展的载体。新城市主义的影响、阿瓦尼原则,被认为是新城市主义"第一个正式宣言"。1996 年 5 月,美国南卡罗来纳州查尔斯顿的第四次会议上发表了《新城市主义宪章》,主张重建现存城市中心和城镇,保护自然环境和建筑。

　　城市化是社会生产力的变革所引起的人类生产方式、生活方式和居住方式转变的过程,具体表现为一个国家或地区内人口由农村向城市转移,农村区域逐渐转为城镇区域,城市规模不断扩大,城市在国家或区域内的主体作用不断强化的长期性过程。在人类漫长的发展史中,城市数量原来是极少的,在工业革命以后,随着工业化进程的加快,城市化在世界各主要工业化国家迅速发展起来,伴随特大城市、超级城市的诞生,地理空间相互毗连,社会经济结构融为一体的城市带也相继崛起[①]。

1.2　智慧城市、数字城市是城市发展的高级阶段

1.2.1　智慧城市从概念走向现实

　　城市的发展经历了以蒸汽机、纺织、水力为代表的第一长波,以内燃机、铁路化、船舶、航运为代表的第二长波,以电力、电气、石油、化工、钢铁、汽车为代表的第三长波,以原子能、航空、生物、电子通信、网络为代表的第四长波,目前已经进入第五长波。移动网络、云计算、物联网、纳米、生命环境、新能源等新一代技术正日渐融入城市的建设和发展。在五个长波斗转星移的过程中,智慧城市也从概念走向现实。如果说智慧城市建设的第一阶段是解决人机互联过程,以信息技术(IT)设备制造和应用软件为主,第二阶段则致力于实现万物在线互联、数据及协同创新,技术对城市的影响备受关注。数字孪生城市是智慧城市的升级版,虚实相生的数字孪生城市进一步助推城市治理现代化。

[①]　周向红,诸大建.健康城市项目的发展脉络与基本规则[J].中国公共卫生,2005(03):125-127.

随着技术的发展,尤其是物联网、云计算、数据获取及挖掘等技术的创新,以及新经济学、城市精明增长等理论的支撑,人们越来越关注信息技术对城市发展的影响[①]。如《欧盟智慧城市报告》从经济、环境、公众、流动、居住和管理六大维度界定了智慧城市。智慧城市是利用信息通信技术(ICT)和 Web 2.0 技术,提高城市发展的持续性和宜居性的城市发展模式。智慧城市发展需要将城市各类信息汇总,运用数字、信息及网络等技术,实现人口、资源、社会和经济及环境等要素的数字化、网络化、智能化以及可视化。智慧城市强调城市组织功能的非人工化,即解放人力,所有事务均可由计算机直接处理,它更为关注城市智能技术转让、智能产品开发、智能技术创新,是创新产业的温床。

1.2.2　国外智慧城市发展

国外智慧城市发展经历了四个阶段:1990—2000 年是萌芽期,光纤局域网、高速数字线路和 3S 等技术出现;2001—2007 年是奠基期,传感器网络、2G 和 Wi-Fi 等新技术出现;2008—2012 年是发展期,云计算和社交网络快速发展;2013 年至今是发展深化期,4G 和人机互动等技术出现。经过多年的实践,其建设规范、发展模式和应用范围及评价标准已基本形成。

美国自 1993 年以来制定了一系列建设智慧城市的实践平台,包括城市智能电网、联邦智能交通系统、电子健康记录系统、智能停车系统、智能道路照明工程、智慧社区建设等。

欧洲自 2000 年以来颁布了一系列建设智慧城市的规划,通过信息共享和低碳战略推动城市的低碳、绿色和可持续发展。如英国南安普敦市以"智能卡"项目成为英国第一个智慧城市;荷兰阿姆斯特丹市对住宅及设施实施节能技术来降低城市资源能量消耗量;瑞典斯德哥尔摩市被评为首个"欧洲绿色首都";西班牙巴塞罗那成立第一个国际 Fab Lab 来体验城市自主学习的快乐。

日本自 2005 年以来逐步实现了"基于电脑终端通信的电子向导社会"。韩国首尔从 2006 年开始加强信息技术在城市公共规划和智能管理中的应用。新加坡于 2006 年开始构建互联互通的信息社会,推动公共政府、金融服务、教育发展、媒体娱乐、医疗保健、旅游与零售业、制造与物流等领域的智能化。

---

① 周向红,常燕军.智慧城市发展脉络与基本规则论略[J].河南社会科学,2017,25(04):120-122.

1.2.3　中国智慧城市发展

国内智慧城市发展经历了三个阶段：1990—2007 年是萌芽期，信息技术基础建设全面展开，物联网、2G 和三网整合等新技术普及；2008—2010 年是初建期，云计算和 3G 等技术快速发展；2011 年至今是快速建设期，4G 网络和大数据等技术得到广泛应用。我国智慧城市建设的重点集中在交通、旅游、家庭、养老、医疗及电子政务等方面的智能化与智慧化。

在政策上，《国民经济和社会发展第十二个五年规划纲要》、党的十七大报告、《物联网"十二五"发展规划》等文件均提及发展智慧城市。2015 年"智慧城市"首次写进《政府工作报告》，相关政策也不断涌出。2017 年《政府工作报告》将人工智能（AI）、第五代移动通信等技术的研发和转化作为工作重点，持续推进智慧城市 2.0 建设，依法对新产业、新业态、新技术和新模式进行监管，是对国家制度和政府执政能力的考验。

与智慧城市并行的是我国各地政府信息化建设的历程。"九五"期间主要是建设政府网站，也就是通常所说的上网工程。"十五"期间主要是做部门业务信息化建设，政府内部"两网、一站、四库、十二金"基本建成。"十二五"期间主推信息资源共享、业务集成、并联审批、政务大厅，实现一站式服务。到了"十三五"，由于移动互联网和云计算技术的兴起，北京、上海、广州、深圳等一线城市陆续完成三次云化。第一次云化是信息基础设施的云化，是把各部委办局分散的信息中心的运算与存储设备合并为一个政务云计算中心。第二次云化是数据的云化，从原来的部委办局按照行政法规和行政内容所形成的行业业务数据库，用政务业务通办的逻辑关联起来，在路由层面实现大数据共享。第三次云化是服务的云化，把政府各个部门对老百姓和企业的服务和监管工作集成为一个可以在线办理的单一窗口，实现一门受理，全网通办。

随着智慧城市建设演进，数字性逐渐成为城市的技术特征。数字城市的概念越来越多地出现在报刊媒体，逐渐被认可。数字城市是一个复杂的系统，根据系统论的观点，整体性是其最主要的特征。在数字城市这个巨大的信息系统中，城市的各个职能部门只有遵循统一的规范和标准，在数字城市的综合数据平台上，在实现资源共享的前提下，实现互通互联，实现整个系统的一体化，才能充分发挥城市系统的功能和作用，最大限度地避免城市建设中的资源浪费和重复建设。

数字城市不仅要做到全面感知，还需要与物理城市融为一体，以计算机技术、多媒体技术和大规模存储技术为基础，以宽带网络为纽带，运用遥感、全球定位系统、地理信息系统、工程测量技术、仿真-虚拟等技术，对城市进行多分辨率、多尺度、多时空和多种类的三维描述，利用信息技术手段把城市的过去、现状和未来的全部内容在网络上进行数字化虚拟实现。数字城市是一个人地（地理环境）关系系统，它体现人与人、地与地、人与地的相互作用和相互关系，包括政府、企业、市民、地理环境等既相对独立又密切相关的子系统①。实际上，政府的管理、企业的商业活动、市民的生产生活无不体现出城市空间虚实结合。

1.3　数字化转型及数字孪生进入建设实施阶段

无论是政府信息化，还是智慧城市推进，人们逐渐意识到智慧城市是一项复杂的社会经济和技术的系统工程。好的流程需要与适合的技术匹配，而不是简单地应用技术，或者改革流程。从工业化大生产时代到互联网时代，政府治理模式经历了从一元化向网络化治理转变，传统的层级式治理模式不能满足以电子政务为中心的治理需求。一个包括可穿戴设备、物联网传感器、智能手机、平板电脑、笔记本电脑、量化的自我跟踪设备、智能家居、无人驾驶汽车等多种设备无缝对接的世界已经到来，城市需要逐渐习惯新的治理机制——互联网治理机制，如工作量证明机制、智能合约机制、互联网透明机制、社交网络互动评分机制，要求城市的发展方式同步更新。此外，城市的战略资源和竞争条件已经发生重大改变，随着智慧城市的推进和建设，已经逐渐形成城市信息技术导向、社会导向、经济导向、空间导向等多重维度的并重。城市的核心竞争力指标不仅包括土地、区位、人口、能源、资本，也增加了数字资源测量维度，区域内互联网企业行业领先度被纳入城市核心竞争力指标。在此背景下，上海、北京等城市提出了数字化转型的设想，浙江省提出数字化改革等重大举措。

在此过程中，人们希望能够突破传统"BIM+GIS+IoT"的技术瓶颈，融合城市历史、现状、未来的地上下、室内外的多尺度、多粒度信息模型，形成具备全空间

---

① 吴海,刘慧.浅谈数字城市的城域网特点[J].黑龙江科技信息,2014(24)：171.

特性的城市信息模型(CIM)基础平台,汇聚城市建设、运行、发展与更新的多源实时全量大数据,对城市海量多源异构进行数据统一管理,构建数字孪生城市的四维空间底座,全面掌控城市的运行状态,实现对城市的一体化、精细化管理,提高城市智慧治理能力。实现了城市过去可追溯、现在可感知、未来可推演的"超能力",助力城市高质量可持续发展,也就是数字孪生城市。

1.3.1　城市及城市数字孪生系统涌现

随着信息社会的演进,数字化转型已成为全球破解城市复杂巨系统发展难题的共识,如英国发布"数字宪章"、日本推进"超智能社会"、新加坡提出"智慧国计划"[①],数字化已成为提升城市核心竞争力和治理能力现代化水平的关键之举。

数字化转型(Digital Transformation)最初是企业范围的概念。IBM 认为,数字化转型是通过整合数字和物理要素,系统进行整体战略规划,进而实现"客户价值"和"运营模式"两方面的整合转型[②]。摩根大通则认为,数字化转型由打造领先的数字化体验、布局生态圈、创新数字产品、打造技术型组织和能力等一系列措施共同组成[③]。近年来,数字化转型拥有大量的研究成果,研究主要集中在数字化转型的推动力,数字化转型所需的资源和能力,以及其转型的过程和方式、优势等多个方面。早期的企业数字化转型多聚焦于企业的内部信息系统管理上,如内部资源规划配置、客户关系管理系统等[④]。随着网络时代的到来,数字技术的应用范围不断拓展,在大数据、区块链等新兴信息技术下的数字化转型领域的研究越来越多。如乔治(George)等认为借助大数据和数据科学进行管理学研究能够提高已知实证研究结果的准确性,还有可能促使管理者提出新的研究问题,采用更精细的分析单元[⑤]。丹部(Tambe)等指出人工智能可以应用于人

① 王东伟."数字化转型"将为智能建筑行业带来新的发展机遇[J].智能建筑,2021(01):25-26.

② BERMAN S J. Digital transformation: opportunities to create new business models[J]. Strategy & Leadership, 2012, 40(02):16-24.

③ OMARINI A. The digital transformation in banking and the role of FinTechs in the new financial intermediation scenario[J]. MPRA Paper, 2017, 1(07):6.

④ BOERSMA K, KINGMA S. From means to ends: the transformation of ERP in a manufacturing company[J]. The Journal of Strategic Information Systems, 2005, 14(02):197-219.

⑤ GEORGE G, OSINGA E C, LAVIE D, et al. Big data and data science methods for management research[J]. Academy of Management Journal, 2016, 59(05):1493-1507.

力资源管理的挑战,如处理小数据集带来的约束、公平及道德法律问题,员工对基于人工智能的决策的负向反应等①。

随着数字化转型概念和关注度的提升,数字化转型领域不断拓展,研究工作不断深入,这一概念逐渐扩展到城市数字化转型等领域。有关城市数字化转型的相关理论,国内外仍在探索研究中,学界对于城市数字化转型尚未形成统一的定义。IBM 认为,城市数字化转型是通过要素整合,系统进行的整体战略规划,城市数字化转型提供了政府、交通、电力、能源、医疗、安防、教育在内的解决方案,帮助城市实现新产业、新模式、新环境、新服务与新生活②。李文钊提出城市数字化转型是城市为了适应技术变革的浪潮,其自身也需要进行的适应性的数字化变革③。海麦莱宁(Hämäläinen)指出城市数字化转型是城市积极支持现代数字技术,以促进数字化以及基于数据的创新和知识经济的出现④。安东尼(Anthony)提到数字技术的发展使城市转型,以简化智能服务并提供新产品,改变了公民和利益相关者的生活、工作、协作和交流方式⑤。因而,本书将城市数字化转型界定为城市在互联网、大数据、人工智能等新兴信息技术创新应用的基础上,以市民为中心,以数据要素为驱动,为城市精细化与精准化管理赋能的城市发展模式。

数字化转型在城市中的应用在国内外城市建设发展中离不开顶层设计的支持,国外政府积极利用数字技术改善治理和服务,如美国发布的《白宫城市数字化转型行动倡议》、新加坡的"智慧国 2025"计划、日本的"I-Japan"战略等⑥。阿克梅多娃(Akhmedova)以俄罗斯大型项目"智慧城市"萨马拉为例,讨论了历史城市如何进行数字化转型,确定了历史区域结构中创新技术的实施⑦。我国的

---

① TAMBE P, CAPPELLI P, YAKUBOICH V. Artificial intelligence in human resources management: challenges and a path forward[J]. California Management Review, 2019, 61(04): 15-42.

② WLLG A. IBM's smart city as techno-utopian policy mobility[J]. City, 2015, 19(02-03): 258-273.

③ 李文钊. 双层嵌套治理界面建构: 城市治理数字化转型的方向与路径[J]. 电子政务, 2020(07): 32-42.

④ HÄMÄLÄINEN M. A framework for a smart city design: digital transformation in the Helsinki smart city[J]. Vanessa Ratten, 2020: 63-86.

⑤ JNR B A. Managing digital transformation of smart cities through enterprise architecture: a review and research agenda[J]. Enterprise Information Systems, 2021, 15(3): 299-331.

⑥ 杜传忠, 陈维宣, 胡俊. 发达国家人工智能发展经验以及中国的借鉴[J]. 湖南科技大学学报(社会科学版), 2019, 22(03): 45-52.

⑦ AKHMEDOVA E, VAVILONSKAYA T. Digital transformation of existing cities[C]//E3S Web of Conferences. Paris: EDP Sciences, 2019, 110: 02027.

城市数字化转型起源于 20 世纪 80 年代初的"经济管理信息化",成熟于 2012 年的"信息惠民"和"新型智慧城市"建设①,北京、上海等超大城市分别在城市大脑、数字政府、智慧城市等不同话语叙事之下,不断推进中国特色的城市数字化转型②。

1.3.2　数字化转型与城市数字孪生

不管城市如何变化,城市总是会扮演着总部城市、创新中心或者其他角色。城市也到处布满"下为地、上有屋顶、四周有墙围绕"空间;而且这个空间是具有使用价值和交换价值的。每一个空间都有相对于其他空间的独特的生活方式,影响着生活在其边界内的人们可获得的生活水平和机会。空间的交换价值表现为租金,使用价值则表现为价格。城市的空间不仅仅取决于几何学、地理及自然资源,更取决于周围社会组织互动。空间被城市官僚、精英在土地规划、公共规划、日常生活等不同维度进行安排,成为城市财富产生的源泉、可持续增长的根本。进入数字经济时代,空间的边界及互动都发生了巨大的变化。曼纽尔·卡斯特尔(Manuel Castells)的《信息时代三部曲:经济、社会与文化》指出,物理空间由于网络空间的出现从传统文化、历史的意义中剥离出来,时间的这一概念也与其同样从新空间中脱离。③ 他指出,现代通信技术驱动着全球范围内的资本、信息、科技的流动以及组织性交互流动,也驱动着图像、声音与符号的流动。在网络化流动空间里,一切形态的流动均是通过数据这一载体或"桥梁"得以形成,从这一意义上说,整个网络与信息系统可以看作是以数据流动为基础的社会实践活动,这一基础既构成了线上虚拟空间里社会实践活动不断生产与再生产所需要的资源,也对线下实体空间内各类社会实践活动对自然与社会的再配置产生了影响,这一新空间性概念为城市孪生系统奠定了基础。

数字化转型不仅拓展了城市空间令其虚实交互无边界,同时也让数据成为新的生产要素。不过正如农业经济时代劳动力需要借助锄、犁等生产工具方能和土地结合产生五谷粮食,技术和资本需借助汽车、高铁、飞机等才能开疆拓土。

① 黄璜.中国"数字政府"的政策演变:兼论"数字政府"与"电子政务"的关系[J].行政论坛,2020,27(03):47-55.
② 李文钊.数字界面视角下超大城市治理数字化转型原理:以城市大脑为例[J].电子政务,2021(03):2-16.
③ CASTELLS M, CARDOSO G. The network society[M]. Oxford: Blackwell, 1996: 107-108.

数据释放价值的前提是流动①。数据流动可以发生在内部或外部,可以产生于区域、国家甚至全球之间,也可以来自技术和应用系统、数据网络、物理和数据空间中。随着数字化转型的不断推进,数据要素日益和场景结合,不仅成为重要的生产要素,也成为政治治理重要区域。数据流通过程中,技术发展的条件与参与主体逐渐突破行政边界。各职能部门因数字连接,关系日益紧密。政府逐渐将线下的行政权威和数据汇集融合,共同扩大供给范围、服务品质。在数字时代,技术主权和权威处于动态构建之中,不断凸显。在此过程中,城市数字孪生系统也就应运而生。城市数字孪生系统与虚实互动的空间融合,并接收数据背后的社会角色、关系、层级、制度或价格及数据流动过程形成的节点,同时支撑各种开发应用,如各类城市服务 App(应用程序)。城市数字孪生系统如同数字经济城市底座,链接着证照办理、公共卫生、交通运输、教育与文化、社区民生等多样化服务领域,并通过不断积累和开放公共数据资源,融合各大应用②场景,进一步拓展人类生产、生活、学习的空间。数字孪生系统与数据可复制、可共享、可无限增长和供给的禀赋,为数字城市可持续增长提供了基础和可能。

1.4　城市数字孪生系统是必不可少的新基建

未来,技术迭代还会加快,5G、区块链等新技术会在"以快制胜"的世界呈现更大的影响力,信息技术导向、社会导向、经济导向、空间导向的四重维度不仅会使国家序列重新排队,也会使城市排行榜发生变化。线上与线下日益交融不仅会使物理世界与虚拟市场双轮驱动重塑商业模式、工作流程,也会通过交通、交流、交易三个入口使生活方式、工作方式、娱乐方式交融,使人们工作、生活、娱乐的边界更加模糊,"你站在桥上看风景,看风景的人在楼上看你"。城市将成为"数据王国",正如"一网统管""一网通办"成为城市治理的"牛鼻子",拥有智能算法、充沛算力的超级大脑将成为数字城市的核心竞争力。

---

① 周向红,姚轶力,刘雨欣.数据要素流动背景下城市治理关键节点识别及影响因素分析:以上海市两区 51 个部门的数据为例[J].东南学术,2023(01):137 - 149+247.

② 周向红,崔兆财.信息化差距影响省际贸易不均衡的机理研究:基于 2003—2012 年铁路货运数据的实证检验[J].公共管理学报,2020,17(01):132 - 142+174 - 175.

　　与此同时,以互联网、大数据、人工智能、区块链等为代表的新一代信息技术的加速应用,将人类各种活动都投射到虚拟世界。未来城市形态将会发生根本改变,城市空间不再局限于物理空间,物质属性的三维空间和数字属性的虚拟空间融合在一起。人们不仅不需要千里迢迢往返不同的地方办理各类手续,还会迎来和虚拟人"混居"的时代,逐渐习惯与虚拟人一起工作、学习、生活。实际上这一状态,已经初见端倪——也就是元宇宙的概念。2022 年北京冬季奥运会,各类高科技设备与服务令观众叹为观止,气象主播"冯小殊"实际上是个虚拟人,原型正是气象节目主持人冯殊。与此类似的,还有虚拟歌手"陈水若"、清华虚拟学生"华智冰"等。互联网流量、网络宽带等信息流,航班货运量、铁路流量等交通信息流在城市间的交互,可以影响城市在国家体系中的位置变动,进而改变区域空间的格局。信息技术重塑了传统的组织协调、生产或者传递产品、服务等领域的固有模式,并通过赋能信息处理能力,显著提升了区际物流和信息流的运行效率,降低了移动和交易成本,深刻影响经济社会未来发展。元宇宙将虚拟世界与真实世界链接融合,数字孪生城市将进一步拓展人类生活的空间。

　　万物互联背景下的城市更新,不仅是城市物质空间的更新,还包括城市数字空间的更新,也就是流的空间更新。随着新一代信息技术的爆发普及,人工智能、5G、大数据、云服务、区块链等新技术将促进城市建设和人类世界进入一个新的时代。在过去 30 余年的发展过程中,已逐步实现互联网从通信工具到渠道再到基础设施的演变,在这个过程中,基础设施也从传统的铁路、公路、机场转变为新的泛 5G 基础设施,这些都构成城市的数字化发展和演化的背景。在万物互联的数字孪生世界中,生活方式、工作方式、娱乐方式日益交融,如微信不仅是交流的工具,也是支付工具;在区块链上,交易不仅是金钱的交易,也泛指任何信息的交流。

　　城市化的加快和大数据的兴起成为全球最重要的发展趋势,并将深刻改变人们的生活方式。预估到 2050 年,世界人口在城市地区的居住比例将增加到70%,快速的城市化增长可能对人们的生活质量产生深远的影响,从经济活动到资源效率,从人类健康到环境变化,这暗示着城市管理的重要性。联合国《2030年议程》的可持续发展目标(SGD)也清楚地反映了这一点,该目标强调了城市在可持续发展中的关键作用,并指出迫切需要更新和规划城市和人类住区,以促进全球融合,实现社会和谐,刺激创新。

从"互联网+"、大数据、物联网、云计算到 5G、区块链、人工智能,当前数字化正在进入新阶段——信息与通信技术和数字基础设施将被各行各业广泛应用。一方面,数字技术助力公共服务供给侧结构性改革,平台经济模式也成为公共服务供给方式,"互联网+医疗""互联网+交通""互联网+养老"等呈现以 B 端和 C 端为两极的连续光谱,可以使市民享受到技术的红利;另一方面,数字资源也融入核心竞争力,线上与线下的日益交融使物理世界与虚拟空间双轮驱动,为社会发展带来新动力。城市政府也越来越多地考虑到以公民需求为治理导向,以信息技术为治理手段,强调通过"一网通""线下跑一次"等来提高市民办事效率和体验。将数据价值链与城市发展流程有机结合,通过数据生产、验证、加工,以新的创新产品和服务形式与市民的需求有机结合。同时,生活在城市的人们,除了现实空间的身份外,还拥有独一无二的数字身份,这个身份既存在于微信、微博等各类互联网产品之中,同样也存在于网络行为关系的总和之中。随着越来越多的行为向线上迁移,每个人的标签除了社会属性的"市民",还有网络属性的"用户",而这个"数字身份"对未来城市治理和服务同样重要。

数字孪生的理念正不断融入各地新型智慧城市及新型基础设施建设(新基建)的规划中。国内新基建为数字孪生系统、数字孪生城市建设提供了广阔的实践天地,各地政府希望通过数字孪生城市的建设进一步推动城市规划建设精准落地,促进虚实结合,提升城市管理水平。未来的城市,将以"数字驱动"高端引领,全方位感知、全时空体验、全领域赋能,实现数字经济可持续发展;数字孪生系统将共享着统一可复用的数据接口和算法平台,搭载多元化智能系统及行业云解决方案;人机交互,物理世界与虚拟世界日益融合,时刻生长;跨越时空,数字场景将更可触可感,更有温度,数字运行生态更安全有序。

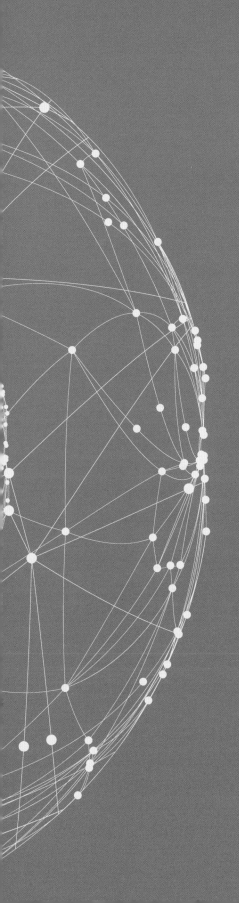

第2章
数字孪生

2.1　数字孪生的起源

当前,世界处于百年未有之大变局,数字化转型是我国经济社会未来发展的必由之路。数字化经济发展是全球经济发展的重中之重,"数字孪生"(Digital Twin)这一词汇正在成为学术界和产业界的热点。数字孪生作为近年来的新兴技术,其与国民经济各产业融合不断深化,有力推动各产业数字化、网络化、智能化的发展进程,成为我国经济社会发展变革的强大动力[①]。其思想是在虚拟空间中运用数字化技术完成物理实体的几何属性、物理规律、行为、规则等全方面、多尺度、多维度、多物理量的动态模拟、监控、诊断、预测,以完成物理实体的全生命周期的管控与优化。

20 世纪 60 年代,孪生(Twin)的概念最早出现在美国航空航天局(NASA)的阿波罗项目中[②],该项目为了对正在太空中执行任务的飞行器作出精确的状态反映和运行预测,制造了两个完全相同的空间飞行器,一个用于太空中执行任务,另一个在地球上用于同步反映太空中执行任务飞行器的飞行状况,并进行操作模拟,辅助航天员在危急时刻作出正确的决策[③]。在地球上的飞行器被称为 Twin,也就是孪生体。如果物理对象在数字空间有一个与其一致的孪生体,那就是"数字孪生"。数字孪生的发展主要历程如图 2-1 所示。

2002 年,美国密歇根大学的迈克尔·格里夫斯(Michael Grieves)教授在自己的一篇文章中首次提到数字孪生的概念[④],认为可以基于物理设备的数据,在虚拟空间构建一个虚拟实体和子系统,表征该物理设备,物理设备和虚拟空间的联系不是静态和单向的,而是与产品的整个全生命周期联系在了一起[⑤]。2003 年,格里夫斯教授在其产品生命周期管理(Product Lifecycle Management,PLM)课程中提出"与物理产品等价的虚拟数字化表达"概念,这可以看作产品数字孪

① 陈钢.数字孪生技术在石化行业的应用[J].炼油技术与工程,2022,52(04):44-49.

② ROSEN R, WICHERT G V, LO G, et al. About the importance of autonomy and digital twins for the future of manufacturing[J]. IFAC-Papers OnLine, 2015, 48(03): 567-572.

③ 陆剑峰,徐煜昊,夏路遥,等.数字孪生支持下的设备故障预测与健康管理方法综述[J].自动化仪表,2022,43(06):1-7+12.

④ 孙柏林,刘哲鸣.解耦数字孪生,赋能仪器仪表行业转型升级[J].仪器仪表用户,2020,27(02):89-91+25.

⑤ 杨尚文,周中元,陆凌云.数字孪生概念与应用[J].指挥信息系统与技术,2021,12(05):38-42.

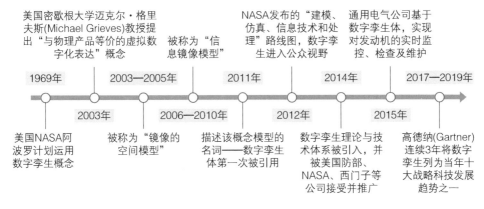

图 2－1　数字孪生的发展历程

来源：李欣,刘秀,万欣欣.数字孪生应用及安全发展综述[J].系统仿真学报,2019,31(03)：385－392.

生的一个启蒙[①]。该概念是采用数据虚拟表达物理世界中特定装置形成数字复制品,在此基础上进行真实环境、条件和状态的模拟仿真测试和分析。在 2005 年将其称为"镜像空间模型"[②],在 2006 年称为"信息镜像模型"[③]。

2011 年 3 月,美国空军研究实验室(AFRL)结构力学部门的帕梅拉·科布林(Pamela A. Kobryn)和埃瑞克·蒂格尔(Eric J. Tuegel)在一次演讲中首次明确提到了数字孪生一词[④]。同年,格里夫斯教授与美国航空航天局专家约翰·维克斯(John Vickers)共同提出数字孪生的概念,即三维模型,包括物理实体、虚体以及二者之间的连接。同时,格里夫斯教授认为数字孪生是在设计与执行之间形成紧闭的闭环[⑤]。至此,数字孪生概念初步形成。

美国航空航天局将数字孪生首先应用在航空航天和国防军工机构。在 2012 年,美国航空航天局在面向飞行器系统撰写的空间技术路线图中呈现了数

---

① 陆剑峰,夏路遥,白欧,等.智能制造下产品数字孪生体全生命周期研究[J].自动化仪表,2021,42(03)：1－7.

② GRIEVES M W. Product lifecycle management：the new paradigm for enterprises[J]. International Journal of Product Development, 2005, 2(01－02)：71－84.

③ GRIEVES M W. Product lifecycle management：driving the next generation of lean thinking[M]. New York：McGraw-Hill, 2006.

④ PAMELA A K, ERIC J T. Condition-based maintenance plus structural integrity (CBM+SI) & the airframe digital twin[EB/OL]. [2022－12－21]. http://slideplayer.com/amp/6889530/.

⑤ GRIEVES M W. Virtually perfect：driving innovative and lean products through product lifecycle management[M]. Cocoa Beach：Space Coast Press, 2011.

字孪生的具体定义,数字孪生进入了公众视野。数字孪生是一种面向飞行器或系统的高度集成多科学、多物理量、多尺度、多概率的仿真模型,能够充分利用物理模型、传感器更新、运行历史等数据,在虚拟空间中完成映射,从而反映实体装备全生命周期过程①。

2013 年,美空军发布《全球地平线》顶层科技规划文件,将数字线索和数字孪生并列视为"改变游戏规则"的颠覆性机遇,并从 2014 年起组织洛克希德·马丁、波音、诺格、通用电气、普惠等公司开展了一系列应用研究项目。从此,数字孪生理论与技术体系被引入,并被美国国防部、美国航空航天局、西门子等公司接受并推广。2015 年,美国通用电气公司基于数字孪生体,并通过云服务平台,采用大数据、物联网等先进技术,实现对发动机的实时监控、检查及维护②。

2017—2019 年,世界著名咨询公司高德纳(Gartner)连续三年将数字孪生列入十大战略性科技发展趋势之一,德勤发布的《德勤 2020 技术趋势》指出数字孪生是五大可引发颠覆性变革的关键新兴趋势之一,上海图书馆(上海科学技术情报研究所)发布的《2020 全球前沿科技热点研究》报告中评选出了 7 个领域的 20 项前沿科技热点,数字孪生亦罗列其中。国际标准化组织(ISO)、国际电工委员会(IEC)和电气与电子工程师协会(IEEE)三大标准化组织开始数字孪生技术的标准化工作③。

2020 年至今,是数字孪生深度开发和大规模扩展应用期。数字孪生应用也从智能制造向智慧教育、数字城市、数字医疗、数字交通等各个领域扩展。

2.2　数字孪生概念与特征

2.2.1　数字孪生概念
数字技术的发展,使万物皆可"数字化"与"孪生化",在未来的世界中,数字

---

① GLAESSGEN E, STARGEL D. The digital twin paradigm for future NASA and US Air Force vehicles[C]//53rd AIAA/ASME/ASCE/AHS/ASC structures, structural dynamics and materials conference 20th AIAA/ASME/AHS adaptive structures conference 14th AIAA. 2012: 1818.
② 庄存波,刘检华,熊辉,等. 产品数字孪生体的内涵、体系结构及其发展趋势[J]. 计算机集成制造系统,2017, 23(04): 753-768.
③ 杨尚文,周中元,陆凌云. 数字孪生概念与应用[J]. 指挥信息系统与技术,2021,12(05): 38-42.

孪生技术将应用在生活的方方面面。不同的人、不同的公司对数字孪生的解读各不相同。数字孪生,也有很多学者和机构称之为数字镜像、数字映射、数字双胞胎、数字双生、数字孪生体等。数字孪生不局限于构建的数字化模型,不是物理实体的静态、单向映射,不应该过度强调物理实体的完全复制、镜像,虚实二者也不是完全相等;数字孪生不能割离实体,也并非物理实体与虚拟模型的简单加和,二者也不一定是简单的一一对应关系,可能出现一对多、多对一、多对多等情况;数字孪生不等同于传统意义上的仿真/虚拟验证、全生命周期管理,也并非只是系统大数据的集合。

2017—2019 年,高德纳公司在连续三年将数字孪生列为十大新型技术的时候,对数字孪生的定义分别为:数字孪生是实物或系统的动态软件模型(2017年);数字孪生是现实世界实物或系统的数字化表达(2018 年);数字孪生是现实生活中物体、流程或系统的数字镜像(2019 年)。但就目前而言,对于数字孪生没有统一共识的定义,不同的学者、企业、研究机构等对数字孪生的理解存在着不同的认识。

迈克尔·格里夫斯教授认为,数字孪生是一组虚拟信息结构,可以从微观原子级别到宏观几何级别全面描述潜在的物理制成品。在最佳状态下,可以通过数字孪生获得任何物理制成品的信息。数字孪生有两种类型:数字孪生原型(Digital Twin Prototype)和数字孪生实例(Instance)。数字孪生在数字孪生环境中运行。数字孪生包括三个主要部分:① 实体空间中的物理产品;② 虚拟空间中的虚拟产品;③ 将虚拟产品和物理产品联系在一起的数据和信息的连接[1]。根据这个概念形成的航天器信息镜像模型的组成如图 2-2 所示,其包括三个部分:现实空间的物理产品、虚拟空间的虚拟产品、现实空间和虚拟空间的数据和信息。

李培根院士认为,数字孪生是"物理生命体"的数字化描述[2]。"物理生命体"是指"孕、育"过程(即实体的设计开发过程)和服役过程(运行、使用)中的物理实体(如产品或装备),数字孪生体是"物理生命体"在其孕、育和服役过程中的数字化模型。数字孪生不能只说物理实体的镜像,而是与物理实体共生。

① GRIEVES M. Digital twin: manufacturing excellence through virtual factory replication[J]. White Paper, 2014, 1: 1-7.
② 胡小利,白奕.武器装备系统数字孪生技术[J].指挥控制与仿真,2023,45(01):11-14.

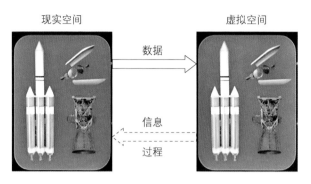

图 2 - 2　信息镜像模型

来源：改绘自 BRENNER B, HUMMEL V. Digital twin as enabler for an innovative digital shop-floor management system in the ESB logistics learning factory at Reutlingen University [J]. Procedia Manufacturing, 2017, 9: 198 - 205.

数字孪生支撑从(产品)创新概念开始到得到真正的产品的整个过程[1][2]。

北京航空航天大学的陶飞教授在《自然》杂志的评述中认为,数字孪生作为实现虚实之间双向映射、动态交互、实时连接的关键途径,可将物理实体和系统的属性、结构、状态、性能、功能和行为映射到虚拟世界,形成高保真的动态多维、多尺度、多物理量模型,为观察物理世界、认识物理世界、理解物理世界、控制物理世界、改造物理世界提供了一种有效手段[3]。

CIMdata 公司推荐的定义为:数字孪生(即数字克隆)是基于物理实体的系统描述,可以实现对跨越整个系统生命周期可信来源的数据、模型和信息进行创建、管理和应用。此定义简单,但若没有真正理解其中的关键词(系统描述、生命周期、可信来源、模型),则可能产生误解[4]。

从国际标准化组织(International Organization for Standardization)给出的定义来看:数字孪生是具有数据连接的特定物理实体或过程的数字化表达,该数据连接可以保证物理状态和虚拟状态之间的同速率收敛,并提供物理实体或流程

---

① 武汉科技报.李培根院士:数字孪生是智能装备的灵魂[EB/OL]. (2021 - 06 - 17) [2022 - 12 - 03]. http://www. whkx. org. cn/news_show. aspx? id = 60216.

② 曹雅丽.中国工程院院士李培根:在数字空间超越传统制造[EB/OL]. (2022 - 05 - 26) [2022 - 12 - 03]. http://www. cinn. cn/gongjing/202205/t20220526_256908. shtml.

③ TAO F, QI Q. Make more digital twins[J]. Nature, 2019, 573(7775): 490 - 491.

④ 智造苑.智造讲堂:智能制造的核心技术之数字孪生[EB/OL]. (2022 - 03 - 31) [2022 - 12 - 04]. https://mp. weixin. qq. com/s/tlc5gpmPJWubCU0L6GAGnw.

过程的整个生命周期的集成视图,有助于优化整体性能①。

　　各个企业对数字孪生也有不同的定义。美国航空航天局认为,数字孪生是充分利用物理模型、传感器更新、运行历史等数据,集成多学科、多尺度、多物理量、多概率的仿真过程,从而在虚拟空间反映相对应的飞行实体的全生命周期过程②。GE 数字集团认为,数字孪生是资产和流程的软件表示,用于理解、预测和优化绩效以改善业务成果,数字孪生由三部分组成,即数据模型、一组分析工具或算法,以及知识③。西门子公司认为,数字孪生是物理产品或流程的虚拟表示,用于理解和预测物理对象或产品的性能特征,数字孪生用于在产品的整个生命周期,在物理原型和资产投资之前模拟、预测和优化产品和生产系统④。SAP公司认为,数字孪生是物理对象或系统的虚拟表示,但其远远不仅是一个高科技的外观。数字孪生使用数据、机器学习和物联网来帮助企业优化、创新和提供新服务⑤。美国参数技术公司(PTC)认为,数字孪生正在成为企业从数字化转型举措中获益的最佳途径,对于工业企业,数字孪生主要应用于产品的工程设计、运营和服务,带来重要的商业价值,并为整个企业的数字化转型奠定基础⑥⑦。

　　总的来说,数字孪生可以概括为:以模型和数据为基础,通过多学科耦合仿真等方法,完成现实世界中的物理实体到虚拟世界中的镜像数字化模型的精准映射,并充分利用二者的双向交互反馈、迭代运行,以达到物理实体状态在数字空间的同步呈现,通过镜像化数字化模型的诊断、分析和预测,进而优化实体对

①　中国电子技术标准化研究院,树根互联技术有限公司.数字孪生应用白皮书(2020 版)[EB/OL].[2022 - 12 - 04]. http://www.cesi.cn/images/editor/20201118/20201118163619265.pdf.

②　PIASCIK B, VICKERS J, LOWRY D, et al. Technology area 12: materials, structures, mechanical systems, and manufacturing road map[EB/OL].[2022 - 12 - 04]. https://www.nasa.gov/pdf/501625main_TA12-ID_rev6_NRC-wTASR.pdf.

③　GE Digital. Digital twins highlighted in analyst ranking report[EB/OL].[2022 - 12 - 04]. https://www.ge.com/digital/applications/digital-twin.

④　SIEMENS. Digital twin[EB/OL].[2022 - 12 - 04]. https://www.plm.automation.siemens.com/global/en/our-story/glossary/digital-twin/24465.

⑤　SAP. Bridge digital and physical worlds with digital twin technology [EB/OL].[2022 - 12 - 04]. https://www.sap.com/products/scm/digital-twin.html.

⑥　PTC. What is digital twin? [EB/OL].[2022 - 12 - 04]. https://www.ptc.com/en/industry-insights/digital-twin.

⑦　需要注意的是,这些定义和理解,只是某个时期的版本。随着技术的发展,这些机构对数字孪生的定义和理解也会不断发展。

象在其全生命周期中的决策、控制行为,最终实现实体与数字模型的共享智慧与协同发展①。

数字孪生强调的是虚实两侧的实时互联互通与反馈、双向映射、双向驱动的迭代优化过程,强调的是虚实两侧的动态关联以及通过建立高保真度虚拟模型来完成以虚控实的思想,还有其适用于不同的领域、应用场景、需求/服务的通用实践框架②。

实现信息物理系统的融合是数字孪生的目标与核心挑战之一。数字孪生的核心理念在于构建与物理实体等价的数字化虚拟模型,在虚拟侧完成实体对象的仿真、分析、预测、优化,并通过虚实两侧实时的双向映射、双向互联互通与反馈、双向驱动、迭代运行来实现以虚拟世界的优化结果引导、管理物理世界,控制物理实体的精准执行,即以虚映实、虚实互驱、以虚控实。

数字孪生的核心价值在于预测,通过高保真度的虚拟模型预测物理实体的演化过程,在此基础上完成不同场景、目标、约束条件下的决策与管控优化。而构建虚拟模型和实现预测价值的核心要素均在于系统的运行数据,即数字孪生采用了有别于传统单一依靠机理模型的建模方式,结合实际数据完成复杂系统模型的建立并以数据驱动模型的更新,而预测的基础在于数据挖掘后形成系统信息与知识。总之,基于数字孪生构建的系统实现信息物理系统融合的过程是数据和模型双驱动的迭代运行与优化的过程。此外,基于数字孪生构建的系统契合了当今智能化的先进理念——能够根据当前状态预测实体对象的发展变化并优化该对象的决策控制行为,以最优结果驱动物理世界的运行,即智能化能依靠未来的预测数据和当前的控制策略来主动地引导被控对象的变化过程。数字孪生实现信息物理系统融合的过程也是实现系统智能化的过程。

近几年,数字孪生正从概念阶段走向实际应用阶段,驱动制造业、建造业等实体产业进入数字化和智能化时代。随着企业数字化转型需求的提升以及政策的持续支持,数字孪生将会出现更深入的应用场景,为实体经济发展带来新的动力。

① 陆剑峰,徐煜昊,夏路遥,等.数字孪生支持下的设备故障预测与健康管理方法综述[J].自动化仪表,2022,43(06):1-7+12.
② 陶飞,张贺,戚庆林,等.数字孪生十问:分析与思考[J].计算机集成制造系统,2020,26(01):1-17.

2.2.2　数字孪生相关概念与关系分析

和数字孪生相关的词汇有很多,需对相关概念进行区分。"数字孪生"是整个技术的统称,可看作是一种技术、方法、过程、思路、框架和途径。

"体"在中文中的含义包括事物本身(物体、实体)或事物的格局或规矩(体制、体系),加上"体"字后,"数字孪生体"就成为一个名词。"数字孪生体"是和物理实体对应的一个概念,指的是物理实体或过程在虚拟空间的数字化镜像和实例,是物理实体在数字空间的映射,是与物理实体对应的一个概念。

"数字孪生系统"是指通过数字孪生技术构成数字孪生应用的包括物理实体、数字孪生体以及必要的互联模型的整个系统,称为 Digital Twins,区别于数字孪生体(Digital Twin)。

从孪生对象的组成来说,数字孪生的应用可以分成产品数字孪生和系统数字孪生。产品是生产活动的结果,是满足特定需求的物品或服务。工业产品一般是有形的物理产品,服务产品一般是无形地满足用户需求的一系列活动及其结果。产品数字孪生,就是在信息空间构建了产品的数字孪生体,对于物理产品,一般包括产品的三维几何模型及其相关的机理模型和数据模型;对于服务产品,一般包括活动过程模型及其相关的机理和数据模型。

系统是由相互作用、相互依赖的若干组成部分结合而成的,具有特定功能和一定结构的有机整体。一个系统可能是更大系统的组成部分,如一个柔性加工单元、一条流水线、一个车间、一个工厂、一个城市都是一个系统,但是系统的复杂程度不一。

产品数字孪生和系统数字孪生有时没有严格地划分边界,但是其应用过程的着重点不同。一般来说,产品数字孪生着重把一个产品看作一个整体,从产品满足、维持、延长其设计性能的角度来考虑;系统数字孪生则更多地从系统组成部分的协同运行、满足系统多个目标优化的角度来考虑。产品从其出厂之后,一般其组成相对固定,其内部各部件之间的约束和通信关系较为稳定,而系统可以通过对其组成部分的结构或逻辑关系进行调整以实现更优的运行目标。城市数字孪生属于系统数字孪生。

2.2.3　数字孪生的特征

数字孪生的概念在不断发展过程中,国内外有很多文献分析总结了数字孪生的内涵和特征①－⑦,但是不同的应用场景下的数字孪生系统、数字孪生系统所在生命周期中的不同阶段都呈现出不同的特征,因此,很难通过一个标准的特征来说某个应用系统"是"或者"不是"数字孪生系统。总体来说,和传统的建模仿真、实时监控、组态软件等相比,数字孪生系统有以下特征。

1. 多领域综合的数字化模型

(1)数字孪生作为仿真应用的发展和升级,与传统的仿真方式有着巨大的区别。数字孪生的模型贯穿物理系统的整个生命周期,以产品数字孪生为例,针对新产品的设计,传统的产品仿真主要涉及产品本身的建模与仿真工作,不包括其工艺优化、制造过程规划、服务运维、回收处置等阶段的模型与仿真。而数字孪生不仅具备传统产品仿真的特点,从概念模型和设计阶段着手,先于现实世界的物理实体构建数字模型,而且数字模型与物理实体共生,贯穿实体对象的整个生命周期,建立数字化、单一来源的全生命周期档案,实现产品全过程追溯,完成对物理实体细致、精准、忠实的表达,其模型的构建需要考虑产品全生命周期的数据和行为表述。

(2)现实产品往往包括机械、电子、电气、液压气动等多个物理系统,一个智能系统往往是数学、物理、化学、电子电气、计算机、机械、控制理论、管理学等多学科、多领域的知识集成的系统。多个物理系统融合,多学科、多领域融合是现实系统的运行特点。物理系统在数字空间的数字模型,需要体现这个融合,实现数字融合模型。这个融合包括了全要素、全业务、多维度、多尺度、多领域、多学科,并且能支持全生命周期的运行仿真。不同的智能系统关注的重点领域不一,多学科耦合程度存在差异,因而其数字模型需要根据不同的应用场景对其组成部分进行融合,以全方面地刻画物理实体。

① 庄存波,刘检华,熊辉,等.产品数字孪生体的内涵、体系结构及其发展趋势[J].计算机集成制造系统,2017,23(04):753－768.
② 陶飞,张萌,程江峰,等.数字孪生车间:一种未来车间运行新模式[J].计算机集成制造系统,2017,23(01):1－9.
③ 陆剑峰,王盛,张晨麟,等.工业互联网支持下的数字孪生车间[J].自动化仪表,2019,40(05):1－5+12.
④ 陶飞,刘蔚然,刘检华,等.数字孪生及其应用探索[J].计算机集成制造系统,2018,24(01):1－18.
⑤ 陶飞,刘蔚然,张萌,等.数字孪生五维模型及十大领域应用[J].计算机集成制造系统,2019,25(01):1－18.
⑥ 杨林瑶,陈思远,王晓,等.数字孪生与平行系统:发展现状、对比及展望[J].自动化学报,2019,45(11):2001－2031.
⑦ 樊留群,丁凯,刘广杰.智能制造中的数字孪生技术[J].制造技术与机床,2019(07):61－66.

（3）数字孪生体和物理实体应该是"形神兼似"。"形似"就是几何形状、三维模型上要一致，"神似"就是运行机理上要一致。数字孪生体的模型不但包括了三维几何模型，还包括前述的多领域、多学科的物理、管理模型。可以根据构建的数字化模型中的几何、物理、行为、规则等划分为多维度空间，还可视为三维空间维、时间维、成本维、质量维、生命周期管理维等多维度交叉作用的融合结果，并形成对应的空间属性、时间属性、成本属性、质量属性、生命周期管理属性。数字孪生模型的构建应按层级逐级展开，形成单元级、区域级、系统级、跨系统级等多尺度层级，各层级逐渐扩大，完成不同的系统功能。

以产品数字孪生应用为例，数字化建模不仅指代对产品几何结构和外形的三维建模，对产品内部各零部件的运动约束、接触形式、电气系统、软件与控制算法等信息进行全数字化的建模技术同样是建设产品数字孪生所用模型的基础技术。一般来说，多维度、多物理量、高拟实性的虚拟模型应该包括几何、物理、行为和规则模型四部分，几何模型包括尺寸、形状、装配关系等；物理模型综合考虑力学、热学、材料等要素；行为模型则根据环境等外界输入及系统不确定因素作出精准响应；规则模型依赖于系统的运行规律，实现系统的评估和优化功能。

（4）数据驱动的建模方法有助于处理仅仅利用机理/传统数学模型无法处理的复杂系统，通过保证几何、物理、行为、规则模型与刻画的实体对象保持高度的一致性来让所建立模型尽可能逼近实体。数字孪生技术解决问题的出发点在于建立高保真度的虚拟模型，在虚拟模型中完成仿真、分析、优化、控制，并以此虚拟模型完成物理实体的智能调控与精准执行，即系统构建于模型之上，模型是数字孪生体的主体组成。

2. 以模型为核心的数据采集与组织

（1）数据是数字孪生的基础要素，其来源包括两部分，一部分是物理实体对象及其环境采集而得，另一部分是各类模型仿真后产生。多种类、全方位、海量动态数据推动实体/虚拟模型的更新、优化与发展。高度集成与融合的数据不仅能反映物理实体与虚拟模型的实际运行情况，还能影响和驱动数字孪生系统的运转。

（2）物理系统的智能感知与全面互联互通是物理实体数据的重要来源，是实现模型、数据、服务等融合的前提。感知与互联主要指通过传感器技术、物联网、工业互联网等将系统中人、机、物、环境等全要素异构信息以数字化描述的形式接入信息系统,实现各要素在数字空间的实时呈现,驱动数字模型的运作。

(3) 数据的组织以模型为核心。信息模型是对物理实体的一个抽象,而多学科、多领域的仿真模型又需要不同的数据驱动,并且也会产生不同的数据。这些数据通过信息模型、物理模型、管理模型等不同领域模型进行组织,并且通过基于模型的单一数据源管理来实现统一存储与分发,保证数据的有效性和正确性。

3. 双向映射、动态交互、实时连接和迭代优化

(1) 数字孪生是仿真应用的新阶段。在数字孪生体发展的每个阶段,仿真都在扮演着不可或缺的角色。数字孪生是基于"模型和数据"的技术,建模技术总是和仿真技术紧密联系的。基于已有的模型结合实时数据进行仿真,是数字孪生实现预测的必要过程。数字孪生是对物理世界的全部模拟,需要通过不同孪生体之间的多学科耦合仿真,实现超越传统局部仿真的孪生智能服务。数字孪生因为仿真在不同成熟度阶段中无处不在而成为智能化和智慧化的源泉与核心[1]。

(2) 物理系统、数字模型通过实时连接,进行动态交互、实现双向映射。物理系统的变化能及时反映到数字模型中,数字模型所计算、仿真的结果,也能及时发送给物理系统,控制物理实体的执行过程,这样形成了数字孪生系统的虚实融合。孪生数据链接成一个统一整体后,系统各项业务也得到了有效集成与管控,各业务不再以孤立形式展现,业务数据共享,业务功能趋于完善。

(3) 适合应用场景的实时连接。"实时连接"在不同的应用场景下,其物理含义是不同的。对于控制类应用(设备的在线监控),实时可能指小于 1 s 达到毫秒级,而对于生产系统级应用,可能小于 10 s 甚至 1 min 都是允许的,对于城市等大系统,部分数据可以以分钟甚至小时为单位进行更新,也算满足"实时连接"的定义。

(4) 如今的智能产品和智能系统呈现出复杂度日益提高、不确定因素众多、功能趋于多样化、针对不同行业的需求差异较大等趋势,而数字孪生为复杂系统的感知、建模、描述、仿真、分析、诊断、预测、调控等提供了可行的解决方案,数字孪生系统必须能不断地迭代优化,即适应内外部的快速变化并作出

---

① 田建忠.数字孪生数据驱动的直线电机进给系统动态性能预测[D].天津:河北工业大学,2021.

针对性的调整,能根据行业、服务需求、场景、性能指标等不同要求完成系统的拓展、裁剪、重构与多层次调整。这个优化在数字空间发生,同时也同步在物理系统中发生。

4. 推演预测与分析等智能化功能

(1) 数字孪生将真实运行物体的实际情况结合数字模型在软件界面中进行直观呈现,这个是数字孪生的监控功能。数字孪生的监控一般构建于三维可视化模型之上,各类数据按模型的空间、运行流程、管理层级等不同维度进行展示,能让用户直观感受系统运行状态,便于作出决策。

展示的数据不但包括采集得到的实时数据,也包括基于这些数据结合相关分析模型之后的数据挖掘结果,可以进一步提取数据背后富有价值的信息。分析结果也叠加到展示模型中,可以更好地展示实体对象的内部状态,为预测和优化提供基础。

(2) 数字孪生系统具备模拟、监控、诊断、推演预测与分析、自主决策、自主管控与执行等智能化功能。信息空间建立的数字模型本身就是对物理实体的模拟和仿真,用于全方位、全要素、深层次地呈现实体的状态,完成软件层面的可视化监控过程。而数字孪生不局限于以上基础功能的实现,还应该充分利用全周期、全领域仿真技术对物理世界进行动态的预测,预测是数字孪生的核心价值所在。动态预测的基础正是系统中全面互联互通的数据流、信息流以及所建立的高拟实性数字化模型。动态预测的方式大体可以分为两类:一类根据物理学规律和明确的机理计算、分析实体的未来状态;另一类依赖系统大数据分析、机器学习等方法所挖掘的模型和规律预测未来。第二类更适合现如今功能愈加多样化、充满不确定性、难以用传统数学模型准确勾画的复杂控制系统,在虚拟端完成推演预测后,根据预测结果、特定的应用场景和不同的功能要求,采用合理的优化算法实时分析被控对象行为,完成自主决策优化、管理,并控制实体对象精准执行。

2.3　数字孪生技术的发展

数字孪生技术,是从数字模型、数字样机的相关技术发展而来。而城市数字孪生,又与建筑信息模型(BIM)、城市信息模型(CIM)等技术相关。数字孪生不是全新的技术,它具有建模仿真、数字样机、虚拟建造、建筑/城市信息模型等技术的特征,并在这些技术的基础上进行了发展。

数字孪生在刚出现时没有引起大家的重视,在制造领域,西门子公司基于其Tecnomatix 平台提出了"数字双胞胎",在德国大众奥迪品牌线开始应用。直到2017 年高德纳公司将数字孪生列为十大新兴技术之后,该技术才开始在各个行业得到推广。新兴信息技术的发展,为数字孪生的实现提供了支撑,也丰富了数字孪生的内涵,推动了数字孪生技术的不断发展。

本节对推动数字孪生落地和发展的技术做一简单介绍(图 2-3),这些技术也是实现一个数字孪生系统所需要的基本技术支撑。数字孪生不是一种单一的技术,而是一系列技术的综合应用。数字孪生为这些技术在智能制造、智能建造和城市数字化转型等领域的应用提供了全新的、具体的场景,带动了相关技术的进一步发展。

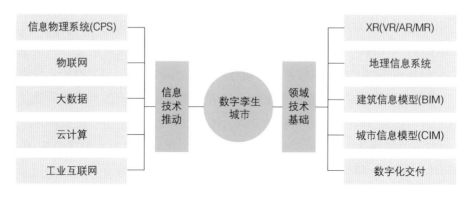

图 2-3　数字孪生技术的发展

来源:陆剑峰绘制

2.3.1　信息物理系统

1. 信息物理系统的基本概念

信息物理系统(Cyber-Physical Systems, CPS),又可以称为"赛博物理系统""信息物理融合系统"等,本书参考《中国制造 2025》中的名词定义,称为"信息物理系统"。这个概念体现了信息空间和物理空间的互相融合,和数字孪生这一概念十分类似,这一点也可以从国内相关学者对信息物理系统的特征总结"数据驱动、软件定义、泛在连接、虚实映射、异构集成、系统自治"①②中看到。

信息物理系统最早在 1992 年由美国航空航天局提出。2006 年举办了国际上第一个关于信息物理系统的会议,会议上美国国家科学基金会科学家海伦·吉尔(Helen Gill)对信息物理系统的概念进行了详细描述,指出信息物理系统是一个物理、生物和工程系统,系统的行为是紧密协调的、可监控的,或由计算机为核心控制的。系统组件是网络化的,计算被深深地嵌入到每一个物理组件,甚至可能进入其实体内。计算核心是一个嵌入式系统,通常要求实时响应,而且其结构通常是分布式的。2013 年,信息物理系统作为德国"工业 4.0"中的核心系统理念,引起了大家的广泛关注。

在信息物理系统概念发展的过程中,由于各国发展现状不同,对于信息物理系统的理解也有所不同。美国国家基金会(NSF)认为信息物理系统是通过计算核心(嵌入式系统)实现感知、控制、集成的物理、生物和工程系统。在信息物理系统中,计算被"深深嵌入"到物理系统中,信息物理系统的功能由计算和物理过程交互实现。欧盟第七框架计划指出信息物理系统包括计算、通信和控制,它们紧密地与不同物理、机械、电子和化学过程,融合在一起。和德国"工业 4.0"一起提出的 CPS 系统理念,把信息物理系统看作是基于计算、通信和控制(3C)的集成和协作,构建的一套信息空间与物理空间之间基于数据自动流动的闭环赋能体系,其通过状态感知、实时分析、科学决策、精准执行,接近实际应用服务过程中的复杂性和不确定性问题,提高资源配置效率,实现资源优化,如图 2 - 4 所示。

在我国,由工信部指导、中国信息物理系统发展论坛发布的《信息物理系统白皮书 2017》对信息物理系统进行了新的定义:信息物理系统通过集成先进的感知、计算、通信、控制等信息技术和自动控制技术,构建了物理空间与信息空间中人、机、物、环境、信息等要素相互映射、适时交互、高效协同的复杂系统,实现系统内资源配置和运行的按需响应、快速迭代、动态优化③。

---

① 郭楠,贾超.《信息物理系统白皮书(2017)》解读(上)[J].信息技术与标准化,2017(04):36 - 40.

② 郭楠,贾超.《信息物理系统白皮书(2017)》解读(下)[J].信息技术与标准化,2017(05):43 - 48.

③ 郭楠,贾超.《信息物理系统白皮书(2017)》解读(上)[J].信息技术与标准化,2017(04):36 - 40.

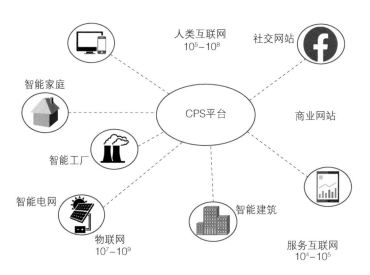

图 2-4　德国工业 4.0 所提及的 CPS 系统组成

来源：改绘自 KAGERMANN H，WAHLSTER W，HELBIG J. Recommendations for implementing the strategic initiative GERMAN INDUSTRIE 4.0：final report of the Industrie 4.0 Working Group［R］. Communication Promoters Group of the Industry-ScienceResearch Alliance，2013.

　　信息物理系统内部的信息空间和物理空间之间、信息物理系统之间、信息物理系统和人之间都有连接。具体来看，大量包含在物理空间中的隐性数据经过状态感知被转化为显性数据，进而在信息空间中被计算分析转化为有价值的信息。推理与学习引擎先将信息集成，再结合实际制造环境与领域知识经过运算产生智能的决策。最后的精确执行将优化后的决策作用到物理空间中，形成数据的闭环流转，如图 2-5 所示。信息物理系统的四大核心技术要素分为"一硬"（感知和自动控制）、"一软"（工业软件）、"一网"（工业网络）、"一平台"（工业云和智能服务平台）。其中感知和自动控制是信息物理系统实现的硬件支撑；工业软件固化了信息物理系统计算和数据流程的规则，是信息物理系统的核心；工业网络是互联互通和数据传输的网络载体；工业云和智能服务平台是信息物理系统数据汇聚和支撑上层解决方案的基础，对外提供资源控制和能力服务。

　　信息物理系统具有层次性，一个智能部件、一台智能设备、一条智能产线、一个智能工厂都可以成为信息物理系统。同时信息物理系统还具有系统性，一个工厂可能涵盖多条产线，一条产线也会由多台设备组成，可将信息物理系统层次划分为单元级、系统级、体系级三个层次。信息物理系统构建了一个能够联通物理空间和信息空间，驱动数据在其中自动流动，实现对资源优化配置的智能系

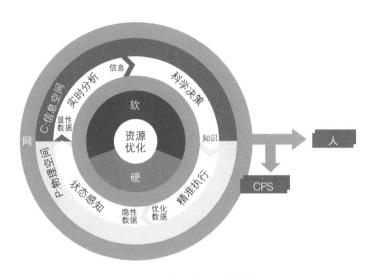

图 2-5 信息物理系统本质

来源：郭楠，贾超．《信息物理系统白皮书(2017)》解读(上)[J].信息技术与标准化，
2017(04)：36-40.

统。这套系统在有机运行过程中，表现出的典型特征有：数据驱动、软件定义、
泛在连接、虚实映射、异构集成、系统自治。

信息物理系统概念是随"工业 4.0"而为广大用户重视，但是信息物理系统
的概念不只是在制造领域，建筑、城市都可以看作一个 CPS 系统或者 CPS 体系。

2. 信息物理系统与数字孪生

根据定义，信息物理系统和数字孪生都用于描述信息物理融合，都体现了泛
在连接、虚实映射。物理部分由各种资源组成，概括为"人-机-物-环境"。信息
部分指无处不在的应用和服务，并进行数据管理、分析和计算①。同数字孪生相
比，信息物理系统更多地可以看作一个理念，更强调在信息世界的强大计算和通
信能力，进而提高物理世界的准确性和效率②。信息物理系统的信息世界和物
理世界之间的映射关系是一对多的，即一个信息物理系统可能包括多个物理组
件。而数字孪生是一种技术实现，从广义上说，数字孪生系统可以看成是一个
CPS 系统或 CPS 体系，体现了物理对象和信息空间虚拟模型之间的互动，其虚
拟空间和物理空间在外观上是相似的，并具有相同行为，即信息世界和物理世界

---

① 陶飞，戚庆林，王力翚，等．数字孪生与信息物理系统：比较与联系[J]．Engineering，2019，5(04)：132-149．
② 陶飞，戚庆林，王力翚，等．数字孪生与信息物理系统：比较与联系[J]．Engineering，2019，5(04)：132-149．

是一一对应的。信息物理系统和数字孪生的反馈循环都是非常重要的,数字世界通过反馈优化物理世界。

控制是数字孪生和信息物理系统的核心功能,包括物理资产或流程影响信息表达,以及信息过程控制物理资产或流程[1]。物理世界是变化的,通过传感器实时采集数据并传至信息世界,信息世界通过数据计算控制物理世界。信息物理系统是一个系统的整体理念,它着重于控制,信息物理系统的状态感知、实时分析、科学决策、精准执行是一个单元或一个系统的完整功能,缺一不可,如果物理对象离开了信息空间对象的控制,可能就不能运行,不能实现全部功能。数字孪生侧重于信息空间的数字孪生体,通过数字孪生体的运作来更好地帮助物理系统的运行。从某种意义上说,如果没有数字孪生体的支持,物理系统也可以运行,实现部分甚至全部的功能。以航天器的物理孪生来类比,地面上的孪生体如果发生故障不能运行,不会影响到太空中航天器的功能。从这个意义上说,数字孪生系统的"整体性"没有信息物理系统这个概念那么严格。

信息物理系统和数字孪生可以按粒度分为单元级、系统级和复杂系统(System of System,SoS)级[2]。下面以制造系统为例对这三个级别上信息物理系统和数字孪生的关系进行说明。对于单元级,信息物理系统和数字孪生共享物理组件,如传感器。但数字孪生必须根据物理对象的几何形状、功能信息等形成建模,且更注重模型构建。系统级的信息物理系统和数字孪生具有相同的物理制造系统,如车间。系统级的信息物理系统的信息部分类似于单元级的信息物理系统,但系统级的数字孪生虚拟模型需通过多个模型集成来形成。SoS 级的信息物理系统注重企业集成和跨企业合作。而 SoS 级的数字孪生是产品全生命周期各个阶段的集成,实现全生命周期阶段的无缝数据传输,为产品创新和质量可追溯性奠定了基础[3]。

新兴信息技术为信息物理系统和数字孪生的出现起到了促进作用。物联网实现了实时数据采集,云计算满足数据计算和存储,大数据挖掘有用信息和知识。物联网可看作一种特殊的信息物理系统,而大数据的意义体现在信息物理系统的应用中。数字孪生可认为是管理工业物联网的一种新方式,云技术确保了数字

① 陶飞,戚庆林,王力翚,等.数字孪生与信息物理系统:比较与联系[J].Engineering,2019,5(04):132-149.
② 陶飞,戚庆林,王力翚,等.数字孪生与信息物理系统:比较与联系[J].Engineering,2019,5(04):132-149.
③ 陶飞,戚庆林,王力翚,等.数字孪生与信息物理系统:比较与联系[J].Engineering,2019,5(04):132-149.

孪生的存储,计算和通信的可扩展性。在功能实现方面,信息物理系统将传感器和执行器视为主要模块,通过传感器和执行器①,物理世界的变化会导致信息世界的变化。而数字孪生强调数据和模型,通过建模模拟物理实体的状态和行为。基于产品全生命周期的数据,数字化产品生产过程,促进制造商作出正确预测。此外,模型和物理过程的共同演化过程中,模型产生新的数据,预测其未来状态。

信息物理系统和数字孪生概念从制造行业发展而来,上述分析对于建筑与城市对象也是契合的。对于城市数字化领域,一个基本的建筑设施可以是 CPS 单元,一个智慧建筑是 CPS 系统,而园区或城市,可以是 SoS 级的信息物理系统了。数字孪生为实现信息物理系统深度融合提供了合理、有效的途径和方法,是观察、认知、理解、引导、控制、改造物理世界的可行手段,是数字化、智能化、服务化等先进理念的重要使能技术,因而得到了国内外学术界、工业界、金融界以及政府部门的广泛关注②-④。

2.3.2　新兴信息技术

2.3.2.1　物联网

1. 物联网基本概念

物联网(Internet of Things, IoT)的概念最初源于美国麻省理工学院自动识别中心(Auto-ID Labs)提出的网络无线射频识别(RFID)系统,其把所有物理对象通过 RFID 等信息感知设备与互联网连接起来,实现智能化的识别和管理。"物联网"概念最初提出的理念是强调除移动电话设备外,将其他物理世界中的物理对象连接到数字网络中,属于广义的"网络"概念范畴。从根本上说,"物联网"是数字网络的应用拓展和延伸,它所涉及的网络架构、实现技术、典型应用场合与电信网和互联网紧密相关,核心在于对由"物"产生的数据识别、搜集、传送、计算和处理。

近年来,无线射频识别技术、传感器技术、智能技术和纳米技术等快速发展,物联网这一概念的内涵和覆盖领域也逐步得到扩展,是不同技术的相互融合,而

---

① 陶飞,戚庆林,王力翚,等.数字孪生与信息物理系统:比较与联系[J].Engineering,2019,5(04):132-149.

② 陶飞,张贺,戚庆林,等.数字孪生十问:分析与思考[J].计算机集成制造系统,2020,26(01):1-17.

③ 陶飞,马昕,胡天亮,等.数字孪生标准体系[J].计算机集成制造系统,2019,25(10):2405-2418.

④ TAO F, QI Q. Make more digital twins[J]. Nature, 2019, 573(7775):490-491.

不再只是单指一个单项技术。物联网技术将不同学科融为一体,如电子技术、计算机技术、机械结构设计技术等。总的来说,物联网基于不断发展的电子、计算机、通信等技术,实时获取所需要监控物体对象的各类信号,包括但不限于物理(如力、热、电)、化学、生物等各类信号,转换成数字空间的信息对象,再通过数字网络进行传递,从而实现物理世界和数字世界的互联并提供智能化服务。物联网是物理世界和信息空间融合的关键技术,可以将物理对象及其运行过程中隐藏的数据采集出来,转换成显式数据,并通过网络实现高效的信息交互。其目标已经从满足人与人之间的沟通,发展到实现人与环境、人与物理对象、物理对象与物理对象之间的连接与不同层次的交流。在物联网技术发展后,可适用于各类生活、生产场景,进一步提升生产效率,提高人的生活质量。它具有互联性、智能性、信息和物理(Cyber-Physical)融合性、可嵌入性等特征。

物联网可以按照不同维度进行分类。国际上通用分类主要有以下几种:① 面向消费对象,分为个人消费物联网、企业消费物联网、政府消费物联网等;② 面向供需关系,分为消费物联网、产业物联网等;③ 面向应用领域,分为工业物联网、车联网、智慧医疗、智慧物流、智能家居等。

根据《物联网 参考体系结构》(ISO/IEC 30141：2018;GB/T 33474—2016),物联网的参考架构如图 2-6 所示,主要包括用户域、目标对象域、感知控制域、服务提供、运维管控域、资源交换域等。现今,无所不在的物联网通信时代已经来临①－④。

2. 物联网的典型架构

与电信网、互联网相比,物联网演进的突破点在于信息通信技术在传感层、基础网络层、应用网络层和应用层的创新,整个架构见图 2-7。

1) 传感层

传感层的主要功能是搜集"物"的信息。通过多样的感知识别技术,把物理

---

① 孙其博,刘杰,黎羴,等.物联网：概念、架构与关键技术研究综述[J].北京邮电大学学报,2010,33(03)：1-9.

② 白雪杰,郭雷岗,姜丽鸽.物联网技术在智能电网中的应用研究[J].物联网技术,2022,12(03)：83-85+88.

③ 兰国帅,郭倩,魏家财,等.5G+智能技术：构筑"智能+"时代的智能教育新生态系统[J].远程教育杂志,2019,37(03)：3-16.

④ 安世亚太科技股份有限公司,数字孪生体实验室.数字孪生体白皮书(全版)[R].北京：安世亚太科技股份有限公司,2019.

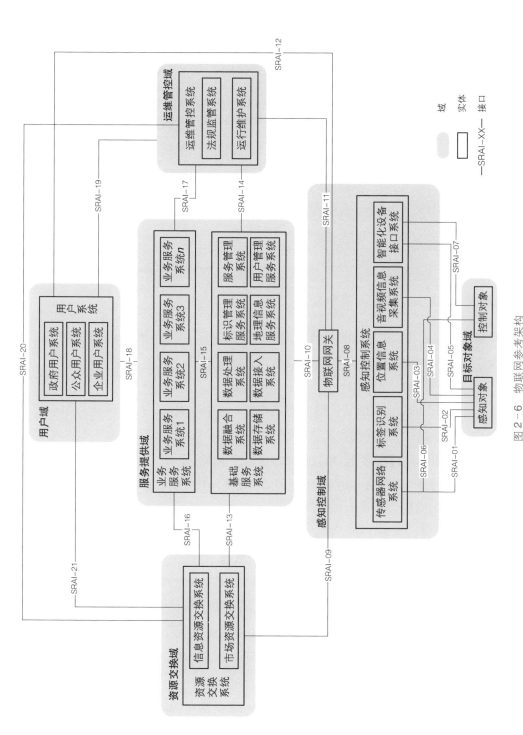

图 2-6 物联网参考架构

来源：全国信息技术标准化技术委员会.物联网 参考体系结构：GB/T 33474—2016[S].北京：中国标准出版社,2017.

图 2-7 物联网网络逻辑架构图
来源：中国信息通信研究院提供

世界中的物理量、化学量、生物量转化为可供处理的数字信号，进而获取物联网中物体相关状态信息，最终将物体身份及行为特征进行数字化。

2）基础网络层

基础网络层的主要功能是传输"物"的信息。网络基础设施在物联网中扮演管道的角色，负责物联网终端和云端之间的数据传输。物联网环境下，由于不同的应用对于数据传输的需求不同，如数据传输可靠性、时延、移动性、连接数量以及成本等，网关支持 Wi-Fi、蓝牙、4G/5G 等多种协议连接具有传感功能的终端设备。

3）应用网络层

应用网络层的主要功能是存储和管理"物"的信息。应用网络层多被业界称为"平台层"，即物联网平台，通常包括应用赋能平台（Application Enablement Platform，AEP）和连接管理平台（Connectivity Management Platform，CMP）。应用赋能平台的主要功能包括终端管理、大数据存储和分析、物联网应用设计与集成、终端在线状态预警等。连接管理平台的主要功能包括管理连接设备的相关信息、连接诊断、报表和分析、计费、安全与认证等。

4）应用层

应用层的主要功能是计算与处理"物"的信息。物联网的核心是应用，设备联网的最终目的是开发有价值的应用和应用场景。应用层根据需求提供面向行业实际应用的解决方案,通过传感层与基础网络层、应用网络层,实现行业垂直化贯通,挖掘物物相连的行业价值,最终助力实现数字经济产业升级目标。

当前,物联网基础设施整合探索进入新阶段。产业界对物联网基础设施的整合探索第一阶段大致从 2015 年起,以智能硬件为代表,如智能手表、智能眼镜、智能化的路由设备等;第二阶段以构建通用的物联网平台和操作系统为代表。由于物联网涉及的技术多,受产业技术成熟度、行业规模、硬件兼容和行业规范等方面的影响,前两个阶段的整合探索尚未出现明显效果。随着物联网领域的应用探索和人们对物联网技术了解得越来越充分,物联网底层的基础能力整合需求越来越急迫,以物联网网络基础设施为代表的第三阶段已经开启。

物联网网络基础设施整合向空天地一体化演进,网络基础设施的整合并非是一蹴而就的,2015 年之前的物联网网络聚焦传统网络增强及应用,2015—2018 年物联网专有网络突破及局域网改进,为物联网网络融合奠定了基础,自2018 年起物联网网络基础设施开始向跨技术融合和场景全覆盖迈进。移动网络、局域网、卫星网络、无人机及热气球等共同组建空、天、地一体化的全球物联网网络基础设施,为物联网的全球化应用提供泛在的可靠的接入。

未来,蜂窝物联网络协同发展成为网络整合先行者,蜂窝物联网网络是基于蜂窝移动通信技术的物联网网络,因覆盖场景不同,主要涵盖面向大部分低速率应用的窄带物联网(Narrow Band Internet of Things, NB-IoT)网络,面向中速率和语音应用的 LTE Cat1 网络,面向更高速率、更低时延应用的 5G 移动网络。2020年 5 月,工信部印发《关于深入推进移动物联网全面发展的通知》,与 2017 年《关于全面推进移动物联网(NB-IoT)建设发展的通知》重点布局 NB-IoT 网络不同,新通知明确要求建立 NB-IoT、LTE Cat1、5G 协同发展的蜂窝物联网网络体系,蜂窝物联网的整合期加速到来[①]。

3. 物联网与数字孪生

《中共中央 国务院关于构建更加完善的要素市场化配置体制机制的意见》明确提出,除土地、劳动力、资本和技术基本生产要素外,"数据"作为一种新型生产要素正式列入政府管理文件。在全球数字经济发展背景下,由"物"产生的数据价值越来愈重要。数字孪生世界快速推动"物联网"地位不断提升。

---

① 　中国信息通信研究院.物联网白皮书[R].北京:中国信息通信研究院,2020.

数字孪生的基础在于系统中的各异构要素的全面互联感知。而物联网提供了连接物理世界和网络空间的机会,实现了对物体和环境的细粒度感知、持续的数据收集、全面的信息融合、深度分析以及对连接目标的实时反馈或控制。根据高德纳公司的报告,在日常生活中,大约有80亿个连接事物在提供智能服务,如辅助生活、建筑监控、交通控制、环境监测等。组成物联网的连网设备和传感器爆炸性增长,精确地收集了构建数字孪生所需的各种数据,物联网正在使数字孪生变得更加多样化和复杂化。概括来说,物联网是数字孪生的载体,数字孪生是物联网的底层逻辑。数字孪生和物联网是相互成就的关系。物联网为数字孪生的数据流和信息流提供参考架构,同时,数字孪生是物联网发展应用的新阶段。以制造业中的设备维护为例,将物联网纳入其中,数字孪生系统可全面、精确、实时地反映生产线上的设备组成及状态参数变化情况,从而为积极主动、预测性维护提供准确的数据支撑[①]。

2.3.2.2 云计算

1. 云计算基本概念

云计算的概念最早起源于产业界内的大型信息技术企业。2006年,亚马逊公司(Amazon)最早推出了云计算产品——弹性计算云(Elastic Compute Cloud,EC2);2007年,IBM、谷歌公司将公司内部进行的一些分布式计算项目称为“云计算”,云计算的概念由此在业界流行开来。此后十余年间,随着产业界各企业的广泛参与,云计算概念和范围不断扩大[②]。

云计算是一种通过网络统一组织和灵活调用各种信息及通信资源,实现弹性计算的技术。云计算利用虚拟化、分布式等技术,通过网络将分散的各类硬件或软件资源聚集起来构成可以分享或合用的资源库,并以弹性的、按需组合和分配的、可以量化计算使用率的方式向用户提供服务。用户可以使用多种类型计算终端(包括普通计算机、移动终端和嵌入式智能设备)通过网络获取云计算资源服务。

云计算是一种将计算资源变成按需可用的公共资源的计算模式。美国国家标准与技术学院对云计算的定义是:云计算是一种能够通过网络以便利的、按

---

① 孙其博,刘杰,黎羴,等.物联网:概念、架构与关键技术研究综述[J].北京邮电大学学报,2010,33(03):1-9.

② 邓焜耀.云存储数据完整性验证关键技术研究[D].长沙:国防科技大学,2019.

需付费的方式获取计算资源(包括网络、服务器、存储、应用和服务)并提高其可用性的模式,这些资源来自一个共享的、可配置的资源池,并能以最省力和无人干预的方式获取和释放①②。

"云"是对云计算服务模式弹性、易访问特点的一种形象比喻。"云"由大量组成"云"的基础资源单元组成。这些资源单元通过网络互联,汇聚为庞大的资源库(常被称为资源池)。云计算的物理实体是支持物理虚拟化的各类计算服务器、网络服务器以及软件定义的路由器、交换机等,能提供基础的计算服务、存储服务和网络服务。云计算具备以下几点核心特征:① 弹性服务,用户可以根据实际需要快速获取或释放资源,可以根据业务的变化来对所需资源进行动态调整;② 共享,多用户共享各类云资源,通过云平台或云操作系统来进行资源的管理,保证安全性;③ 宽带互联,用户一般通过宽带网络接入来访问云资源,而且这个云资源往往不是在本地局域网上的,而是需要通过广域网(如互联网)来进行连接,各类云资源之间也需要通过高速网络相连;④ 服务可度量,各类云资源服务可以计算使用率,这样云资源提供者可以根据用户对资源的使用情况收取资源访问费用。

云计算和计算机的"虚拟化"技术相关,可将计算资源虚拟成各类服务资源,按需配置和分发③。按照云计算服务提供的资源所在的层次,云计算服务分成基础设施即服务(Infrastructure as a Service,IaaS)、平台即服务(Platform as a Service,PaaS)和软件即服务(Software as a Service,SaaS)三类④。

基础设施即服务,就是将计算资源、存储资源、网络资源等计算机基础资源作为一种虚拟化资源,供用户按需使用。如网络虚拟服务器资源,就是将计算资源、存储资源(内存和硬盘)、网络资源(带宽)打包成一台虚拟服务器,供用户租赁。云计算的一个特点就是弹性可扩展,当用户由于业务需要扩展CPU、存储或网络资源时,可以通过申请并订购更高级的服务合同来无缝地升级虚拟服务器,而虚拟服务器上的软件部署不用更改和移植。最主要的表现形式是存储服务和

① 马迎然.移动设备中基于云协助的节能任务调度策略[D].厦门:厦门大学,2014.
② 张鹏彬,吴羽冰.广东省立中山图书馆联合新书采选系统的构建与设计[J].图书馆论坛,2022,42(10):115-120.
③ 张伟.IMS媒体多径中继传输和业务访问控制关键技术研究[D].沈阳:东北大学,2014.
④ 武裕斌.虚拟化集群的磁盘IO QoS控制[D].上海:上海交通大学,2013.

计算服务,主要服务商如亚马逊、腾讯、阿里等公司。

平台即服务,就是将平台资源作为可以订购的服务资源,供用户使用。平台资源一般是指具有一定基础功能的高级软件资源,如 Web 服务器,就是一个通用的信息发布平台;数据库服务,可以作为一个平台,也可以称为数据即服务(Database as a Service,DaaS)。通过购买平台服务,用户可以专注于自己的专门应用开发,一些基本的、底层的功能可以让平台服务商去完成。PaaS 提供的是供用户开发自己具体业务应用的平台环境和开发能力,包括能力测试、压力测试、软件部署等,提供商包括微软、百度、华为等。

软件即服务,就是将软件作为一种可以订阅的服务提供给用户。相对来说,SaaS 更多地为最终用户所使用,IaaS、PaaS 更多的是商用(to B)应用,SaaS 则包括更多的零售(to C)应用。如微软推出的 Office 365 就是一个 SaaS 服务,用户可以租赁 Office 应用以及相应的网盘功能,在任何一台电脑或移动终端上进行办公应用。SaaS 还如企业资源管理(Enterprise Resource Management,ERP)、客户关系管理(Customer Relationship Management,CRM)、制造执行系统(Manufacturing Execution System,MES)等商业、工业软件的应用,可以降低企业部署成本,提高软件的可用性[①]。SaaS 服务提供实时运行软件的在线服务,服务种类多样、形式丰富,常见的应用包括客户关系管理、社交网络、电子邮件、办公软件、OA 系统等,服务商有 Salesforce、GigaVox、谷歌等。

云计算离不开云平台,即使是 IaaS 提供的基础计算和网络服务,一般也是通过互联网提供相应的服务。根据云平台的拥有权,可以分成面向组织机构内部服务的私有云、面向公众使用的公共云,以及二者相结合的混合云等。私有云是指用户自己部署的云平台,一般供企业集团内部使用,而公有云是指专门的云服务提供商部署的云平台,企业和个人可以从该平台上租赁不同的资源,完成自己的业务。

2. 云计算典型应用架构

传统的云计算以"数据中心"来提供集中计算和存储,并虚拟化为各类云资源,但是随着云资源访问终端的增多,特别是移动终端、智能终端等数量的快速

---

① 陶冶,郭帅童,丁香乾,等.基于动态探针的企业数据空间实体关联构建方法[J].计算机集成制造系统,2022,28(09):2918-2926.

增长,只依靠云计算中心或者说云平台单一的处理能力不能满足各类终端对计算时效、传输网络带宽的需求。如图 2 - 8 所示,将云计算的能力下沉到云的边缘侧、设备侧,并通过中心进行统一交付、运维、管控,将是云计算的重要发展趋势①,即"边云协同"的计算模式。

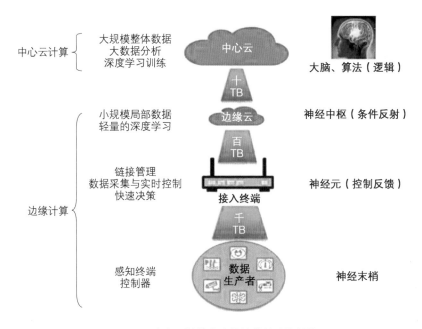

图 2 - 8 中心云计算和边缘计算的功能划分

来源:赵瑞东.浪潮移动边缘云 引领边缘计算新时代[J].工业控制计算机,2018,31(07):163 - 164.

"边云协同"计算模式包括云、边、端三类角色:

(1)云,一般指云平台,平台提供丰富云资源,负责云资源的统一管理、调度,同时能有效管控边缘计算。

(2)边,即边缘计算设施,属于云的边缘节点,靠近"端"(设备和数据源),拥有足够的算力和存储容量。如物联网场景中的设备控制中心、传统云计算的内容分发网络节点。

(3)端,主要指终端设备,如计算机、移动终端、各类智能终端、数控设备、智能传感器等。端一般是信息的"生产者"或者"消费者",即数据的采集点、决策

---

① 云计算开源产业联盟.云原生技术实践白皮书[R].北京:中国信息通信研究院,2019.

的最终执行点,也可能是两者兼顾。

"边云协同"架构目前面临的主要挑战有:① 安全,边缘服务和边缘数据的安全风险控制难度较高;② 互通和协同,云平台需要对不同硬件架构、硬件规格、通信协议的支持,边缘设备、终端设备要在云平台的统一管理下协同运行,需要有统一的交互、管控、运维标准;③ 网络,云和边、边和端之间的网络可靠性和带宽保证。

今天的全球领先企业正纷纷转向云技术、数字孪生、人工智能和自动化技术,以期加快实现数字化转型。数字孪生是重要的技术力量之一,可帮助企业实现精准的运营、维护和优化资产,而基于云计算的数字孪生更是增长迅速出人意料,是当前企业采纳的各种转型工具中的黑马之一。

3. 云计算与数字孪生

基于数字孪生的智能系统中存在着海量、大规模、多源异构的基础静态数据、动态实时运行数据、服务系统产生的优化数据、历史可追溯/可回放数据等,对系统的算力提出了较高的要求,简单地通过堆叠系统硬件来实现算力的扩展往往不能满足实际的性能需求。云计算为数字孪生提供重要计算基础设施。云计算基于互联网的分布式计算、并行计算、网格计算等的进一步发展,集成强大的硬件、软件、网络等资源,为用户提供便捷的网络访问[①]。由于其合理高效且易于大范围部署、可大批量处理等优势,而逐渐运用在数字孪生的各个场景中。此外,基于云计算提供的云服务能实现数据的集中化处理、存储与共享,便于数字孪生系统中的上下游供应商的高效协同合作,实现系统数据的全方位透明化管理。云平台也是开展数字孪生应用的基础平台。

边缘计算将云计算的各类计算资源配置到用户侧的边缘,如移动智能终端等,减少与云端间的传输,从而减少服务时延,减少安全隐私等问题的出现。云计算和边缘计算以"边云协同"的形式为数字孪生提供分布式计算基础。边缘端从终端采集数据后,对一些小规模局部数据进行机器学习和仿真。将一些大规模的整体数据传输到云端,进行深度学习训练和大数据分析。高层次的数字孪生系统具有时效、容量和算力的需求,而"边云协同"方式满足了系统的需求。靠近各个物理实体部署数字孪生体,实现时效性和轻度的功能。此外,将边缘设

---

① 王巍,刘永生,廖军,等.数字孪生关键技术及体系架构[J].邮电设计技术,2021(08):10-14.

备的数据以及计算结果上传至数字孪生总控中心,对整个数字孪生系统进行统一存储、调度和管理①。

2.3.2.3 大数据

1. 大数据基本概念

随着"十四五"规划以及"新基建"浪潮的迭起,作为新型基础设施之一的物联网越来越为人们所重视,城市的各个角落部署了成千上万的物联网设备,满足全域物联感知的需求。物联网感知贡献了城市数字孪生建设所需的60%以上的数据量,这些感知数据主要由设备数据上报、物模型管理数据、物联应用数据、物联网络数据组成,具有数据量大、产生周期短、产生频率高和价值密度低等特点②。物联网的出现,从传统的互联网以人为源头的数据产生变成以物为源头的数据产生,2020年,物联网每天处理的数据量在50TB以上。对于海量数据处理要求延时低、数据检索秒级响应,必须要用新的技术来实现,即大数据技术。

大数据是信息技术高度发展的产物,互联网、物联网、移动计算等信息技术的不断发展和深入应用,产生了海量的数据。2013年,维克托·尔耶·舍恩伯格在《大数据时代:生活、工作与思维的大变革》一书中指出,大数据带来的信息风暴正在变革我们的生活、工作和思维,大数据开启了一次重大的时代转型。维克托认为,大数据的核心就是预测③。这个核心代表着分析信息时的三个转变。第一个转变就是,在大数据时代,可以分析更多的数据,有时候甚至可以处理和某个特别现象相关的所有数据,而不再依赖于随机采样。第二个转变就是,研究数据如此之多,以至于不再热衷于追求精确度。第三个转变因前两个转变而促成,即不再热衷于寻找因果关系。该书的出版,引起了业界对大数据研究的热潮④。

2021年以来,全球各国大数据战略持续推进,聚焦数据价值释放,而国内围绕数据要素的各个方面正在加速布局和创新发展。我国提出"加快培育数据要素市场"后,大数据的发展迎来了全新的阶段。在政策、法律、技术、管理、流通、

---

① 王巍,刘永生,廖军,等.数字孪生关键技术及体系架构[J].邮电设计技术,2021(08):10-14.
② 程钰俊,吕高锋,林克,等.物联网大数据赋能数字孪生城市建设[J].广东通信技术,2022,42(02):49-54+71.
③ 杨宇辰.大数据思维下突发公共危机治理机制优化[J].社会主义研究,2021(06):117-123.
④ 王陆,彭功,马如霞,等.大数据知识发现的教师成长行为路径[J].电化教育研究,2019,40(01):95-103.

安全等各个方面得到体现①,如技术方面,大数据技术体系以提升效率、赋能业务、加强安全、促进流通为目标,加速向各领域扩散,已形成支撑数据要素发展的整套工具体系。2023 年 3 月,中共中央、国务院印发了《党和国家机构改革方案》,组建国家数据局,负责协调推进数据基础制度建设,统筹数据资源整合共享和开发利用,统筹推进数字中国、数字经济、数字社会规划和建设等,说明了国家层面对数据资产管理、数据安全方面的重视。

当前,大数据还没有公认的定义,各个领域的专家从不同的角度对大数据进行了定义。高德纳公司给出了这样的定义:"大数据"需要新处理模式才能具有更强的决策力、洞察发现力和流程优化能力来适应海量、高增长率和多样化的信息资产。大数据具有四个典型的特征:① 数据量大(Volume),数据体量巨大,所需要处理的数据从 Petabyte 级别到 Exabyte 级别,甚至是 Zettabyte 级别。② 速度快(Velocity),数据增长速度快,对数据处理速度也要求快。当今社会,每时每刻都有大量数据被获取和存储,同时,只有快速处理才能有效利用其价值。③ 数据种类繁多(Variety),包括文字、图像、视频、地理位置信息等,涵盖结构化、半结构化和非结构化数据。④ 数据商用价值大(Value),价值密度较低,表面上看很多数据没有价值,但是通过大量数据的整合处理,可以挖掘出整体蕴藏着的巨大价值。

2. 大数据的典型技术

大数据基础技术为应对大数据时代的多种数据特征而产生。大数据时代,数据量大、数据源异构多样、数据实效性高等特征催生了高效完成海量异构数据存储与计算的技术需求②。在这样的需求下,面对迅速而庞大的数据量,传统集中式计算架构出现难以逾越的瓶颈,出现了大规模并行化处理(Massively Parallel Processing,MPP)的分布式计算架构解决传统关系型数据库单机的存储及计算性能有限的问题。如,面向海量网页内容及日志等非结构化数据,存储上使用 Apache Hadoop 分布式文件系统和 Spark 生态体系的分布式批处理计算框架,建立起可靠、高带宽、较低成本的数据存储集群;面向时效性数据进行实时计算反馈的需求,要进一步提升处理能力和速度,采用 Spark Streaming 内存计算技

①　中国信息通信研究院.大数据白皮书[R].北京:中国信息通信研究院,2021.
②　赵鹏,朱祎兰.大数据技术综述与发展展望[J].宇航总体技术,2022,6(01):55-60.

术和 Apache Storm、Flink 等分布式流处理计算框架[1]，大大提升数据处理效率。

　　大数据技术的内涵伴随着传统信息技术和数据应用的发展不断演进，而大数据技术体系的核心始终是面向海量数据的存储、计算、处理等基础技术。其技术演变过程如图 2-9 所示。支撑数据存储计算的软件系统是起源于 20 世纪 60 年代的数据库；70 年代出现的关系型数据库成为沿用至今的数据存储计算系统；80 年代末，专门面向数据分析决策的数据仓库理论被提出，成为接下来很长一段时间中发掘数据价值的主要工具和手段。

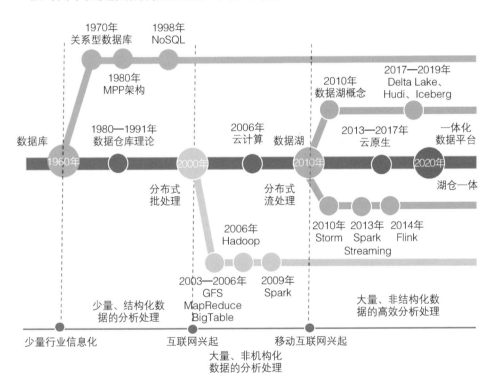

图 2-9　数据平台技术的演变
来源：中国信息通信研究院提供

　　2000 年前后，在互联网高速发展的时代背景下，数据量急剧增大、数据类型愈加复杂、数据处理速度需求不断提高，大数据时代全面到来。由此，面向非结构化数据的 NoSQL 数据库兴起，突破单机存储计算能力瓶颈的分布式存储计算

① 　中国信息通信研究院.大数据白皮书［R］.北京：中国信息通信研究院,2020.

架构成为主流,基于谷歌公司"三驾马车"理论产生的 Apache Hadoop 成为大数据技术的代名词,大规模并行处理架构也在此时开始流行。

2010 年前后,移动互联网时代的到来进一步推动了大数据的发展,面向时效性数据的处理和实时交互需求使得以 Apache Storm、Flink 为代表的分布式流处理框架得以产生和发展,对于庞杂的不同类型的数据进行统一存储使用的需求催生了数据湖的概念[①]。同时,随着云计算技术的深入应用,带来资源集约化和应用灵活性优势的云原生概念产生,大数据技术完成了从私有化部署到云上部署再向云原生的转变。随着各行业数字化转型的不断推进,数据安全也越来越为大家重视,大数据技术的发展重点也从单一的只注重效率提升,演变为"效率提升、赋能业务、加强安全、促进流通"四者并重[②]。

大数据的获取、传输和存储、分析和处理成为提高企业竞争力的关键因素。伴随着大数据处理技术的应用,"数据资源"成为很多企业或组织的一个新的资产,各行各业的决策从"业务驱动"变成了"数据驱动",也催生了"数据驱动的建模方法"的应用。

3. 城市大数据

城市社会生活和各行业有机运行使得数据呈现爆发式增长,形成了当前的城市运行大数据。城市大数据指的是政府等基于新一代信息技术手段获取和汇聚城市中各种设施、集体和个人所产生的动静态数据[③]。对这些数据进行分析、挖掘等处理,可以分析整个城市的运行状态,为城市管理提供良好的建议,以实现城市资源的优化配置,降低整个城市的运行成本,推动"智慧城市"的发展。

城市大数据在大数据一般的特征上,还有层次性、完整性、关联性的特征[④]。层次性体现了城市物理系统和社会系统的组织层次性,如健康数据可分为四类:个人、医院病人、社区和卫生防疫部门。完整性反映了各系统数据具有广泛的覆盖性,能够揭示整个城市在某一方面的发展潜力,如城市的环保数据。城市的各类数据之间具有很强的关联性,为城市运行的协同推理与规则挖掘提供了基础,

① 潘家栋,肖文.新型生产要素:数据的生成条件及运行机制研究[J].浙江大学学报(人文社会科学版),2022,52(07):5-15.
② 中国信息通信研究院.大数据白皮书[R].北京:中国信息通信研究院,2021.
③ 秦培均.城市空间安全大数据应用规划[J].中国科技信息,2020(08):4.
④ 于文龙.城市大数据与城市智能化发展[J].环球市场,2017(18):1.

如金融业和物流企业都可以体现城市的物流信息。

城市大数据描述了城市各种组成元素的运行状态,如医疗等,其分类方法不同,大数据分类也就不同。如于文龙①根据城市大数据的处理方法和应用目标,将分类方法分为三类:① 按城市功能的供给侧划分,该分类方法的基础是城市管理系统,具有组织促进力;② 按城市服务的需求侧划分,按不同的需求者划分,牵引出各种城市应用服务系统,具有应用促进力;③ 按城市数据的发生原因划分,如人口的生活类数据等。城市大数据分为 5 类:基于传感器系统的数据、用户生产数据、政府管理数据、客户和交易记录数据及艺术和人文数据②。

城市大数据应用时主要有以下步骤:① 数据获取和处理,实现整个数据流程的自动化,对采集的数据进行清洗和预处理,建立待处理数据集③;② 基于随机森林、遗传算法等方法对数据集进行数据分类和内在联系分析;③ 基于可视化和交互式的方式展示分析结果。

城市大数据是城市智能化的基础和核心,是城市智能化持续发展的不竭动力和智能源泉④,城市大数据的合理管理和应用能够促进中国城市智能化实现更高的发展。

4. 大数据与数字孪生

数字孪生的特点是"模型+数据",其区别于传统的仿真或者数字样机,结合模型,数字孪生体能利用大数据处理技术,有效对物理实体运行所产生的大数据进行分析处理和治理。大数据采集和处理是数字孪生体能同步反映物理实体的基本要求。另外,数字孪生体能进行仿真和预测,需要对孪生体运行环境进行同步建模,这也需要采集物理实体运行过程的环境数据,利用大数据技术来构建虚拟环境,提高模型运行的真实性。

数据是数字孪生最核心的要素。它源于物理实体、运行系统、传感器等,涵盖仿真模型、环境数据、物理对象设计数据、维护数据、运行数据等,贯穿物理对象运转过程的始终。数字孪生体作为数据存储平台,采集各类原始数据后将数据进行

---

① 于文龙. 城市大数据与城市智能化发展[J]. 环球市场,2017(18):1.

② THAKURIAH P V, TILAHUN N Y, ZELLNER M. Big data and urban informatics: innovations and challenges to urban planning and knowledge discovery[M]. Berlin: Springer, 2017:11-45.

③ 于文龙. 城市大数据与城市智能化发展[J]. 环球市场,2017(18):1.

④ 于文龙. 城市大数据与城市智能化发展[J]. 环球市场,2017(18):1.

融合处理,驱动仿真模型各部分的动态运转,有效反映各业务流程①。所以,数据是数字孪生应用的"血液",没有多元融合数据,数字孪生应用就失去了动力源。

数字孪生应用中的监控、分析和预测功能,也离不开大数据分析和处理技术。在城市各行业实际运行过程中会产生大量的基础数据,包括各类地理要素数据、视频流数据、BIM/CIM 模型数据、城市倾斜摄影数据、实时报文数据、物联网感知数据、业务处理数据等,可视化决策系统能够充分将存在不同部门、不同行业、不同系统、不同数据格式之间的海量数据进行汇集整合,为各领域运行态势综合感知研判提供全面的数据支撑。

数字孪生的主体是面向物理实体与行为逻辑建立的数据驱动模型,孪生数据是数据驱动的基础,可以实现物理实体对象和数字世界模型对象之间的映射。数字孪生的映射关系是双向的,一方面,基于模型(包括机理模型和算法模型)和数据(包括历史和实时数据),实现在数字世界中对物理对象的状态和行为的全面映射、精准表达和动态监测;另一方面,通过在数字世界中的模拟试验和分析预测,可为实体对象的指令下达、流程体系的进一步优化提供决策依据,大幅提升分析决策效率。

利用数字孪生,大数据分析可以呈现更加生动的分析结果,体现在数字城市、数字园区、数字交通、数字工厂等多行业领域可视化决策产品中。可视化决策系统基于数据驱动,通过接入实时/历史数据、真实/模拟数据,无论是设备的工作原理、装备的运行状态、实时的交通流量等,都能够在可视化决策系统中精准复现。通过数据可视化建立一系列业务决策模型,能够实现对当前状态的评估、对过去发生问题的诊断,以及对未来趋势的预测,为业务决策提供全面、精准的决策依据。

2.3.2.4 工业互联网

1. 工业互联网基本概念

当前,全球工业互联网的发展呈现出关键技术加速突破、基础设施日趋完善、工业应用逐渐丰富、产业生态越来越成熟的良好态势,各国面临重大战略机遇。我国是网络大国也是制造大国,发展工业互联网具备良好的产业基础和巨大市场空间②。在政府引导下,在技术、产业各方积极推动下,我国工业互联网

---

① 严勇,李超,于冬威,等.数字孪生技术在活动发射平台数字化演示系统中的应用[J].导弹与航天运载技术,2022(02):68-74.

② 严佳敏,赵唯,赵华.全国重点区域工业互联网产业政策分析[J].中国仪器仪表,2022(09):22-26.

政策体系不断完善、功能体系加快构建、工业应用创新活跃、产业生态逐步形成。

　　工业互联网是以互联网为代表的新一代信息技术与工业系统深度融合的关键基础设施、新型应用模式和全新经济生态,在工业全领域、全要素、全生命周期、全价值链、全产业链中融合集成应用,是工业数字化、网络化、智能化发展的关键综合信息基础设施。

　　工业互联网的本质是实现设备、控制系统、信息系统、人、产品之间的网络互联,构建起全要素、全产业链、全价值链全面连接的新型工业生产制造和服务体系[①]。通过工业大数据的深度感知和计算分析,实现整个企业的智能决策和实时动态优化。

　　2012 年,美国通用电气公司提出"工业互联网"概念,指出"工业互联网,就是把人、数据和机器连接起来"。也就是说,工业互联网的三要素是人、数据、机器。2013 年 6 月,通用电气公司提出工业互联网战略,随后于 2014 年 3 月联合 AT&T、思科(Cisco)、IBM 和英特尔(Intel)等公司发起了美国工业互联网联盟(IIC),工业互联网参考架构(Industrial Internet Reference Architecture, IIRA)是美国工业互联网联盟发布的工业互联网架构模式,2019 年 6 月 19 日发布了 1.9 版本。IIRA 注重跨行业的通用性和互操作性,提供一套方法论和模型,以业务价值推动系统的设计,把数据分析作为核心,驱动工业联网系统从设备到业务信息系统的端到端的全面优化。

　　2016 年,针对我国工业互联网技术的迫切发展,国内的工业互联网产业联盟(Alliance of Industrial Internet, AII)在参考美国 IIRA、德国 RAMI4.0 以及日本"工业价值链参考架构"(Industrial Value Chain Reference Architecture, IVRA)的基础上,提出了以网络、数据和安全为主要功能体系的工业互联网体系架构1.0[②],如图 2 - 10 所示。工业互联网体系架构 1.0 定义了网络、数据和安全三大功能体系。网络是工业数据传输交换和工业互联网发展的支撑基础,数据是工业智能化的核心驱动,安全是网络与数据在工业中应用的重要保障。体系架构 1.0 还给出工业互联网三大优化闭环:① 面向车间和产线级的机器设备、制造系统运行优化的闭环;② 面向工厂生产运营决策优化的闭环;

① 钱倩文,韩旭东.工业互联网安全风险与发展研究[J].保密科学技术,2021(12):33 - 37.
② 杨越,余涛,过立松,等.基于边云协同的数控机床高频数据采集应用[J].自动化仪表,2021,42(10):6 - 10+16.

③ 面向供应链产业链企业协同、价值链中用户交互与产品服务优化的闭环。三个闭环相互交融,明晰了网络联通的节点、数据流动的方向和安全保障的关键。

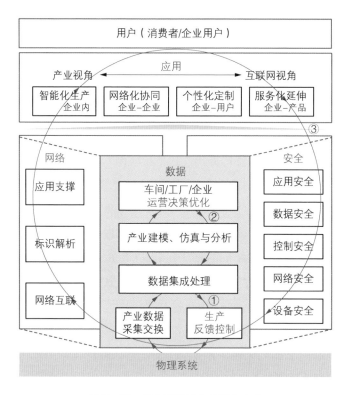

图2-10 工业互联网体系架构1.0

来源:余晓晖,刘默,蒋昕昊,等.工业互联网体系架构2.0[J].计算机集成制造系统,2019,25(12):2983-2996.

2019年,为了更好地进行体系化的设计、新技术的融合以及实施的可行性,通过对工业互联网体系架构需求的分析,综合考虑体系的系统性、全面性、合理性、可实施性,工业互联网产业联盟设计了工业互联网体系架构2.0(图2-11),以业务视图、功能架构、实施框架三大板块为核心,自顶向下形成逐层的映射①。

(1)业务视图定义工业互联网产业目标、商业价值、应用场景和数字化能

———————————

① 余晓晖,刘默,蒋昕昊,等.工业互联网体系架构2.0[J].计算机集成制造系统,2019,25(12):2983-2996.

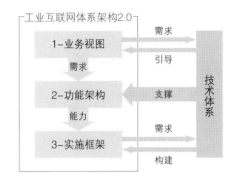

图 2 - 11　工业互联网体系架构 2.0

来源：余晓晖,刘默,蒋昕昊,等.工业互联网体系架构 2.0[J].计算机集成
制造系统,2019,25(12)：2983 - 2996.

力,体现工业互联网关键能力与功能,并导向功能架构。

（2）功能架构明确支撑业务实现的功能,包括基本要素、功能模块、交互关
系和作用范围,体现网络、平台、安全三大功能体系在设备、系统、企业、产业中的
作用与关系,并导出实施框架。

（3）实施框架描述实现功能的软硬件部署,明确系统实施的层级结构、承载
实体、关键软硬件和作用关系,以网络、标识、平台与安全为核心实施要素,体现
设备/边缘/企业/产业各层级中工业互联网软硬件和应用。

网络、数据、安全三大关键要素构建支撑了工业互联网的核心功能体系。其
中网络是基础,实现各类工业生产要素泛在深度互联,包括网络互联体系、标识
解析体系和数据互通体系。平台是核心,是制造业数字化、网络化、智能化中枢
与载体,实现基于海量数据采集、汇聚、分析的服务体系,支撑业务运营优化、资
源高效配置和创新生态构建[1]。安全是保障,是工业互联网发展的前提,是互联
网安全和工业安全的深度融合。

工业互联网的实施架构如图 2 - 12 所示,按"设备、边缘、企业、产业"四个层
次展开建设实施。设备层对应前述的"生产设备闭环优化"目标,包括工业设备
等的运维,实现监控优化和健康管理等应用;边缘层对应前述的"工厂运营优化
闭环"目标,包括车间或生产线的运维,关注工艺优化、生产调度、能源管理、物
流、质量管控等应用;企业层对应前述"工厂运营优化"和"供应链产业链优化"

---

① 　马铭.石化智能工厂发展与展望[J].中国石油和化工标准与质量,2020,40(13)：159 - 160.

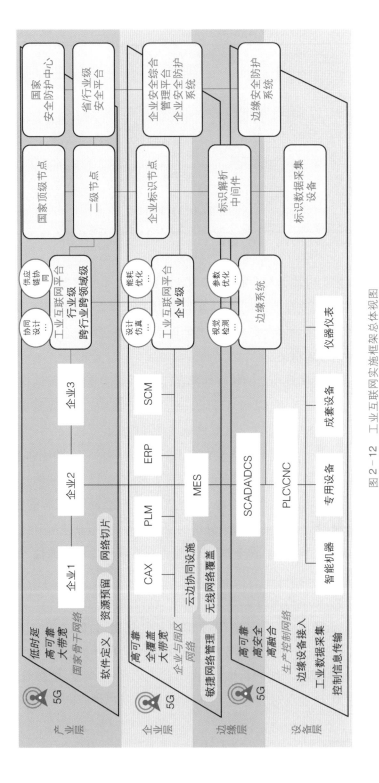

图 2-12 工业互联网实施框架总体视图

来源：工业互联网产业联盟. 工业互联网体系架构（版本 2.0）[R]. 北京：工业互联网产业联盟，2020.

目标,包括企业平台、网络等关键能力的构建,关注订单管理、车间计划、企业绩效等应用;产业层对应"供应链产业链优化"目标,包括构建跨企业平台、网络和安全系统,涉及供应链协同、基于平台的资源配置优化等应用。工业互联网实施框架明确了相关核心功能在企业系统各层级的分布以及互相关系,通过"网络、标识、平台、安全"四大系统建设,实现企业工业互联网的应用部署[①]。

工业互联网是第四次工业革命的重要基石。伴随着新一轮的科技革命和产业革命,工业互联网推动了实体经济各个领域的数字化、网络化、智能化发展。工业互联网通过人、机、物的互联和融合,全要素、全生命周期、全价值链、全产业链的全面连接[②],对各类数据进行有效的采集、实时的传输、高效的存储、智能的分析并形成闭环反馈和优化,推动形成新的生产制造模式和服务体系。通过工业应用在不同层级的推广,实现资源要素优化配置,能充分发挥企业装备、工艺和材料的潜能,提高生产效率和管理效率。基于工业互联网的互联互通和跨企业协同,能加快产品创新和服务创新,为实体经济各个领域的转型升级提供有效的实现方式和推进抓手,赋能产业变革[③]。

工业互联网技术成为全球讨论的热点,各国非常重视工业互联网技术,并将其列为研发重点,加大了相关技术的研发,争取引导和占领相应的市场。

2. 工业互联网平台

工业互联网平台本质上是一个工业云平台,是工业互联网"网络、平台和安全"三大要素之一。为了实现工业互联网的三大优化闭环,实现企业数字化、智能化转型,需要对海量的工业数据进行实时有效的处理,对工业过程进行建模分析,实现智能化决策,并需要实现各类工业应用的敏捷化开发与创新,这就需要工业云平台来实现工业数据的采集、存储、分析和应用生产服务体系,实现资源的全面连接、按需供给、智能调度和优化配置[④]。工业互联网平台是工业全要素链接的枢纽,是工业资源配置的核心,对于振兴我国实体经济、推动制造业向中高端迈进具有重要意义。

① 工业互联网产业联盟.工业互联网体系架构(版本 2.0)[R].北京:工业互联网产业联盟,2020.

② 中国信息通信研究院.工业互联网产业经济发展报告[R].北京:中国信息通信研究院,2020.

③ 中国工业互联网研究院.中国工业互联网产业经济白皮书(2020 年)[R].北京:中国工业互联网研究院,2020.

④ 张更庆,刘先义.智能制造趋势下职业教育人才培养的困境与突破[J].成人教育,2021,41(04):61-69.

工业互联网产业联盟给出了工业互联网平台参考架构,如图2-13所示。工业互联网平台是传统云平台技术通过叠加了物联网、人工智能、工业大数据分析、建模与仿真等技术的延伸发展。通过构建更精准、实时、高效的工业数据采集体系,建设包括集成、存储、分析、分发等功能的工业资源管理使能平台,实现工业生产过程相关技术、经验、知识等的模型化、显性化、软件化、可重用,以工业应用(工业App)的形式为企业各类业务过程提供创新支持,最终形成资源富集、多方参与、合作共赢、协同演进的制造业生态[1]。

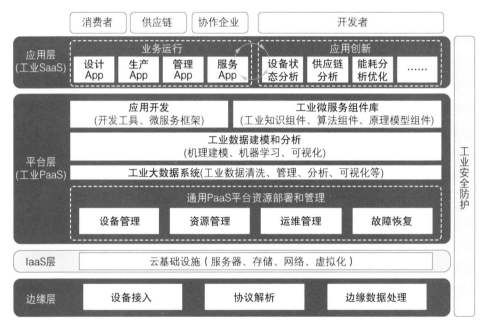

图2-13　工业互联网平台功能架构图

来源:工业互联网产业联盟.工业互联网体系架构(版本2.0)[R].北京:工业互联网产业联盟,2020.

泛在连接、云化服务、知识积累、应用创新是辨识工业互联网平台的四大特征。泛在连接是指平台具备对设备、软件、人员等各类生产要素数据的全面采集能力。云化服务是基于云计算技术实现对接入平台上的各类数字化后的工业资源的计算、存储和管理。工业云平台也是一个知识积累平台,通过工业技术、经验、知识的模型化、显性化,能够实现对知识的有效存储和管理,实现知识的固

---

① 工业互联网产业联盟.工业互联网平台白皮书(2017)[R].北京:工业互联网产业联盟,2017.

化、积累和复用,能够结合工业知识模型、机理模型实现工业数据的有效分析。工业互联网平台的应用目标是应用创新,能够调用平台各类功能及资源,提供开放的工业应用(工业 App)开发和测试环境,能帮助企业快速实现工业创新应用。工业互联网平台是新型工业系统的数字化神经中枢,在企业转型中发挥核心支撑作用。

3. 工业互联网与数字孪生

工业互联网是第四次工业革命的重要基础和关键技术支撑,其发展促使新的生产制造模式和服务模式的出现。数字孪生以物理实体的基本状态为基础,应用信息技术动态实时地描述、分析、预测其行为,实现物理空间和信息空间交互映射。随着工业互联网的应用推广,工业互联网不仅奠定了数字孪生技术应用落地的基础,是数字孪生迭代优化实现的重要途径,还扩展了数字孪生的技术应用价值,延伸了数字孪生应用的生命周期,凸显了数字孪生模型和数据融合的优势和能力,为数字孪生赋予新的生命力。

数字孪生的核心是模型和数据,模型的构建需要专业的知识,工业互联网平台通过汇聚不同领域、行业、区域的专业人员,利用平台进行供需对接、资源整合、知识积累,实现模型跨区域、跨领域设计与共享,促进工业知识的复用,解决因不具备专业知识带来的应用数字孪生技术难题。数字孪生的数据来自各种物理实体,物理实体的数据采集、传输、交互、存储都要借助工业互联网来实现,利用工业互联网平台实现企业从边缘侧、生产、管理、经营等环节汇聚数据,企业可根据实际需求通过平台构建满足需求的数字孪生体,使数字孪生在企业生产管理各业务环节中体现,延伸数字孪生生命周期。

实现基于数字孪生的智能系统的基础是数据的交互共融。工业互联网技术通过物联网、现场总线与工业以太网、互联网等技术来实现万物互连,并通过边缘计算有效地解决物理实体数据传输的实时性和可靠性。物理实体通过传感层将数据通过网络层传递到应用层进行数据处理,最后传递到虚拟模型中。同样在虚拟模型中的仿真结果也逆向反馈到物理实体,通过网络层中数据快速传递能力、结合计算机的强大计算能力,实现物理实体和虚拟模型的实时同步。此外,工业互联网的"万物互联"不仅注重物理实体的互联互通,也包括物理—信息空间的深度融合,这与数字孪生系统的虚实融合相契合,即数字孪生系统最终功能的实现依赖于工业互联网支持下构建的数据平台,并进一步促进工业互联网的应用与推广。

工业互联网平台是数字孪生系统实施的基础平台。数字孪生系统涉及大量的模型和数据的管理与处理,包括模型训练、数据处理、模型和数据的分发等工作,都需要工业互联网平台来提供支持。平台的泛在互联保证了数字孪生应用的便捷接入,为应用推广提供了网络基础。

随着信息技术的不断发展,操作技术(OT)和信息技术之间的数据量不断增加,这些数据存在结构多源、种类多样、异地分散存储等特征,导致企业数据互通困难,出现信息孤岛问题,数据价值没有得到真正有效的应用。数字孪生技术刚好为操作技术和信息技术的融合发展提供了数据和技术的接口,基于物理世界的实体状态,在数字世界中构建一个"完整分身",实时动态地与物理实体保持互联。数字孪生贯穿在工业设备的整个生命周期中,提升设备从设计到报废过程的智能化水平[①]。通过建模、验证、预测、控制物理实体,不断将工业系统中的碎片化知识传输到工业互联网中,通过集成接口提供给不同业务目标的应用,加快了操作技术和信息技术各要素融合步伐,打破企业存在的边界。

数字孪生、大数据与人工智能等新一代高新技术的发展,丰富了工业互联网的关键技术和应用场景,使工业互联网更好地为工业企业服务。基于工业互联网,利用数字孪生在产品研发、计划与调度、制造与物流、设备运维、质量管控等业务环节进行模拟,结合大数据、人工智能技术,实现企业各业务环节的验证、预测、分析,促进企业各个层级的闭环优化,实现智能生产。同时通过数据孪生技术,实现生产数据与工业机理模型的有效结合,推动以数据驱动为核心的"数据+机理"新应用,带动工业互联网的模式与应用创新。

2.3.3 城市数字化相关基础技术

2.3.3.1 扩展现实

虚拟现实(Virtual Reality,VR)、增强现实(Augmented Reality,AR)和混合现实(Mixed Reality,MR)是计算机图形图像技术不断发展带来的人-机交互创新模式,三者统称为扩展现实(Extended Reality,XR)。虚拟现实、增强现实和混合现实的技术实现是不同的,其适用场景也不同。

---

① 张昌福,严芸,杨灵运,等.数字孪生技术与工业互联网的融合应用场景与路径研究[J].中国信息化,2022 (01):96-97+100.

1. 虚拟现实

虚拟现实中的"虚拟"指的是运用多种软件技术和硬件资源搭建在计算机系统中的一个虚拟环境(Virtual Environment，VE)，"现实"指的是通过多种传感器接口，使得用户"沉浸"到虚拟环境中，产生接近现实的视觉、听觉、触觉感受，并能够通过设备和动作与该环境进行"直接交互"。虚拟现实技术使用户能够在虚拟的环境中拥有真实的体验，用户不再拘泥于刻板而抽象的数字信息，而是使用人类最擅长并且习惯的视觉、听觉、触觉、动作、口令等参与到信息空间虚拟的环境中。

虚拟现实是在计算机、人工智能、控制、心理学等学科基础上发展起来的交叉学科，随着计算机图形图像学、计算机仿真技术、实时计算技术、传感技术、网络技术等的不断发展，虚拟现实技术也逐渐成熟，它已在科学可视化、医学、计算机辅助设计、教育娱乐等领域获得广泛的应用。使用虚拟现实技术，用户可以利用计算机生成一种拟实环境，通过使用各种人机交互设备将自己"投射"到这个环境中，借助数据手套、三维鼠标、方位追踪器、操纵杆等设备对环境进行控制或操作，从而实现不同人机交互方式。

1993 年，格里高里·布尔代亚(Grigore C. Burdea)在 Electro93 国际会议上提出虚拟现实技术的三个特征：① 沉浸性(Immersion)，是指计算机生成的虚拟世界给使用者带来一种身临其境的感觉。虚拟环境中，设计者通过深度感知的立体视觉反馈、精细三维声音及触觉反馈等多种感知途径，观察和体验设计过程以及设计结果。在多感知形式的综合作用之下，用户能够完全沉浸在虚拟环境中。② 交互性(Interaction)，是指人能够以很自然的方式跟虚拟世界中的对象进行交互操作或者交流，着重强调使用手势、体势等身体动作(主要是通过头盔、数据手套、数据衣等来采集信号)和语音、自然语言等自然方式的交流。计算机能根据使用者的肢体动作及语音信息，实时地调整系统呈现的图像和声音。设计者针对一个交互任务可以采用不同的交互手段，不同的交互手段在信息输入方面有各自的优势，语音的优势在于不受空间限制，而肢体动作优势在于运动控制的直接性。③ 想象性(Imagination)，是指通过用户沉浸在"真实的"虚拟环境中，通过与虚拟环境进行各种交互，对所处的虚拟环境与交互对象从定性和定量两方面得到充分认识，用户可以提高感性和理性认识，获取新的知识，从而能深化概念和萌发创新意识。因此，虚拟现实可以启发人的创造性思维。

2. 增强现实

增强现实能有效地将虚拟场景和现实世界中的场景融合起来并对现实世界中的场景进行增强,进而将其通过显示器、投影仪、可穿戴头盔等工具呈现给用户,完成物理、虚拟世界的实时交互,有效提升用户的感知和信息交流能力。增强现实要求真实、虚拟环境实时交互、有机融合,并且能在现实世界中精准呈现虚拟物体,这与数字孪生技术中物理实体与镜像模型互联互通、虚实融合、以虚控实的特点高度契合,因而被广泛应用于数字孪生中。

增强现实之所以是增强现实,有三个重要因素:① 现实世界与虚拟世界双方信息都可被利用;② 上述信息可实时且交互利用;③ 虚拟信息以三维的形式对应现实世界。

增强现实的特点包括:

(1) 虚实交融。计算机生成的虚拟信息,通过传感技术、三维成像技术或者光学透视技术融合在真实场景中,为用户提供一个虚实融合的世界。

(2) 实时交互性。增强现实技术中的交互性主要是指用户能通过一系列的设备或者手势等对增强现实环境下的虚拟信息进行自然地交互操作。这包括两个方面的交互,一方面是当用户的位置发生变化时,增强现实系统需要实时检测出用户的位置变化和视线的变化,从而将虚拟信息"放置"在正确的位置;另一方面指的是当用户利用输入输出设备、手势、语音等方式对增强现实系统发出命令时,增强现实系统能准确及时地捕捉到用户的控制信息,紧接着能够识别控制信息中包含的指令,从而对用户的控制指令作出及时的响应,调整虚拟信息的状态。

(3) 三维注册。增强现实系统能够准确计算出虚拟信息在真实的环境中的位置坐标和状态信息,并将虚拟信息准确无误地显示在真实的环境中,使虚拟信息和真实环境进行完美融合,这一个过程称之为虚拟信息的三维注册[①]。

增强现实系统的工作过程中一般都包括以下 4 个基本步骤:① 获取真实场景信息;② 对真实场景和相机位置信息进行分析;③ 生成虚拟景物;④ 合并视频或直接显示。系统需要根据相机的位置信息和真实场景中的定位标记来计算虚拟物体坐标到相机视平面的仿射变换,然后按照仿射变换矩阵在视平面上相应位置绘制虚拟物体,直接通过光学透视式头盔显示器显示或者与真实场景的

---

① 郝秀峰.基于增强现实的卫星装配诱导系统研究[D].哈尔滨:哈尔滨工业大学,2017.

视频合并后,一起显示在显示器上。

由于增强现实系统在实现的过程中涉及多方面的因素,增强现实技术所涉及的研究对象范围十分广泛,包括信号处理技术、计算机图形技术、图像处理技术、心理学、人机界面、分布式计算、计算机网络技术、移动计算技术、信息获取技术、信息可视化技术、显示技术和传感器技术,等等。增强现实系统虽然不需要为用户显示完整的场景,但是需要通过分析大量的定位数据和场景信息,从而保证由计算机生成的虚拟物体可以正确地定位在真实场景中。

3. 混合现实

混合现实是物理世界和数字世界的混合,开启了人、计算机和环境之间的自然且直观的 3D 交互。这种新的技术基于计算机视觉、图形处理、显示技术、输入系统和云计算等技术的进步[1]。1994 年,保罗·米尔格拉姆(Paul Milgram)和岸野文郎(Fumio Kishino)首次提出"混合现实"一词,并探讨"虚拟连续体"的概念以及视觉显示的分类法。此后,混合现实的应用包括以下内容[2]:① 环境理解,空间映射和定位点;② 人类理解,手动跟踪、目视跟踪和语音输入;③ 空间音效;④ 物理和虚拟空间中的位置和定位;⑤ 混合现实空间中的 3D 资产协作。

混合现实是增强现实技术的进一步发展,该技术通过在虚拟环境中引入现实场景信息,在虚拟世界、现实世界和用户之间搭起一个交互反馈的信息回路,以增强用户体验的真实感[3]。混合现实的主要特点在于空间扫描定位与实时运行的能力,它可以将虚拟对象合并在真实的空间中,并实现精准定位,从而实现一个虚实融合的可视化环境。

混合现实是由数字世界和物理世界融合而成的,这两个世界共同定义了称为虚拟连续体频谱的两个极端。为了使这两个概念得到更加直观的描述以及更清楚地表明二者之间的联系,图 2 - 14 绘制了混合现实频谱,左边定义为物理现实,图右定义为数字现实[4][5]。可以简单理解为,在物理世界中叠加图形、视频流

---

① 安迪.浅谈 VR 技术在电力安全生产培训中的应用[J].四川水利,2021,42(06):76 - 77.

② MICROSOFT.什么是混合现实?[EB/OL].[2022 - 09 - 01].https://docs.microsoft.com/zh-cn/windows/mixed-reality/discover/mixed-reality.

③ 程博文,杨秀芳.BIM+MR 技术在电力建设安全应急中的应用[J].山西建筑,2022,48(08):196 - 198.

④ 李亚琼.基于 AI 与 MR 技术的乒乓球运动应用系统功能架构研究[D].南昌:华东交通大学,2020.

⑤ 戚纯.基于混合现实技术的数字博物馆应用研究[D].天津:天津大学,2018.

或全息影像的体验称为"增强现实"。遮挡视线以呈现全沉浸式数字体验的体验是"虚拟现实"。在增强现实和虚拟现实之间实现的体验形成了"混合现实",通过它可以[①]:① 在物理世界中放置一个数字对象(如全息影像),就如同它真实存在一样;② 在物理世界中以个人的数字形式(虚拟形象)出现,以在不同的时间点与他人异步协作;③ 在虚拟现实中,物理边界(如墙壁和家具)以数字形式出现在体验中,帮助用户避开物理障碍物。

图2-14 混合现实频谱

来源:改绘自 https://docs.microsoft.com/zh-cn/windows/mixed-reality/discover/mixed-reality

混合现实的实现需要在一个能与现实世界各事物相互交互的环境中。如果一切事物都是虚拟的,则属于虚拟现实范畴,如沉浸式虚拟现实设备;如果展现出来的虚拟信息只能简单叠加在现实事物上,则属于增强现实范畴,如基于手机设备的增强现实应用。混合现实的关键点就是与现实世界进行交互和信息的及时获取,在混合现实环境中,实时的物体会被"数字化",实时形成数字空间的模型,这样和原有的数字空间的虚拟模型可以进行交互,并且可以在数字空间中被改变。在增强现实环境中,数字模型是"叠加"在实景上,模型和实景没有交互,模型不能修改实体景象。如图2-15中,与增强现实场景相比,混合现实场景中的工具出现在机械手臂的后面,可以体现出实际场景(机器人)和模型的遮挡功能。在混合现实的游戏场景中,敌人"破墙而入",游戏者可以看见在自己家的墙面上造成一个墙洞(对物理对象的一个运算),攻击部队从这个墙洞进入并射击,如果只是采用增强现实技术的游戏是不可能营造出这种场景的。

4. 虚拟现实、增强现实与混合现实的关系

增强现实技术是由虚拟现实技术的发展而逐渐产生的,二者之间虽然存在着密不可分的关系,但也有着明显的差别。

---

① MICROSOFT. 什么是混合现实?[EB/OL]. [2022-09-01]. https://docs.microsoft.com/zh-cn/windows/mixed-reality/discover/mixed-reality.

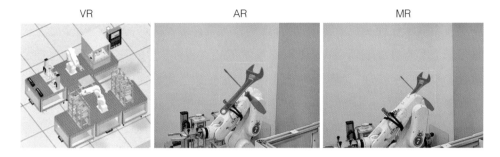

图 2 - 15　虚拟现实、增强现实与混合现实的场景展示

来源：陆剑峰,张浩,赵荣泳.数字孪生技术与工程实践：模型+数据驱动的智能系统[M].北京：机械
工业出版社,2022.

　　一是增强现实与虚拟现实在沉浸感的要求上有着明显的区别。虚拟现实是
让用户完全沉浸在计算机生成的虚拟空间中,而增强现实是让用户对现实实际
环境有"增强性"的感知和交互,增强用户对真实环境的理解。虚拟现实需要利
用设备将用户的感官和现实世界进行隔断,如利用沉浸式头盔显示器
(Immersive Head-Mounted Display)将用户的视觉、听觉从实际环境中隔离,利用
数据手套将用户的触觉从实际中隔离[①]。增强现实一般通过视频叠加或者三维
注册和投射,如采用透视式头盔显示器(See-Through head-Mounted Display)将计
算机产生的虚拟模型投射到实际场景中。增强现实强调用户在现实世界中的存
在性,并且要努力维持其感官效果不改变。

　　二是增强现实与虚拟现实的配准精度(也称作定位、注册)和含义不同。在
虚拟现实系统中,用户沉浸在虚拟环境中,配准是指呈现给用户的虚拟环境与用
户的各种感官感觉匹配,即模型和各类操作反馈是否"真实"让用户感觉在和真
实环境交互。而在增强现实系统中,配准主要是指计算机生成的信息和模型与
用户周围真实环境的匹配,即所叠加的虚拟模型能跟随用户位姿的变化而实时
变化,让用户感知虚拟模型和真实系统是切实融合的。增强现实中,较大的配准
误差会改变用户对其周围环境的感觉,严重的甚至会导致用户完全错误的行为。

　　混合现实技术将虚拟现实的虚拟部分和增强现实的现实部分相结合,同时
增加了空间交互功能,可将虚拟物体放置在现实世界内的任意位置产生虚实结

---

① 王聪.增强现实与虚拟现实技术的区别和联系[J].信息技术与标准化,2013(05)：57 - 61.

合的新型数字场景,是一种虚拟现实和增强现实融合的新型展现方式。与虚拟现实技术和增强现实技术相比,混合现实技术具有多种优点,不论是从性能上还是形态上都有升级创新①。对比不同技术的相关设备,混合现实技术还具有实时性、灵活性、交互性,其将现实物理概念与虚拟数字化技术进行融合,更富有创新和多元化特点,相关产品也在逐渐成熟,如微软公司发布的 Hololens 眼镜,是一款支持混合现实的移动设备。随着产品的普及,混合现实应用也会越来越广泛。

5. 扩展现实与数字孪生

基于数字孪生的智能系统构建了物理实体的高拟实性虚拟模型,借助近年来逐渐普及的扩展现实技术,人机交互手段从传统的鼠标、键盘、触摸屏、固定手持设备等向三维手势、语音、可穿戴眼镜或头盔等高性能硬件、手机/平板等移动终端、全息投影等多方位呈现形式转化,结合新兴的智能交互技术实现全新、超现实、更高层次的多媒体呈现形式。结合扩展现实技术的数字孪生系统能为用户提供包括视觉、听觉、触觉等多感官的体验,形成真实世界中无法亲身经历的沉浸式体验,便于用户及时、准确、全方位地获取目标系统的基本原理与构造、运转情况、变化趋势等多方位信息,帮助用户更好地进行系统决策,最终以一种启发式的方式改进系统性能,激发创造灵感,将各类应用往更加智能化、个性化、快速化、灵活化的方向发展。同时,数字孪生应用的不断深入和推广,也为扩展现实技术的发展和应用提供了广阔的舞台。

2.3.3.2 地理信息系统

1. 地理信息系统基本概念

地理信息是有关地理实体和地理现象的属性、特征和状态的表述,是地理系统在信息空间的数字化体现。地理系统是存在于地球表层中,具有一定时间和空间约束的、相互联系或相互制约的要素。钱学森等②认为地理系统是一种开放的复杂巨系统。陈述彭③认为地理系统是由不同层次的、若干分系统和子系统组成的巨系统。为了充分表达地理系统特征、状态和规律,对地理系统进行不

① 李亚琼.基于 AI 与 MR 技术的乒乓球运动应用系统功能架构研究[D].南昌:华东交通大学,2020.
② 钱学森,于景元,戴汝为.一个科学新领域:开放的复杂巨系统及其方法论[J].自然杂志,1990(01):3-10+64.
③ 陈述彭.地理系统与地理信息系统[J].地理学报,1991(01):1-7.

同维度的抽象,形成地理信息模型,并且利用计算机进行有效管理,由此产生了地理信息系统(Geographic Information System,GIS),能以数字方式将客观地理系统映射到计算机世界中[①]。

GIS 的定义目前还没有完全统一的表述,如加拿大的罗杰·汤姆林森(Roger Tomlinson)认为"GIS 是全方位分析和操作地理数据的数字系统",美国学者帕克(Parker)认为"GIS 是一种存储、分析和显示空间和非空间数据的信息技术"。俄罗斯学者则更多地把 GIS 理解为"一种解决各种复杂的地理相关问题及具有内部联系的工具集合"。

由于地理系统天生具有的空间性,地理信息系统是一种空间信息系统,是在计算机、空间建模等技术支撑下,运用系统学和信息科学理论,对地理系统的整个或局部数据进行采集、储存、计算、分析和管理的技术系统[②]。地理信息系统处理、管理的对象是各类地理系统中的要素和相互关系,以及基于地理要素的各类相关信息。如空间定位数据、遥感图像数据,以及地球表层的植被、河流、山川、建筑等天然或人工建立的地理实体对象数据。利用 GIS 可以方便地分析和处理在一定空间内分布的地理实体、现象及过程,解决一定空间中的规划、决策和管理等复杂问题。

地图是对地理空间信息进行标识的有效手段,因此,GIS 的一个重要内容就是地图构建和管理,通过建立地理空间坐标,将天然或人工建立的地理实体按其位置和属性进行表达,并输入到计算机中进行存储和分析,探究地理空间特征和地理要素之间的因果关系。各类地理系统的要素通过空间坐标关系形成不同的地图层,不同的地图层叠加构成如地质信息、土地信息、环保信息、城市管网信息、地籍信息、城市交通信息等不同信息系统供分析和决策使用。

地理信息系统有以下特点:① 地理对象和位置信息的应用,GIS 在分析处理问题过程中,将大量的空间数据和属性数据通过数据库联系在一起进行分析和应用。② 空间分析功能,GIS 在空间数据库的基础上,通过空间解析模型算法进行空间数据的分析,如空间分析与空间查询、图层叠加分析等。③ 图形数据和属性数据的一体化管理,GIS 按照空间数据库的要求将图形数据和属性数据

① 苏奋振,吴文周,张宇,等.从地理信息系统到智能地理系统[J].地球信息科学学报,2020,22(01):2-10.
② 苏奋振,吴文周,张宇,等.从地理信息系统到智能地理系统[J].地球信息科学学报,2020,22(01):2-10.

用一定的机制连接起来,并进行一体化管理,能在空间数据库基础上进行深层次分析①。

基于位置的服务(Location-Based Services, LBS),又称定位服务,是地理信息系统提供的一个常见的、重要的应用服务。LBS 基于地理信息系统,通过卫星定位(如北斗系统)和蜂窝网定位相结合获取用户的实时位置信息,基于实时位置的信息推送各类用户所需的服务,如地图定位服务、导航服务、路线规划服务、附近地理信息和商业信息查询服务等②-④。LBS 已在社交软件、餐饮、购物、交通出行等领域广泛应用。

2. 地理信息系统与城市数字孪生

结合智能传感器、物联网、工业互联网以及现代通信技术,现实地理系统中各要素的数据和参数可实时反映到地理信息系统的数据库中,由此,实现了现实地理系统到信息地理系统的持续映射,保证了地理信息系统与现实地理系统的同步关系。但是,传统的地理信息系统只实现了单向的同步与映射,即现实地理系统对信息地理系统的映射。数字孪生技术可以实现双向映射,实现物理空间地理系统与信息空间地理系统的高度融合。双向映射系统通过传感网、控制网实现物理世界到虚拟空间、虚拟空间到物理世界的交互,如图 2-16 所示。

当前,虽然地理信息系统已经完成了二维信息可视化到三维空间可视化的转变,但其渲染效果、画面精细度、交互流畅度以及场景还原度等方面均有较大的提升空间。数字孪生系统高保真度、拟实性模型的构建、更新机制与方法、扩展现实技术(XR)的发展与应用可以为 GIS 中各要素的全方位、精致表达以及真正的数据升维应用提供新的方向。

此外,在城市数字孪生中地理信息系统也有很大的应用价值⑤。① 信息的组织,城市数字孪生和城市地理系统相关,利用 GIS 来组织各类城市要素并进行多层次的表达,是必不可少的。② 信息的共享和协同,通过 GIS 保证城市相关

① 宋昀,吴勇.LBS 智慧校园服务云平台的设计与实现[J].福建电脑,2021,37(01):103-104.

② 王玮,王丽云,汪自强,等.基于 LBS 的一村一平台精准扶贫长效建设研究[J].浙江农业科学,2021,62(03):632-634+638.

③ 范振林,张超,吴斌,等.基于 LBS 的安全保障信息推送系统的设计与实现[J].地理空间信息,2021,19(03):121-123+8.

④ 宋昀,吴勇.LBS 智慧校园服务云平台的设计与实现[J].福建电脑,2021,37(01):103-104.

⑤ 宋锡蕊.地理信息系统在智慧城市中的应用分析[J].智能城市,2021,7(19):34-35.

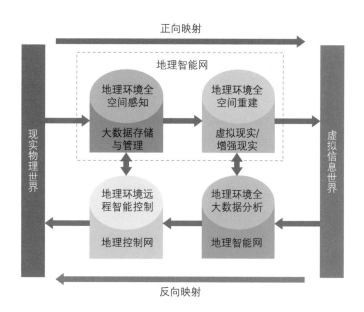

图 2-16　智能地理系统基本组成

来源:苏奋振,吴文周,张宇,等.从地理信息系统到智能地理系统[J].地球信息科学学报,2020,22(01):2-10.

信息的一致性,满足不同部门对数据处理方面的相关需求,方便进行数据共享。GIS 能够综合分析相关系统,实现协同管理平台的建立,使城市数字孪生运行更顺畅。③ 信息价值的提升,GIS 技术能够较好地满足对信息使用方面的需求,可以提升信息的应用价值,方便利用其空间信息表达的能力进行相关数据的可视化呈现,实现数据信息的空间模拟与分析,发挥各类数据信息的价值和作用,满足城市数字孪生模型+数据的融合应用需求。

2.3.3.3　建筑信息模型

1. BIM 起源

建筑信息模型(Building Information Modeling, BIM)缘起于 1975 年,佐治亚理工大学教授、有"BIM 之父"美誉的伊斯特曼(Chuck Eastman)在美国建筑师协会(AIA)的杂志上发表了论文 *The use of computers instead of drawings in building design*,提出建筑物计算机模拟系统(Building Description System, BDS)理论。该理论中提到了很多思想,如从同一个模型获取平立剖面图图纸,任何操作都能让所有视图一同更新,把建筑分解成许多对象并和数据库一一对应,用户可以随时查阅构件对应的属性信息,可以进行算量分析。这些思想描述了 BIM 的基本概念,对后面诞生的产品产生了深远的影响。

1977 年,伊斯特曼创建了一种交互设计的图形语言——GLIDE,展示了现代 BIM 平台大部分的特点。

1986 年,罗伯特·艾什(Robert Aish)教授基于 BDS 理论以及欧美对 BDS 理论的研究,首次提出"Building Modeling"(建筑模型)一词。提出一些和 BIM 相关的理念,如三维建模、自动成图、参数化构件、施工进度模拟等都出现在论文中。

1999 年,伊斯特曼提出建筑物产品模型(Building Product Modeling, BPM),并一直致力于改进建筑、信息和模型的解决方案。

2. BIM 概念

2006 年,美国国家 BIM 标准委员会最早将 BIM 定义为:BIM 是一个设施的物理和功能特性的数字表达[①]。

2007 年,美国国家 BIM 标准委员会更新的 BIM 定义为:BIM 是一个可供分享设施信息的知识资源,为该设施全生命周期中的决策提供可靠的依据。

2015 年,美国国家 BIM 标准委员会最新的 BIM 定义为:BIM 是一种设施物理和功能特征的数字化表达。BIM 是有关设施信息的共享知识资源,为其从新建到拆除的全生命周期决策提供了可靠的基础[②](图 2-17)。

建筑业从使用模拟图纸和文本到使用建筑信息建模所促进的建筑行业变革,与飞机、微处理器和汽车行业已经发生的变革具有可比性。

3. BIM 价值

自 BIM 技术推广以来,其在可视化和协作、设计与施工计划同步、冲突检测以及降低成本中发挥较大的作用,通过缩短开发时间、提高效率和降低成本、简化工作流程,实现提升高达 20% 的生产率。《NBS 国家 BIM 报告 2020》调查了 BIM 技术应用价值,指出 85% 已使用过 BIM 技术的用户认为其增加了施工的协调性,加快项目进程,71% 的用户认为其提高了生产力,51% 的用户认为 BIM 技

---

① National Institute of Building Science. National BIM Standard-United States ® Version 1 [R]. Washington: National Institute of Building Science, 2006.

② National Institute of Building Science. National BIM Standard-United States ® Version 3 [R]. Washington: National Institute of Building Science, 2015.

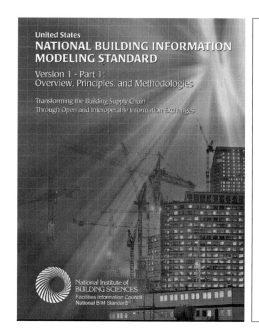

图 2-17　美国国家建筑信息模型标准

来源：National Institute of Building Science. National BIM Standard-United States ®　Version 1［R］. Washington：National Institute of Building Science，2006.

术提高了盈利能力(图 2-18)。《澳大利亚和新西兰 BIM 报告 2019》的调查显示，87%的使用者认为采用 BIM 技术加强了施工文件的协调性，减少了承包商建造过程中返工，能够提高交付的效率及盈利能力。

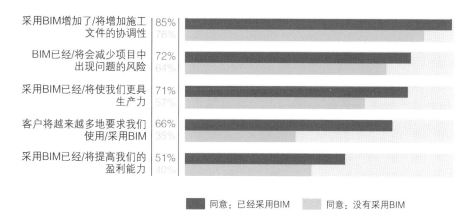

图 2-18　BIM 技术应用价值

来源：改绘自 NBS. National BIM Report 2020［R/OL］.［2023-02-03］. https://www.thenbs.com/knowledge/national-bim-report-2020.

　　"互联网+"在建筑行业里可以称为"BIM 技术+"。在 BIM 技术平台上,很多东西可以加载进来。美国、英国和新加坡等 BIM 技术发展前沿的国家,不断更新 BIM 技术标准的版本。近年来,随着 BIM 技术的推广应用,由于政策的支持和利好,BIM 技术应用的主阵地不再只是大型场馆、住宅、高难度复杂工程等房建项目,在地铁、公路、铁路、隧道、管道等基础建设领域的应用也正在逐步推广(图 2–19)。2019 年中国建筑业协会举办的第四届建设工程 BIM 技术大赛获得一类成果的项目中,基建类项目占比 26%,BIM 技术在基建领域得到了逐步推广,并开始展现出价值。

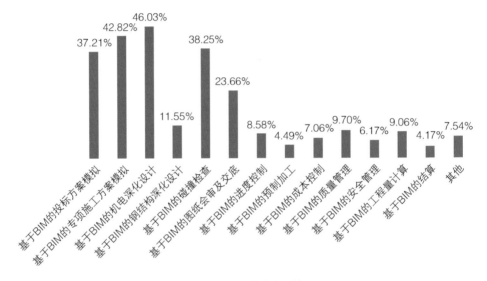

图 2–19　BIM 技术应用情况

来源: 中国建筑业协会.中国建筑业 BIM 应用分析报告(2020)〔R〕.北京: 中国建筑工业出版社,2020.

　　随着"BIM 技术+"时代的到来,与互联网、云计算、大数据以及 3D 打印、XR 技术以及 3D、GIS 等新技术相结合,BIM 还可以延展出更多功能。如将 3D、GIS 和 BIM 技术集成延展到城市层面上,通过城市数字化、智慧化的建设,打通平台,高效率进行设计、施工和运营维护。随着实践的不断深入和应用价值的不断显现,BIM 技术应用已经从单纯的技术管理走向项目管理,走向设计施工企业甚至建设方企业管理的全链条应用[1]。BIM 技术的应用已经和企业、行业转型密不可分,越来越多的建筑业企业对其应用和推广更加重视。

---

① 庞翠娟,麦浪苹,常亚静,等.基于 BIM 技术的路桥工程全过程应用研究[J].智能建筑与智慧城市,2023(03): 135–140.

根据中国建筑业协会《中国建筑企业 BIM 应用分析报告(2020)》的调研显示,建筑企业通过 BIM 技术得到的应用价值包括:提升企业品牌形象,打造企业核心竞争力(占 51.40%);提高施工组织合理性,减少施工现场突发变化(占 48.28%);提高工程质量(占 35.04%);提升项目整体管理水平成为新的价值体现(占 27.99%)。BIM 技术与先进数字技术的结合应用,使 BIM 模型成为数据的载体,实现工程物理世界和虚拟世界的数字孪生,为工程安全、进度、质量的监管提供了更有效的手段。BIM 技术及物联网等数字技术解决现场施工监管难问题,项目可以通过智能监控、监测设备实现数据的及时采集,将工程过程中每一个部位的实时数据直接传递到云端,供各业务部门进行整合管理,解决现场施工监管难的问题。在线性工程项目中,每一个部位的建造过程都会产生大量的资料信息,而不同标段又是不同的劳务队,给整个项目的资料管理造成了很大的困难。运用 BIM 技术和云计算技术可以很好地解决不同标段资料收集困难的问题,对施工现场大量资料信息进行有效管理,在统一平台实现大量的数据积累,为企业工艺工法的总结和智能化数据分析打下基础[①]。

4. BIM 发展

国外发达国家和地区已基本实现 BIM 技术的市场化和普及化。美国、英国、新加坡主要发布的标准和指南如表 2-1 所示。

表 2-1　BIM 的标准

国家	名　称	简　介	发布机构
美国	《美国国家 BIM 指南》(业主篇)(National BIM Guide for Owners)	从业主角度定义了创建和实现 BIM 要求的方法,解决业主应用 BIM 技术的流程、基础、标准以及执行问题,从而让业主能更好地配合 BIM 项目团队高效工作	美国国家建筑科学研究院
英国	《BIM 结构性健康与安全》	提出了建造过程中相关主要从业人员如何通过建筑信息模型来识别、共享以及使用健康与安全信息,从而实现减少风险	英国标准学会
新加坡	《实施规范》(CoP)	规定了 BIM 电子文件提交格式,以及基于自定义 BIM 格式的建筑方案提交格式	新加坡建设局

来源:刘建绘制

---

① 上海市住房和城乡建设管理委员会. 2021 上海市建筑信息模型技术应用与发展报告[R].上海:上海市住房和城乡建设管理委员会,2021:20-21.

国内的 BIM 发展起步于 2004 年北京"水立方"、2009 年上海中心、2010 年上海世博会的建设。《2011—2015 年建筑业信息化发展纲要》中第一次提到了 BIM 技术,2014 年后在政府、企业市场的推动下国内 BIM 得以迅速发展。2015 年 6 月,住建部印发《关于推进建筑信息模型应用的指导意见》,指出到 2020 年底,在以国有资金投资为主的大中型建筑、申报绿色建筑的公共建筑和绿色生态示范小区等新立项项目的勘察设计、施工、运营维护中,集成应用 BIM 的项目比率达到 90%。2016 年 8 月,住建部印发《2016—2020 年建筑业信息化发展纲要》,要求全面提高建筑业信息化水平,着力增强 BIM、大数据、智能化、移动通信、云计算、物联网等信息技术集成应用能力,建筑业数字化、网络化、智能化取得突破性进展,初步建成一体化行业监管和服务平台,数据资源利用水平和信息服务能力明显提升,形成一批具有较强信息技术创新能力和信息化应用达到国际先进水平的建筑企业及具有关键自主知识产权的建筑业信息技术企业[①]。

2019 年,国务院《关于完善质量保障体系提升建筑工程品质的指导意见》中要求"推进建筑信息模型(BIM)、大数据、移动互联网、云计算、物联网、人工智能等技术在设计、施工、运营维护全过程的集成应用,推广工程建设数字化成果交付与应用。(科技部、工业和信息化部、住房城乡建设部负责)"

2020 年,住建部《住房和城乡建设部工程质量安全监管司 2020 年工作要点》中强调积极推进施工图审查改革,"试点推进 BIM 审图模式,提高信息化监管能力和审查效率","推动 BIM 技术在工程建设全过程的集成应用,开展建筑业信息化发展纲要和建筑机器人发展研究工作"。

未来 BIM 市场规模将进一步扩大,国际市场研究机构(Adroit Market Research)发布的《2018 年至 2028 年全球预测》研究报告显示,2018 年全球 BIM 市场规模约 61.9 亿美元,到 2028 年,全球建筑信息模型(BIM)市场规模预计将达到近 107 亿美元。BIM 技术正引领着建筑业经历"史无前例的大变革"。

2.3.3.4 城市信息模型

1. CIM 起源

城市信息模型(City Information Modeling, CIM)概念缘起于 2010 年上海世博会的世博园区智能模型(Campus Intelligent Model)。当时,针对上海世博园区

---

① 路统济.基于 Revit 的结构施工图设计 BIM 应用研究[D].西安:西安建筑科技大学,2017.

256 个场馆,提交到总规划师办公室的不同国家的设计方案及其采用的不同软件,造成无法合一的状况,作为上海世博园区的总规划师,吴志强院士于 2005 年提出,所有提交的设计方案必须采用统一的 BIM 标准,并由总规划师办公室提出研发可以承载单体建筑设计的 CIM 的计划。在担任上海世博园区总规划师期间,吴志强院士提出的"城市是一个生命体(City being),智慧的城市应当是可感知、可判断、可反应、可学习的"的观点,成为 CIM 研制的出发点。

2007 年年初,上海世博园区智能模型平台进入了实际运行阶段,成为各国提交的上海世博园场馆方案的审批和检验平台,如图 2－20 所示。2010 年世博会后,世博园区智能模型平台的总体架构被扩展到城市和城区范围,并开始研究加载多个城市主管部门的要素[1]。

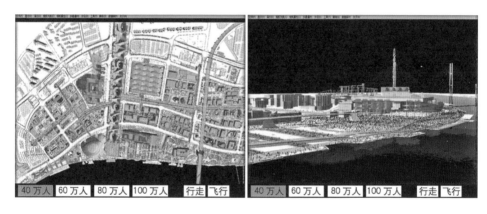

图 2－20　上海世博园区智能模型平台

来源: 吴志强,甘惟,臧伟,等.城市智能模型(CIM)的概念及发展[J].城市规划,2021,45(04): 106－113+118.

2. CIM 概念

2021 年,住建部在《城市信息模型(CIM)基础平台技术导则》中定义城市信息模型(CIM)是以建筑信息模型(BIM)、地理信息系统(GIS)、物联网(IoT)等技术为基础,整合城市地上地下、室内室外、历史现状未来多维多尺度信息模型数据和城市感知数据,构建起三维数字空间的城市信息有机综合体。

CIM 平台是在城市基础地理信息的基础上,建立建筑物、基础设施等三维数

---

① 吴志强,甘惟,臧伟,等.城市智能模型(CIM)的概念及发展[J].城市规划,2021,45(04): 106－113+118.

字模型,表达和管理城市三维空间的基础平台,是城市规划、建设、管理、运行工作的基础性操作平台,是城市数字孪生的基础性、关键性和实体性信息基础设施①。CIM平台与数字孪生、元宇宙等概念密不可分,共同推动城市实景三维的建设。

3. CIM与BIM关系

BIM是CIM的细胞。BIM技术是一种高效的建筑信息整合方法,其应用于建筑设计协作、建设管理、运营维护等多个环节,具有广阔的应用前景。将城市比作有机体,建筑则是组成有机体的细胞,而BIM技术向CIM技术的发展则是从单一的细胞向复合的有机体转化。与以往的城市规划管理主要侧重于单个BIM的应用相比,在将来,将会更加注重单个BIM以外的系统,在CIM中提供可以将BIM模型进行大量嵌入的底座,以及城市能源、环境、交通、基础设施,联结感知网络、社会管理服务等价值。

CIM平台融合了大场景GIS技术、小场景BIM技术、物联网技术等新一代信息技术,为城市的精细化治理和城市数字化建设提供全要素的"三维空间底板"。但CIM的推进绝不仅是BIM的复刻,当模型从建筑单体扩展至城市级,涉及的数据体量庞大,数据种类和来源极为丰富,各类模型的复杂程度和耦合程度攀升,这对于CIM工作是一巨大的挑战②。

4. CIM价值

在含义方面,CIM具有多种含义,如模型含义和平台含义。CIM所指的"平台",更多的意义在于它是一个"基础城市数字平台"。旨在构建一个面向多源、多类型、大规模、多层次、全生命周期的CIM基础理论与方法。以城市基础地理信息为基础,构建建筑物、基础设施等BIM数字模型,以此为基础,来对城市的三维空间进行表达和管理,从而为城市规划建设、管理运营的数字化、立体化、精细化提供支持。近年来,习近平总书记对于建设"网络强国、数字中国、智慧社会"作出了重大战略部署。2018年年底中央经济工作会议以来,党中央高度重视新型基础设施的建设。CIM平台作为现代城市的重要新型基础设施和城市数字化的基础支撑性平台,是提升城市建设管理的信息化、智能化和智慧化的重要

---

① 黄日斌.城市信息模型在建设项目规划审批中的应用研究[D].南宁:广西大学,2021.
② 汪科,杨柳忠,季珏.新时期我国推进智慧城市和CIM工作的认识和思考[J].建设科技,2020(18):9-12.

途径,是提升城市治理能力现代化的必经之路,也是贯彻落实网络强国、数字中国、智慧社会战略部署的重要支撑(图 2-21)。

图 2-21　北京城市副中心 CIM3.0 原型

来源:吴志强,甘惟,臧伟,等.城市智能模型(CIM)的概念及发展[J].城市规划,2021,45(04):106-113+118.

5. CIM 发展

2018 年,住建部发布《住房城乡建设部关于开展运用建筑信息模型系统进行工程建设项目审查审批和城市信息模型平台建设试点工作的函》,北京城市副中心、广州、南京、厦门、雄安新区一同被列为运用 BIM 系统和 CIM 平台建设的试点。

2019 年,住建部发布《关于开展城市信息模型(CIM)平台建设试点工作函》,要求各地高度重视、各部门密切协作,加快开展城市信息模型(CIM)基础平台建设,确保按时完成各项目标任务。

同年,南京市人民政府办公厅发布《关于运用建筑信息模型系统进行工程建设项目审查审批和城市信息模型平台建设试点工作方案》,要求坚持以工程建设项目审批制度改革为引领,应用 BIM 和 CIM 技术融合为抓手,通过技术创新实践和制度优化完善,统筹解决工程建设项目审批过程中"能不能"和"好不好"的问题,进一步确立科学、便捷、高效的工程建设项目审批和管理体系[①]。立足城市数字化转型,结合工建改革,开展 CIM 平台顶层设计;确立了包含规划审批、方案设计、施工图审核、竣工验收在内的三维可视化 CIM 平台,并对 BIM 引

① 韩青,田力男,孙琦,等.青岛市城市信息模型(CIM)平台建设[J].中国建设信息化,2021(07):26-29.

入 CIM 平台的迭代机制进行探讨,开创了工程建设项目智慧审批的新局面,为城市数字化建设奠定了坚实的基础。将各阶段 BIM 报建和 CIM 平台与审批系统"多规合一"的业务协作平台有机结合,以 CIM 技术为基础,进行智慧审核审批,并通过界面整合、数据交换、信息传递等方式,融入整个 BIM 技术体系的整体流程中去。

2020 年,厦门市自然资源和规划局发布《厦门市推进 BIM 应用和 CIM 平台建设 2020—2021 年工作方案》,要求深入贯彻党的十九大精神,持续推进"放管服"改革,加快工程建设项目报建审批信息化,提高审批效率,为城市数字化建设奠定基础。按照《住房城乡建设部关于开展运用 BIM 系统进行工程建设项目报建并与"多规合一"管理平台衔接试点工作的函》要求和住建部在 2020 年工作会议中重点提出加快构建部、省、市三级 CIM 平台建设框架体系要求,结合厦门市实际,制定行动计划方案。

同年,广州市人民政府办公厅发布《广州市城市信息模型(CIM)平台建设试点工作方案》,要求探索建设 CIM 平台,为数字化、智慧化的城市建设提供可复制可推广的经验。

2020 年,住建部、工信部、中央网信办发布《关于开展城市信息模型(CIM)基础平台建设的指导意见》。同年,住建部发布《城市信息模型(CIM)基础平台技术导则》《住房和城乡建设部标准定额司关于开展〈城市信息模型(CIM)平台—基础平台技术规范〉等 7 项标准编制工作的函》,其中,《城市信息模型(CIM)基础平台技术导则》是我国第一本 CIM 标准,指导各地开展 CIM 基础平台建设,推进城市数字化、智慧化建设,总结了试点工作经验做法,并于 2021 年修订发布了《城市信息模型(CIM)基础平台技术导则(修订版)》。

2020 年,吉林省住房和城乡建设厅、政务服务和数字化建设管理局、省委网信办发布《城市信息模型(CIM)基础平台建设的指导意见》,要求贯彻落实党中央、国务院关于网络强国建设行动计划,住房和城乡建设部等三部委联合印发的《关于开展城市信息模型(CIM)基础平台建设的指导意见》,各地高度重视、各部门密切协作,加快开展城市信息模型(CIM)基础平台建设,确保按时完成各项目标任务。

2021 年,住建部发布六项城市信息模型(CIM)行业标准的征求意见稿,包括《城市信息模型平台竣工验收备案数据标准(征求意见稿)》《城市信息模型数据加工技术标准(征求意见稿)》《城市信息模型(CIM)基础平台技术标准(征求意见稿)》《城市信息模型平台施工图审查数据标准(征求意见稿)》《城市信息模型平台建设工程规划报批数据标准(征求意见稿)》《城市信息模型平台建设用地规划管理数据标准(征求意见稿)》,进一步全面规范 CIM 应用实施。

未来 CIM 的技术发展应与影响人类未来的重大技术变革和宏观趋势嫁接,以更加精准、精密、精细的智能服务,为城市现代化治理提供更科学的工具,为城市人民创造更美好的生活。

1) 从 CIM 到 CIM+AI

国务院于 2017 年年中正式下发《新一代人工智能发展规划》,规划要求"建设城市大数据平台,构建多元异构数据融合的城市运行管理体系"以及"推进城市规划、建设、管理、运营全生命周期智能化"。CIM 正处于由一个专门的技术手段向一个全面的智慧管理服务发展的转型期,当最新代人工智能技术融入城市各个层面后,必将诞生一个以人工智能为核心的新一代城市空间运营系统,并以 CIM+AI 为核心,对 CIM 的发展趋势进行探讨。

2) CIM 与"城市迷走神经系统"结合

"城市迷走神经系统"功能的健全,必将给城市资讯的发展带来巨大的改变。在过去的几年中,随着 5G/6G、人工智能和区块链等技术的发展,一系列的自组织开始在城市中涌现出来,形成自主决策和自主运行的二次决策体系,由此形成一种新的分层决策机制。城市内复杂的信息流和居民日常生活中烦琐的需要,将不需要完全进入各功能部门的管理体系,可以在下面的管理层次上进行处理。以 CIM 为底层,将其与城市"迷走神经"相融合,使其与各层级的基础设施相连接、无须进入"大脑"而从自身进行调控,是 CIM 技术发展的新趋势。

3) 利用 CIM 构建城市"新基建"

"新基建"是 2018 年中共中央政治局提出的一项重要工作,CIM 是新基建的关键组成部分,它是城市空间管理的"中枢神经系统"。未来 CIM 的发展与国家新基建的总体规划相结合,以"已有基础设施的智能化、未来智能技术的基础设施化"为目标,在 CIM 系统中实现涵盖能源、水务和交通等功能;对物流等多个城市基础设施进行智慧化的提升,并为新一代信息基础设施提供新的平台和新的载体,从而推动经济的创新发展,创造新的社会生活。

在十九届四中全会上,提出"加快推进我国政府管理体制与管理能力的现代化"。城市管理是国家管理系统的一个主要组成部分,CIM 技术的发展应该与将来的城市管理密切相关。在我国城市群区域经济社会发展的大背景下,CIM 技术将不断优化流程,提升效率,为跨部门、跨层级、跨区域的运行机制提供有效支持。要注重发展智慧的理念,营造良好的文化氛围,营造良好的信用环境;建立规范和标准等软环境,以 CIM 促进城市管理的现代化。[①]

2.3.3.5 数字交付

1. 数字交付概念

数字交付指的是建设工程行业对以纸张文件为主导的传统交付方式的变革,它在交付的内容上体现为对传统交付物的数字化、数字化载体和工具的交付[②]。按其所包含的内容的种类,可分成数字工程文档的交付、BIM 模型的交付以及 BIM 应用的结果的交付。

2. 数字交付价值

在工程建设项目审批制度改革的帮助下,可以把建筑信息模型和城市信息模型的数字交付融入政府的项目审批流程中,具有如下五个价值[③]。

一是提高方案的质量。鼓励开发企业提出 BIM 设计方案,从而提升设计的合理性,设计企业能够在设计方案时,利用 3D BIM 建模,预先进行协同设计、碰撞检测、三维绘制,确保递交的方案的质量,增加方案的通过率。

二是提升审批的效率,缩短审批时间。在传统的审核方法中,审核人员要将设计方案图纸、文字说明或效果图等与上位规划及有关法律法规进行手工对比,从而确定方案能否被批准。各专业或各部门还需面向平面设计资料开会讨论,审核工作的效率较低。以具有更多信息表现形式的 BIM 建模代替,与大范围 GIS 数据相融合,可以对方案进行全面、直观地展现。另外,在进行 3D 设计的时候,专家和审核人员都可以对其进行查看,对各种现有的或规划的图层进行综合判断,帮助审核人员更快地做出审核的结果。在此基础上,数字交付对工程的审

---

① 吴志强,甘惟,臧伟,等.城市智能模型(CIM)的概念及发展[J].城市规划,2021,45(04):106－113+118.

② 陈烨.基于 BIM 的数字化交付技术及其案例实践[J].建设监理,2021(06):48－53.

③ 李晶,杨滔.浅述 BIM+CIM 技术在工程项目审批中的应用:以雄安实践为例[J].中国管理信息化,2021,24(05):172－176.

核流程进行了规范和规范的固化,使其能够被迅速重用,从而提升审核流程的效率。

三是标准化的审批要求,避免人为审查误差与违规行为。目前,我国工程项目管理中存在着诸多问题,其中最突出的就是在工程项目管理中存在着"差别""模糊"等问题。在工程建设领域,以往的工程审批工作都是依赖于工程管理部门的工作经验,而在工程建设中,往往要经过一些专业人士的审核,然后再综合一些专业人士的建议才能完成工程建设的审批工作。利用 BIM 技术,可以在第一个环节中对项目控制要求进行清晰地描述,并且留下痕迹。到了第二个环节,系统会根据项目控制要求,自动对各项指标进行审核,从而有效地防止人工审核错误和违反规则的情况。在政府的批准过程中,保证公正公开。

四是工程模型可视化,下降审批门槛。与以往的审核方法相比,BIM 可以将建筑图纸以 3D 的形式呈现出来,大大减少了审核的难度。此外,与 GIS 资料相配合,审批人员还可以利用图层重叠功能,将设计方案与控规、文物保护、三区三线等各种图层重叠起来,从而可以更好地对方案的合理性作出更好的判断。利用剖切工具对复杂的建筑物或地质图层等进行任意剖切,可以迅速获得各部件的剖切面的面积、圆形管件直径及管件间距信息,以此来审核项目或指导现场的施工操作。利用规定数值与模式的连接,可以迅速发现模型中存在的问题,从而引导施工计划的优化与改善。

五是建筑全生命管理控制,实现城市数字孪生。如雄安新区第一次提出了"城市数字孪生"的理念:通过人、车、物,对现实空间进行数字化的映射;实现对城市空间及其他信息的全面覆盖,实现可视化、可控化、可管理化的"数字孪生"。BIM+CIM 技术是当前虚拟现实技术研究的热点和难点之一。在城市规划批准过程中,利用计算机对控制图进行自动抽取,并将控制图中的要求与实际情况及人工管理需求相融合,生成控制条件。在施工审批环节,利用 BIM 技术,完成工程图纸的 3D 可视化,并利用设备,完成与周围环境和控制情况的对比。在建筑施工环节,通过对工程图纸的深入分析,实现工程图纸的 BIM 化,并与工程图纸进行自动对比。在工程竣工验收中,将工程完工后的模型与工程实际情况及其他控制因素进行对比,以确定工程最后的验收结果。与此同时,这一系列的规划、建设、管理过程中所产生的所有数据,都会在该系统中留下痕迹,从而可以对整个工程进行可视化的控制,达到对工程进行科学管理和高效追踪的目标[1]。

3. 数字交付发展

2017年起,各省/市/地区有关部门陆续开始推行建筑工程数字交付审查制度。2017年,重庆市城乡建设委员会率先发布《重庆市建设工程信息模型设计审查要点》,通知推行初设、施工图BIM审查。2019年,雄安新区经中央政治局常委会审议通过发布《关于河北雄安新区建设项目投资审批改革试点实施方案》通知、深圳市人民政府办公厅发布《深圳市进一步深化工程建设项目审批制度改革工作实施方案》通知,实行全过程BIM审查制度。2020年,湖南省住房和城乡建设厅发布《关于开展全省房屋建筑工程施工图BIM审查试点工作》通知实行施工图BIM审查,广州市住房和城乡建设局发布《关于试行开展房屋建筑工程施工图三维(BIM)电子辅助审查工作》的通知,实行全过程BIM审查。2021年,上海市住房和城乡建设管理委员会发布《上海市房屋建筑施工图、竣工建筑信息模型建模和交付要求(试行)》的通知。

截至2022年1月,各省/市/地区建筑工程行业各阶段数字交付审查汇总如表2-2所示。

表2-2 各省/市/地区建筑工程行业各阶段数字交付审查汇总表

实行时间	省/市/地区	建筑工程数字交付审查项
2022年	上海市浦东新区	住宅人工智能审查
2022年	上海	施工图交付、竣工交付
2021年	苏州	施工图交付、竣工交付
2021年	南京	方案设计交付、施工图交付、竣工交付
2021年	青岛	施工图交付
2020年	广东	施工图交付
2020年	湖南	施工图交付

---

① 李晶,杨涵.浅述BIM+CIM技术在工程项目审批中的应用:以雄安实践为例[J].中国管理信息化,2021,24(05):172-176.

实行时间	省/市/地区	建筑工程数字交付审查项
2019 年	广州	方案设计交付、施工图交付、竣工交付
2019 年	河北省雄安新区	方案设计交付、施工图交付、竣工交付
2019 年	深圳	方案设计交付、初步设计交付、施工图交付、竣工交付
2017 年	重庆	初步设计交付、施工图交付

来源：刘建绘制

2.3.4　典型数字孪生解决方案及其应用领域

2.3.4.1　基于数字孪生的城市招商引资动态模型及虚拟现实综合解决方案

城市招商引资动态模型及虚拟现实综合解决方案适用于城市跨区域、多地块同时招商引资的应用场景,在各地块建设之初利用数字孪生模型的结构化数据类型优势,引入更面向未来运用层的视觉化虚拟现实技术,通过对城市模型的深度应用,充分发挥其空间价值属性,将业态分布、空间布局、品质特点直观地展现出来。

对建设方而言,实现了精准的效果预期管理,成本和管理精准度都有大幅提升;对使用方而言,在建设过程中可"超前可视",不仅更利于组织相关企业入驻,更增强了未来使用和空间管理的便捷性。城市招商引资动态模型及虚拟现实综合解决方案具有以下技术特点:

(1)引入国际领先的视觉化引擎实现动态模型展示。不同于普通效果图渲染,实时渲染的动态模型能最大化体现城市数字孪生应用成果。动态实时渲染的模型实现了自由地行动漫游和观察,让人身临其境地处于场景之中,摆脱了效果图固定视角束缚,以更精细的颗粒度进行成品预期管理和功能定位展示,将设备信息及其相关参数录入竣工模型,形成数字孪生模型,进行数字社区管理,打造数字化、智慧化的城市,实施资产数字化管理,如图 2-22 所示。

(2)实现数字孪生数据的深度应用,打通专业软件和前端用户之间的信息数据壁垒。城市模型承载了各地块建筑的全部数据信息,数据量庞大且繁杂,通

图 2‑22　引入国际领先的视觉化引擎实现动态模型展示
来源：同济大学建筑设计研究院(集团)有限公司提供

过整合预先打包的可执行文件,从而让非专业人士也能流畅地应用城市数字孪生模型中实时产生的数据,建立起数据互联互通的桥梁。

(3) 利用动态数据实现运营招商。利用孪生数据作为基础,深度整合空间功能、销售情况等信息,以立体三维可拆分的模型形式展现,挖掘城市商业潜能,充分调配租售情况。在招商和后续运行阶段,利用动态引擎可提高数据的来回流动自由度,便于维护和不断拓展新应用。

(4) 结合虚拟现实技术的超前可视效果管理。作为建设方,是否能管理好整体效果体验直接关系到招商定位和租赁价格,结合孪生数据进行虚拟现实展示,充分利用了城市模型数据的准确性,引入材质和光源信息进一步加成体验价值,将关键空间信息用虚拟现实形式展现出来,720°沉浸式动态漫游,真正地身临其境,辅助问题协调沟通,进一步强化各建设单位对问题的理解能力,提高问题沟通效率。达到超前可视、优选决策、高质传播的效果。尤其是关键人流区域,综合商业场所等关键地区,如此能极大地提高建设方与使用方对建成效果的把控,加强决策速度和准确性,如图 2‑23 所示。

2.3.4.2　达索公司的 3DEXPERENCE 解决方案

随着工业 4.0 时代的来临,新技术赋能传统制造全流程,实现从设计研发、

图 2-23 结合虚拟现实技术的超前可视效果管理
来源：同济大学建筑设计研究院(集团)有限公司提供

仿真验证到生产制造、使用维护的全面数字化升级[①]。达索系统经过 40 余年的积淀,实现了从三维建模到仿真模拟到三维体验的能力升级,并利用仿真模拟铸造高壁垒,在服务波音、空客等行业头部客户的过程中积累了丰富的行业经验。

达索系统成立于 1981 年,作为从达索航空分离出来的信息技术公司,早期主要服务于飞机制造商,解决从二维到三维的建模问题。2012 年,达索系统提出构建三维体验平台(3DEXPERIENCE Platform)的新概念。除了对产品本身进行建模,还对产品的外部环境和内部原材料构成进行数字化,以更好地体验产品和内外部环境的关系。基于三维体验平台,达索系统的主要业务功能包括三维建模、仿真模拟、协作管理和数据分析。目前达索系统的应用已覆盖航空航天、交通运输、工业设备、高科技、能源行业等 11 个行业,如图 2-24 所示。

三维建模是达索系统早期的核心业务,区别于传统三维建模软件,达索系统创建的模型包含的信息量更丰富,可以直接用于生产制造。如在建筑领域,利用达索系统建造的模型详细地记录了建筑的成本信息,包括钢筋、玻璃、水泥等原

---

① 叶丹.数字孪生如何更好打通虚拟与现实?［N］.南方日报,2022-03-11(B02).

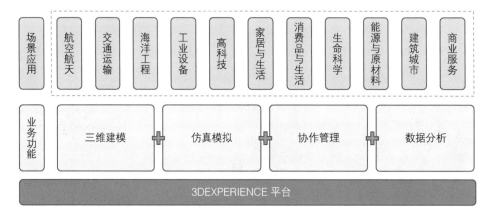

图 2 - 24　达索 3DEXPERENCE 所涵盖的业务范围

来源: https://www.iyiou.com/news/20191217120446

材料信息。另外,达索系统可以实现对复杂形体建筑的数字化建模,如鸟巢的数字化建模就是达索系统在国内建筑领域应用的典范。

仿真模拟作为达索系统的优势业务,可以对产品使用所处真实环境进行模拟。如在与波音公司合作建造数字样机的项目中,通过模拟空气的流速对机翼产生的压强、发动机喷气产生的推力等,对飞机起飞条件进行测试,测试后的数字样机可以用于生产制造。

在三维建模、仿真模拟的基础上衍生出了在线协作平台,可以实现产品从设计到制造的全流程多人在线协同操作。在线协作平台颠覆了传统基于文件的方式,设计师、工程师、制造商可以同时打开一个由 600 万个零件组成的飞机模型并对其进行修改,极大地提升了工作效率。

达索系统的突出价值在于仿真模拟技术,需要对力学、化学、电磁学、控制学、热学、流体学等多学科的知识进行数字化,技术壁垒高。达索系统超高的仿真模拟技术壁垒,源自近 40 年发展过程中积累的丰富经验。

其中"设计数字孪生"应用,以智能物联网(AI+IoT, AioT)连接数字模型,通过软件在虚拟环境模拟分析,即时对照修正,可加速产品开发效率。"制造数字孪生"则能在产品制造流程规划时,先使用虚拟分身模拟,以 AR/VR/MR 确认效率最高的备料、步骤、人机协作后,再投入实体机台生产,提升产能与交货率,精准的生产步骤也能降低产品的不良率,如图 2 - 25 所示。

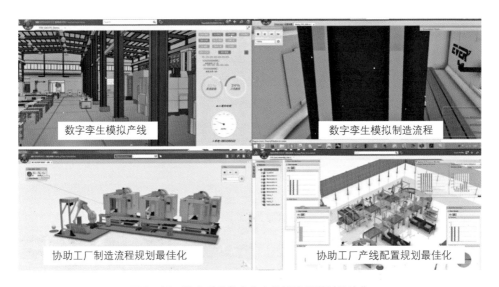

图 2－25　达索系统数字孪生模拟配置规划最佳化

来源：https://blogs.3ds.com/taiwan/cio-digital-transformation-metaverse/

"AR/VR 数字孪生"应用，作为远程经验传承利器，只要通过 AR 镜头，就能以影像、信息加上语音协助工厂人员组装、维修机台设备、进行教育训练。销售上，也能通过 VR 虚拟展示，搜集用户喜好等个性化信息，将信息返回工厂作生产的参考依据，如图 2－26 所示。

图 2－26　"AR/VR 数字孪生"创新客户体验

来源：https://blogs.3ds.com/taiwan/cio-digital-transformation-metaverse/

在数字城市领域,达索系统和新加坡政府合作开展了数字新加坡的项目,借助数字化的手段改善城市运行机制,提升市民幸福感。通过构建整个城市的数字模型,将获取的外部数据,包括交通、移动网络、教育、医疗、物联网等涉及国计民生的各类信息,导入虚拟城市模型中进行分析验证。2016年,达索系统在新加坡举行世界城市峰会上展示 3DEXPERIENCE 平台如何帮助全球的行业、政府和市民构想、开发并体验可持续城市解决方案[1],如图2-27 所示。

图 2-27 3DEXPERIENCE 平台上的新加坡智慧城市
来源:达索系统在世界城市峰会上展示智慧城市解决方案[J].智能制造,2016,(08):5.

达索系统指出,工业领域的变化会影响全球经济和整个社会,生活在未来城市的人群会将工业领域的变化带到城市的变革中。未来城市将在医疗社保服务、公共事业、交通运输、公共安全、设施管理和环境规划等不同方面发生变化。达索系统基于 3DEXPERIENCE City 应用,通过 HTCVive 头盔让参观者感受沉浸式虚拟现实环境的展示、互动游戏,以及视频和讨论,以促进参观者对城市挑战的深入了解,从而体会到城市解决方案是如何从一家一户开始最终影响到整个城市[2]。

2.3.4.3 西门子公司的解决方案

对于数字孪生,西门子的一个观点是:数字孪生通常指的是对实体资产的虚拟复制,可以是产品和机器,也可以是流程甚至处在整个生命周期中的工厂。

西门子的核心价值主张和技术路线就是通过数字化技术打造三个"数字化

---

① 达索系统在世界城市峰会上展示智慧城市解决方案[J].智能制造,2016(08):5.
② 达索系统在世界城市峰会上展示智慧城市解决方案通过 3DEXPERIENCE City 展现城市资源、服务、基础设施和物流的未来[J].土木建筑工程信息技术,2016,8(04):114.

双胞胎",即在企业的研发环节,建立企业所要生产、制造的产品数字化双胞胎;企业在规划的产品被研发出来,准备制造的时候,建立包括工艺、制造路线、生产线等内容的生产数字化双胞胎;当产品和产线投入使用时,建立反映实际工作性能的性能数字化双胞胎(图 2-28)。建立三个数字化双胞胎后还应该考虑背后数据的互联互通,产品加工和交付的过程中产生的大量运行数据可用于与设计数据比较,数据的一致与否以及如何保持设计和实际数据的一致性是生产力和创新力的重要驱动,并以此促进下一代产品的迭代更新。而保持互联互通的关键要素就是成熟的工业软件及底层支撑技术。西门子在产品研发与制造过程以及工厂管理的完整价值链上提供三个数字化双胞胎创建和互联互通的一体化解决方案。从产品研发阶段的 NX 三维设计及仿真软件、Teamcenter 产品生命周期管理软件,到 COMOS 工厂工程设计软件、TIA 博途全集成自动化平台、Simatic IT 生成管理软件,再到 PSE 工艺过程模拟软件、Mendix 低代码平台、MindSphere 云平台等,西门子以近乎完美的产品组合来打造现实与虚拟的融合,将数字化双胞胎应用到工业场景和流程中。

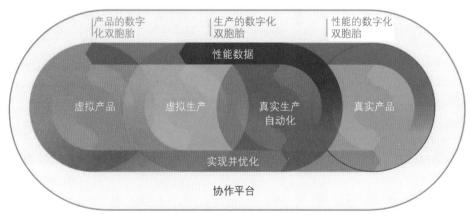

图 2-28　西门子三个数字化双胞胎

来源:https://www.sohu.com/a/453480491_313848

　　2022 年西门子中国官方宣布,西门子智能基础设施集团签署关于收购美国 EcoDomus 公司楼宇数字孪生软件的协议。此次收购有助于西门子扩展其数字楼宇产品组合,包括其基于云的楼宇运营数字孪生软件及其旗舰楼宇管理平台 Desigo CC。EcoDomus 是行业领先的软件供应商,给业主充分展示了 BIM 的价值点,帮助业主提高设计和建造阶段数据收集与交付的质量,设施管理,运营以及维护。EcoDomus 软件可创建、维护和显示基于 BIM 的楼宇数字孪生模型,为楼宇运营与维护提供可用的设计与施工数据。同时,EcoDomus 把 BIM 模型和设施的实时运行数据相互集成(如仪表、传感器或者其他设施管理系统的运行数据),给设施管理者提供了三维可视化技术,对建筑物的性能进行智能分析,提供更好的维护方案,从而节省劳动力和时间。

2.3.4.4 华为云

在 2017 年年底,华为云就相继与天津滨海新区、天津生态城签署战略合作协议,共同开展城市数字化转型的生态建设。通过完善的数字化基础与 KPI 体系,为构建城市数字化、智慧化打下了良好的基础,如图 2-29 所示。

图 2-29 华为云天津生态智能城市

来源: 华为技术有限公司提供

在天津生态城中,华为云实现开放与建设标准并重的管理生态,发展与民生相互牵动的服务生态、人才与智慧创新齐聚的产业生态、绿色示范与理念引领的环境生态。依托"两云一中心"即"软件开发云""城市产业云"和"华为软件开发云创新中心",华为云承载了政府网格化平台,为生态城乃至滨海新区高科技产业提供了技术支持,同时华为在城市数字化、智慧化建设方面与生态城实现了合作共赢。在整体规划和顶层设计方面,华为云为生态城数字化、智慧化城市建设方案的制定提供了重要参考;在具体项目推进方面,华为云率先将人工智能技术运用于生态城交通治理[①]。如在部署人工智能信号控制之后,早高峰车辆排队溢出减少了 60%;往常持续 1h 左右的早高峰,现在已经基本被缩短了10—15min。

此外,基于华为云提供的人工智能多域协同智能调度技术、车辆轨迹实时计算、GES 图计算引擎、交通仿真与流量预测等功能,使得城市智能体拥有了为消防、救护等车辆一键打开绿色生命通道的能力。

如何让城市更加智能? 在 2018 年 10 月的华为全联接大会上就已经给出了答案——华为云城市智能体。针对城市场景,华为云城市智能体在数字孪生的基础上,通过人工智能协同云、大数据、边缘计算、物联网等多种技术,实现从数据产生到数据分析、数据闭环的完整系统;通过数字世界强大的计算力,解决物理世界的难题,驱动物理世界更加智能。

2019 年作为人工智能全面普及的元年,加之"云+人工智能+5G"时代的到来,人工智能的力量将会辐射到更广阔的范围,而随着人工智能落地、产业升级及行业竞争持续加剧,人工智能领域也会迎来蓬勃发展。华为云城市智能体以用户体验为驱动,让城市里的居民可参与、可感知,同时让人工智能推理过程透明开放,让行业专家、信息技术工程师、企业管理者等放心使用,构建人工智能与人相互信任的合作模式。

天津生态城作为华为云荣膺"最佳数字孪生城市方案奖"的典型案例,汇聚了人工智能等大量智能技术解决方案,从某个侧面也展现了生态城为城市智能体提供了一个合适的舞台。可以说,华为云选择将城市智能体在天津生态城落地,为全球打造了一个样板。

华为作为全球领先的信息与通信基础设施和智能终端提供商,依托物联网、大数据、云计算人工智能等新兴技术,在引领智能产业发展的同时,也在数字化、智慧化城市建设方面积累了丰富的经验。华为云正在以自身的技术、产品、解决方案等贴近各行业,以全栈人工智能能力落地"普惠 AI",让各行各业真正地实现人工智能"用得起、用得好、用得放心"。

---

① 王敏.华为滨海基地彰显云智慧,生态城智能产业如虎添翼[N].中国经济导报,2019-12-03.

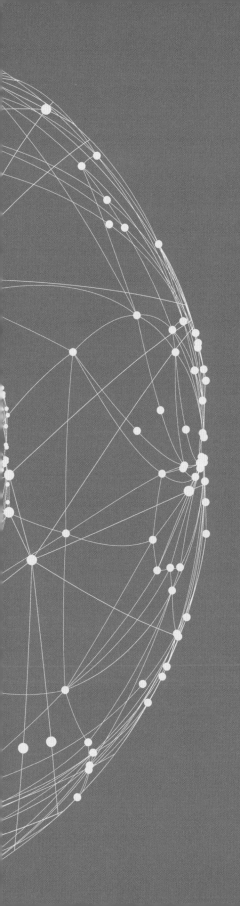

第3章
城市数字
孪生系统

3.1 城市数字孪生体系

城市是人类文明的坐标,也是一个复杂的巨系统,涉及经济、政务、治理、文旅等多个行业;5G通信、云计算、泛物联网、人工智能、建筑规划、高分测绘、地下空间、工业制造、智能仿真等多门类学科;政府、企业、市民、科研机构等多个城市主体。新兴数字孪生技术推动数字城市顶层设计的智能化的深度变革,城市作为"动态自生长的有机生命体",不仅要有"大脑",而且要有"眼、脑、手、脉",以AI为核心、云计算为基础,通过"感知、联接、交互、认知决策、时空"等城市数字孪生新技术体系,构建一个开放的、立体感知、全要素联接、全域协同、时空化映刻和可持续进化的城市级智能体(图3-1)。

图3-1　城市数字孪生
来源:华为技术有限公司提供

城市数字孪生以全场景智能化为终极目标,将智能技术渗透到多维体系的构建和执行,基于智能驱动用户体验、管理效率、资源供给、数据要素流通、城市建模、流程优化协同、城市体征诊断等。

(1)智能化交互,联接物理世界和数字世界,让资源、数据、软件和AI算法在云边端自由流动,以及实现实时立体化感知。

(2)智能化联接,实现无缝覆盖、数字孪生城市全要素的互联,应用安全协同,数据可信协同,组织流程协同。

（3）智能化中枢，"大脑"与"五官、手脚"有机地协同，AI 技术作为生命体的引擎，驱动数据要素像血液一样流动在数字孪生城市的每一根毛细血管。

（4）智能化时空，利用遥感卫星影像、激光点云、SLAM、NeRF 建模、时空计算引擎等多学科技术，构建一个动态实时的城市级时空计算，为城市规建、城市治理、城市文旅、生态环保等领域提供全面的、多层次的城市数字孪生时空底板。

城市数字孪生体系的科学化设计，需要强化多学科交叉融合，深化城市复杂巨系统理论供给，创新关键共性技术的攻关、研制自主可控城市数字孪生开发工具和系统。

3.1.1　新体系：未来城市数字孪生

城市是一个复杂的巨系统，涉及经济、生活和政务等多个方向、多个行业场景之间的交叉与融合。城市面临的挑战日益复杂，交通拥堵、环境污染、城市治安、能源短缺、住房紧张、就医困难等大量新型的"大城市病"不断涌现，对城市治理、市民安居、企业乐业提出了大量新的难题，很多难题是没有现成可参考的经验或可复制的解决办法的。

城市业务发展的多样性、不确定性必将成为新的常态。传统的政务云与政务大数据平台已无法满足城市可持续发展的需要，建设城市数字孪生体系的呼声越来越高，人们希望建设具备"可视化、可验证、可诊断、可预测、可学习、可决策、可交互"七可能力[①]的城市数字孪生体系，系统性地解决城市面临的大城市病和可持续发展的难题。

智慧城市的建设和发展从原有以政府数字化为主的模式，向数字政府、数字生活、数字经济三位一体融合发展的新模式整体性转型，因此很多先进城市也纷纷提出通过建设城市数字孪生作为整体城市（Whole of City）数字化的战略目标和发展方向，城市数字孪生是新时代、新阶段背景下，城市管理者提出的远景目标和理想愿景，需要通过持续规划、持续发展、持续迭代、持续优化，建设一个完备、自治、自学习、自生长的城市数字孪生体系，并构建与之配套的新型城市生态系统，支撑整体城市的稳健发展。

城市数字孪生的建设是一个新型的系统工程，它面临更开放、更复杂、更善

---

① 吴勇毅.上海市"十四五"规划《纲要》出炉城市数字化转型领全国之先[J].上海信息化,2021(03)：6-10.

变的问题域,需要建立一个新型的城市数字孪生体系结构来研究、突破和持续迭代,图 3-2 从整体城市数字化转型角度,描述了与之匹配的城市数字孪生体系架构。

3.1.1.1 城市数字化领导力

随着行业数字化的不断深入发展,对于数字化转型的整体性和系统性已经达成高度共识,但是数字化转型必须依赖相匹配的组织领导力,这往往是被忽略的因素。整体城市的数字化转型相比单个企业、单个行业的数字化来说,涉及的行业、场景更为复杂,对领域知识的跨界要求更深,对组织整合的准备度要求更高、投入要求更持续。城市数字化转型的领导力组织,负责战略、政策、法规的执行及落地相关工作,通过整合条线部门力量形成合力,确保整体城市的数字化转型目标有序实现。城市数字化领导力主要包括:

(1)作为城市数字化领导组织,协同各条线部门打通数据孤岛和业务烟囱,扫清协同上的障碍,真正实现跨领域深度协同与整合,最好是由"一把手"牵头。

(2)承担城市首席信息官(CIO)、首席测试官(CTO)角色,负责制定城市数字转型战略、蓝图和构想,负责城市数字孪生核心平台和数字孪生底座建设,负责城市数字孪生体系的中长期持续发展。

(3)制定城市数字孪生相关的法律法规、执行标准,为打造开放、安全、合规的数字化转型环境和文化奠定基础。

(4)基于技术平台先行的策略,识别数字化转型关键路径上的关键项目,作为项目执行主体推动落地,以战略项目驱动业务场景、平台建设的有序落地,相关项目包括超级应用开发、示范场景探索、核心平台/技术攻坚等。

3.1.1.2 城市数字孪生底座

城市数字孪生建设基于技术平台先行的策略,通过技术与业务创新双轮驱动的方式,推动传统城市数字化向城市数字孪生持续演进和发展。以平台战略和思维提前布局统一的、适度领先的城市数字孪生底座,基于底座平台推进技术使能城市数字化业务的方向探索、场景落地、人才赋能、生态培养等工作,底座平台是数字孪生体系建设中非常重要的承载体,也是物理世界数字化的核心技术平台,主要包括以下核心功能。

1. 城市全域交互感知网

城市数字孪生需要基于物理世界海量的多维数据汇聚,全方位地建立虚拟

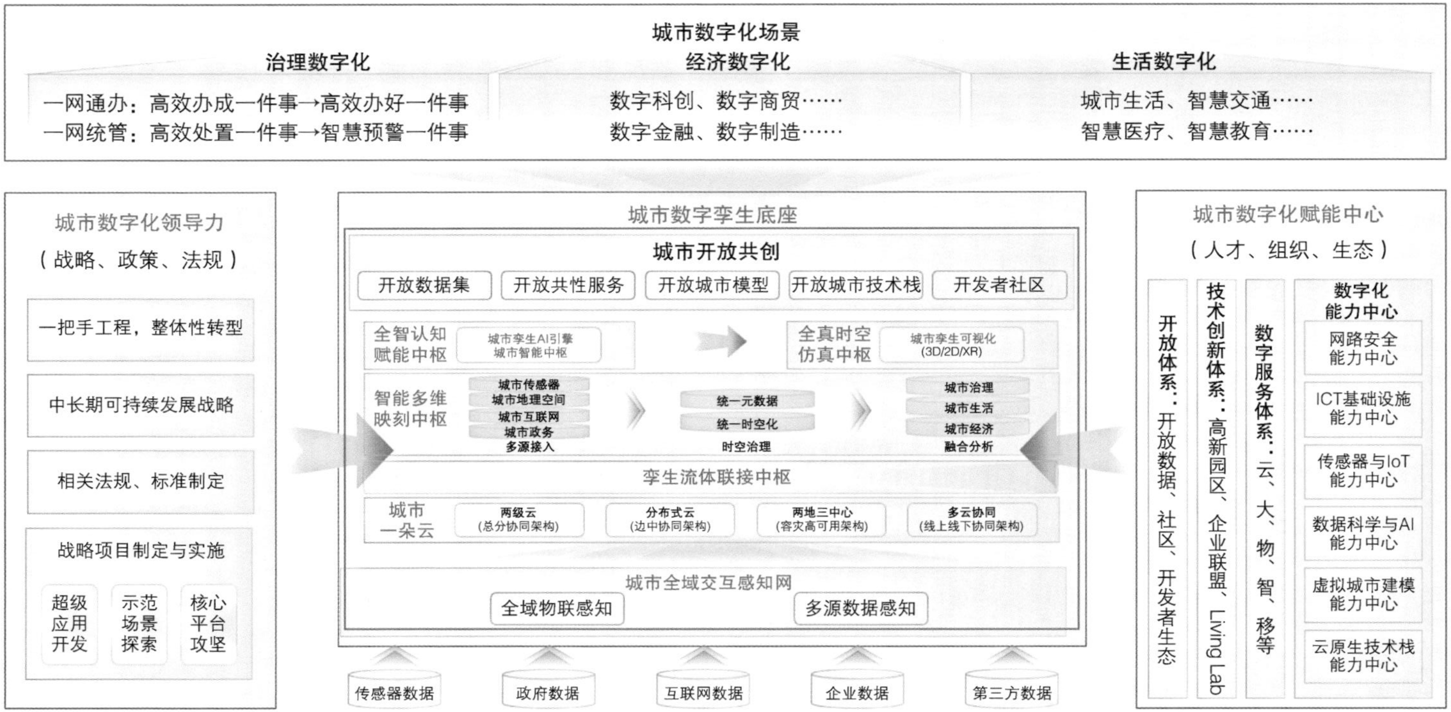

图 3 - 2　城市数字孪生体系

来源：华为技术有限公司提供

城市的数字表达,通过统一感知体系汇聚城市的所有数据,在城市时空大数据之上叠加虚拟模型,探索如何真实表达城市中的复杂场景。城市中的数据分布非常离散和碎片化,经过数十年的政务大数据建设,各委办局信息系统数据的归集初见成效,但所归集数据以信息系统中的静态数据为主,城市大量实时运行的各种数据、互联网的数据、企业产生的数据仍未能得到有效的汇聚和利用,数据底座平台的数据种类、数据丰富度、数据量级距离城市数字孪生建设所需要的数据集还有很大的差距。

通过建设全域交互感知网真正实现城市所有系统的万物互联,有效开展数据采集和汇总,成为城市时空大数据平台的数据来源,感知城市的过去、现在和未来。城市的数据信息体系非常复杂和庞大,必须建立一套机制和平台能够把城市的"全生命周期"的数据实现汇聚。包括:① 感知过去,将已经完成建设运行的大量现存城市系统中的数据,通过服务化的方式完成采集数据;② 感知现在,将当前正在主力运行的城市系统中的数据,基于时间和空间的属性把已经产生和增量产生的数据都能够实时地采集和汇聚;③ 感知未来,通过建立扩展机制和集成标准,能将未来要建设的城市系统以及物联网系统中的数据全量采集。主要建设要点包括:

(1)多源化数据感知。多维度、多尺度数据的实时接入包括政府数据、互联网数据、企业数据、传感器数据和第三方数据等多个维度的数据,数据维度随着城市业务和场景的发展也会持续地叠加和变化。除此之外,城市数据的尺度也会涉及时间、空间、地理等多个复杂维度的叠加。

(2)全域物联感知。统一的传感器网络布局和物联网平台建设统一制定传感网络数据采集标准和场景化模型定义,对建设城市数字孪生至关重要。物理城市的数据需要通过传感器设备和网络,实时将数据采集汇聚,通过传感器数据完成对城市的数字化表达和建模,最终实现操作技术数据与信息技术数据融合。

2. 城市一朵云

"城市一朵云"通过多级云管理技术,实现跨层级和跨行业的联邦数字孪生云平台架构体系,为全市各区、各部门提供计算、存储、网络、安全、容灾、备份等基础服务,且同时为市、区多级组织提供通用标准的大数据服务、人工智能服务、边缘计算服务、三维建模服务和仿真服务,基于所提供的标准应用程序编程接口和数据服务接口,供市区多级及其企业的业务协同调用和数据协同的互通,最终实现市、区、行业一朵云边协同的城市数字孪生云。

3. 孪生流体联接中枢

在面向物理世界和数字世界相互映刻、相互作用的过程中,涉及跨层级、跨行业、跨组织、跨系统的应用交换、数据流通、消息集成、应用程序接口(API)调用、OT 高频实时操作。孪生流体联接中枢分别从协议适配、权限安全认证、集成扩展开发(API、数据、设备、消息)、能力编排、API 运营管理、实时性能管理等多维度,贯穿所有城市部件或者城市要素的感知、建立、数字化映刻、数字化加强、AI 赋能、场景化呈现等全生命周期的管理,可定义为城市数字孪生平台内外的"人、机、物、环境、地理信息等城市要素"提供高性能、可信安全、即插即用、互联互通互操作的高速枢纽。

4. 智能多维映刻中枢

城市数字孪生建设依托跨领域专家对城市管理科学的重新研究,通过数据驱动建模的方式,重新科学认识城市,用创新的虚拟建模方式对城市场景进行数字刻画,建立物理城市的数字映像。面向城市管理者、城市领域专家、社会公众等不同的角色,建立不同的数字孪生空间和视图,来开展数字化治理。

城市数字孪生底座目标是为数字城市建立起智能世界的数字平台,基于城市运行态的数据之上,结合城市场景构建包括城市数据科学、城市人工智能科学和城市虚拟模型的新型数字孪生体系,基于物联网、地理时空、政务大数据等多学科融合和数据挖掘,提供万物智能城市的数据供给能力。主要包括三个建设方向。

(1)城市级孪生数据接入:数据是智能的基础,基于全域交互感知网连接城市的全量数据,通过物联、数联、智联的方式实现城市全量、动态、实时的数据汇聚,解决城市业务创新的"用数荒"窘境。同时为了激活全球开发者共创,建立基于开放数据集的开放体系,使能万众的数据创新。

(2)城市数据时空治理体系。城市的信息数据体系异常复杂,而且不断跟着新场景迭代更新,因此通用的数据治理方法未必能够满足城市数字孪生建设和治理的诉求,因此需要围绕城市建立自己的数据管理体系,重点聚焦四个方向:① 从业务场景出发,研究适合城市数字孪生的统一元数据和数据模型;② 从数字孪生特征出发,研究城市哪些数据,需要基于时间、空间、时间进行三维属性叠加;③ 建立统一的城市级时空大数据治理工具箱;④ 围绕城市时空数据开展数据业务化、业务数据化的创新竞赛、训练营等活动。

（3）城市融合分析体系。城市数字孪生最终要为物理城市的三化联动服务（治理、生活、经济），面向城市级孪生场景全覆盖，建立全量的虚拟模型体系，以治理、生活、经济三大场景为数据场景驱动力，通过时空模型叠加城市海量的实时数据，形成对城市三化联动的正式映像，从而可以基于虚拟模型开展与城市相关的数字治理和创新。城市虚拟模型的研究，需要针对不同城市管理场景展开研究，建立场景化虚拟建模方法、多场景模型叠加演进等方法，这个体系非常复杂，需要依赖全球学术界、产业界和政府专家协同研究和突破，以迭代的方式持续优化。

5. 全智认知赋能中枢

全智认知赋能中枢在城市数字孪生的定位是中枢大脑，解决孪生空间从感知还原/增强、认知推理到决策优化的问题，满足对智能化、自生长的需求。主要包括城市孪生 AI 引擎和城市智能中枢。通过城市时空建模引擎、时空计算引擎、感知引擎、知识引擎、机器人引擎建设数字映射模型，支撑城市孪生 AI 引擎的训练和推理，实现对底层异构计算框架及硬件透明兼容以及对算法的全局性弹性伸缩调度优化。同时需要针对城市数字孪生建立人工智能的科学体系，重点研究如何利用人工智能技术来解决城市核心问题，通过城市人工智能科学体系建设来赋能城市数字孪生建设，主要突破三个方向：

（1）城市规划+人工智能技术应用研究，基于遥感、实景、激光点云等三维人工智能重建算法和生产线，提升城市数字孪生的建设效率。

（2）通用人工智能技术应用研究，将自然语言处理（NLP）、光学字符识别（OCR）等通用技术适配应用到城市的数据和场景中，比如将语音识别应用到 12345 热线语料分析中。

（3）城市场景+人工智能技术应用研究，优先结合海量、高频、高危的城市场景应用人工智能技术，代替人工操作和处理，提升生产力效率。

6. 全真时空仿真中枢

再造城市孪生世界，让数字孪生触手可及，走向平行世界的虚实互动。通过城市模型、城市多维数据汇总、建模渲染，将城市从物理世界在数字世界的孪生映刻，通过数字世界的虚拟仿真实现城市孪生可视化，实时观测城市的动态变化，实时监测城市的健康体系，实时洞悉城市信息要素运行的规律，实时触发城市弹性治理的机能,从而持续提升城市数字孪生自生长的演化供给能力。

3.1.1.3 城市数字化赋能中心

城市数字化的本质是将先进技术与具体业务场景结合,驱动整体城市数字业务重构和变革创新。这其中的核心是做好数字技术与业务场景的有机结合,实现 1+1>2 的效果。如高德纳公司在《2020 年规划指南:构建数字化转型技能》报告中明确指出,随着 AI 建模、区块链、可信计算、BIM/CIM 等数字孪生新技术体系的快速发展与迭代,数字技术的多样性和变化、技能和人才的获得将是数字化转型最大的障碍,因此城市数字化转型要围绕城市的业务领域以及相关的数字技术体系建立包含人才、组织和生态的端到端数字化赋能中心,依托数字化赋能中心来构建城市数字孪生所需要的技术、人才和生态体系,随着城市数字化的深入、业务场景的扩展赋能中心的能力也需要持续同步发展,主要包括四个维度:

(1)建设开放体系。城市是一个复杂系统,只有开放的体系才能吸引大量的创新,城市才能够具备活力,迫切需要建设数据驱动的开放架构体系,将城市的数据开放出去,吸引大量的企业和开发者开展业务创新,相关的创新项目需要通过社区运营的方式保持活力和持续迭代。

(2)建立技术创新体系。通过高新技术园区、企业/产业联盟、Living Lab 试验场等多种创新模式,通过政府政策和资金扶持,激活企业和开发者的创新热情,利用新技术来解决城市的核心问题。

(3)培育数字服务体系。城市数字孪生建设除了要有深厚的技术和产品能力之外,要把云计算、大数据、物联网、人工智能、移动互联网等数字化技术应用到城市的千行百业场景中,需要有对应的数字技术服务体系的支撑和保障,服务体系专注于从先进技术到业务场景的方案设计和交付运营服务,使得业务团队可以更加专注在业务创新上。

(4)打造数字化能力中心。能力中心的核心定位是针对重大技术方向开展技术能力、人才、生态的培养,构建城市自有的组织级能力中心,掌握城市数字孪生所需要的技术和服务能力,并可以向各部门派遣专业知识人员,支持各条线部门的城市数字孪生的规划、建设和落地。这是非常重要且具有实战意义的设计,数字化能力中心将重点培养一批熟悉政府业务并且懂得将技术应用到城市数字孪生场景建设的专业技术团队,从而帮助向整体城市数字孪生体系演进,重点需要打造网络安全能力中心、ICT 基础设施能力中心、传感器与 IoT 能力中心、数据科学与 AI 能力中心、虚拟城市建模能力中心、云原生技术栈能力中心等，所有能力中心除了自有能力建设外，还要通过运营开源社区、创新社区等方式，持续培育城市的大量开发者和创新生态体系。

3.1.2 新要素：城市要素的数字化表达

董卿在札记《城市是人类最伟大的发明》中曾说过："城市是人类最伟大的发明，它容纳一切生活的轨迹，在城市里，每一条街每一栋楼的背后都藏匿着一片天地。城市的城是用墙围出来的地狱，市则是指交易，这是城市最原始的形态。而随着城市的发展，城市早已各自有了各自的模样，各自的信仰和命运。"

1999 年《黑客帝国》以超现实的科幻手法展现了一个虚拟世界，让我们不禁产生疑问：我们所处的物理世界，是否是由一个可编程的计算机人工智能系统模拟、观察、控制……的世界？在当前充满变革和创新的时代，一切皆可编程，一切皆可数字化，一切皆可智能，万物皆可联接，物理世界和虚拟世界二者孪生同体。当我们行走在城市物理世界的同时，基于抽象数据创造的虚拟世界，通过不断模拟 0/1 的连续数字，虚实相生，如影随形，同生共长。

短短数年，数字孪生从一个超越现实的技术概念，演变成城市数字化转型的新路径、城市智能体的数字化新基因——城市不仅需要"眼、脑、手、脉，融汇城市全域数据要素"的智慧大脑，还需要"能感知、会思考、可进化、有温度"可以自循环的有机体。通过新兴数字孪生技术的深度应用，不断把过去不可能的虚拟现实城市孪生场景，动态地刷新在未来城市的毛细血管和城市运行的大动脉中。"大智移云区链"五大技术与城市的千行百业融合"发酵"，将驱动城市从单独的物理世界走向与数字世界的共生共荣，带来大规模的城市规划、建设和管理变化[1]。

测绘、无人机航测、倾斜摄影、智能物联网、地理信息采集、城市部件化等城市新兴测绘技术手段的成熟应用，从宏观到微观、平面到时空、地上到地下、室外到室内、空间到时间、静态到动态、物理到虚拟，有效覆盖了城市规建、城市治理、城市生活等全要素的海量数据集成以及全时空的多维数据建模和融合。与传统

---

[1] 吴志强.城市未来技术与新基建逻辑[J].张江科技评论,2020(06):1.

智慧城市相比,面向基于数字孪生技术的城市智能体,充分利用物联网、AI 建模、模拟仿真等技术,基于时间、空间、业务三个维度,全要素数字化映刻城市运行态的精准画像,以数据要素场景化驱动城市数字孪生的全场景创新应用集成、多门类新兴技术产品集成、多源数据感知设施的融合建设,创新构建具有城市物理对象可实时感知、城市数据要素可线性协同计算、城市场景模型可"读写"、城市数据服务可开放赋能的城市数字孪生智能系统(图 3 - 3)。

3.1.2.1　城市核心数据要素

2010 年,美国航空航天局提出数字孪生概念,美国空军研究实验室(AFRL)承担了数字孪生概念面向工程应用的体系验证工作,于 2013 年启动了知名的"机身数字孪生体"(Airframe Digital Twin, ADT)项目,该项目综合了每架飞机制造时的机身静态强度数据、每架飞机的飞行历史数据以及日常运维数据,采用仿真的方法预测飞机机身的疲劳裂纹,实现了飞机结构的寿命管理,有效地提高了机身运维效率,以及机身的使用寿命。

近年来,数字孪生的内涵不断丰富,从"一件产品、一架飞机、一条生产线"到"一栋楼、一片园区、一座城市",从"物理组件数字化模拟组装"到"多维数据要素深度学习"[①]。工业智能制造和城市智能体对数字孪生概念的表述虽有视角的差异,但正趋于达成共识:数字孪生是实时数据流动框架驱动下的多实体(建筑、设备、人、城市、企业、环境等)的运行态混合建模和虚实互动。

对于城市数字孪生而言,每一个城市物理部件都有唯一的数字化身份标识,作为在数字空间中用于区分实体身份的唯一性,它不仅是对实体城市对象的简单复制和映射,而是以数据元素化的方式重新定义城市对象的属性、行为、规则、时空状态等要素的社会化运行关系。通过大规模部署在空、天、地、海各个层面的传感设备,城市中人、事、物的实体信息被精准感知和实时传输到城市数字孪生世界,并由城市全要素信息模型在孪生互动的数字空间得到完美映刻。

以数据要素为核心的城市数字孪生,精细化地实际运行全域城市部件和全场景城市事件的孪生表达,其中包括城市部件的实时运行状态的采集和监视,融合三维属性(空间、时间、业务)提供实时的诊断、预测能力,并且能够在运行状态下偏离监测阈值时提供可读写的预警和自动化干预。梳理城市全场景的数据

---

① 翟韦,郭振.基于数字孪生的 EPC 项目物资数据库应用[J].智能建筑,2021(08):38 - 42.

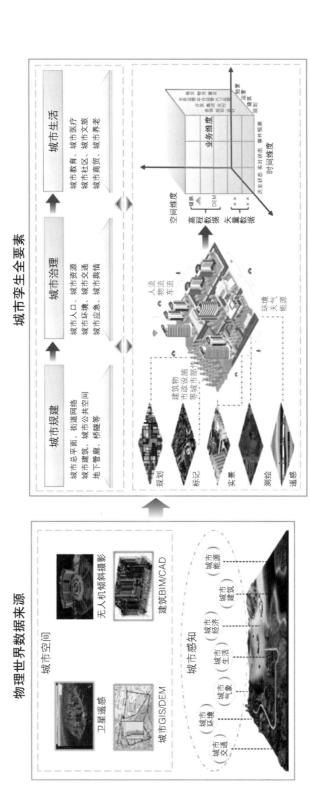

图 3-3　城市数字孪生映刻

来源：华为技术有限公司提供

要素成为城市全域感知融合采集的基础资产,同时归集抽象为城市体征(城市规建、城市治理、城市生活)的基础数据元素,以城市部件全生命周期的场景化的机器学习建模为工具,构建对特定场景、特定环境、特定状态的自动识别和自动诊断能力。同时利用神经网络技术,构建基于历史数据实现对未来运行状态的预测能力。

城市数字孪生以数据要素为驱动,形成整个城市级、全周期、立体时空的数据闭环运营赋能体系,从基础设施层的物联感知与传输,到城市的 BIM 模型、城市政务服务数据、城市治理数据、城市产业数据、互联网生活等数据的融合汇集,形成统一的城市数据要素目录,面向各主体提供同一标准、不同层次的数据服务,支持城市数字孪生各个环节的数据开发和应用,为整个城市的管理、决策和服务提供基础支撑,极大地释放数据价值。

3.1.2.2　数据要素的时空特征

城市数字孪生以城市部件作为原子化的管理单元,立足为城市数字孪生世界建立全场景、全时空、全轨迹的数据要素管理系统,其核心是对全域城市部件的基础对象数据进行时空特征的赋能,特别是对传统的城市基础对象数据加载动态化的时间和空间属性,从而建立起多源全域对象的实时相互协同数据治理模式。

从城市孪生数据全要素看,数字孪生技术正在解构一个静态的数据对象世界,为每个城市对象或城市部件叠加时空属性,以城市孪生数据全要素为基础静态数据,不断动态融入状态感知数据、地理位置数据、时间连续轨迹数据,从而映刻一个动态运行的数字新世界,即城市数字孪生。

从城市孪生全时空数据平台看,具有时间、空间、事件的时空对象数据,具有明显的数据新特征:海量数据、高频更新、数据多源异构、数据语义性、多维数据分类抽象。利用传统数据管理工具或者系统根本无法满足海量时空数据的预处理、管理、分析、挖掘业务需求。全时空数据平台需要根据时空数据特性总结出抽象时空数据模型,将海量的、各类异构化的时空数据按照时间、空间属性特征转化为高效可管理的数据模型,在抽象时空数据模型基础上研发设计时空数据压缩存储机制、索引机制、时空数据查询算法、时空数据分析算法、时空数据挖掘算法等。

从城市孪生全场景看,通过 CIM、物联网、大数据、3D 仿真等技术,对城市的全过程、全场景、全参与方都进行模拟形成"数字孪生模型",叠加基础时空数据、城市规划、城市治理、城市生活、城市建设等数据,叠加人、企业、政府的行为服务数字轨迹,为全场景城市要素的数字化集成提供统一的时空框架,为基于地理空间的多层次分区分块的城市规划、城市治理及城市生活场景协同提供网格化数据支撑(图3-4)。

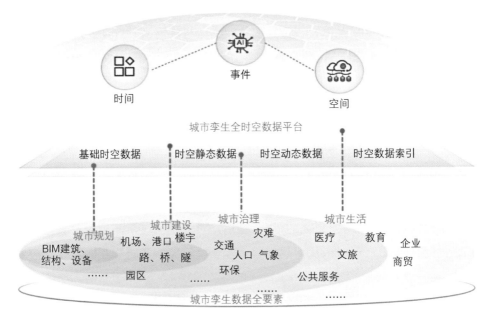

图3-4 城市孪生数据要素
来源:华为技术有限公司提供

3.1.3 新模式:城市跨领域协同创新

整体城市的数字化转型通常可分为治理、生活和经济的数字化转型,其本质是涉及千行百业和海量细分场景的数字化转型,从而使能城市的整体数字化转型。通过围绕千行百业深耕数字化,发现行业中变革的机会点,通过使能业务变革重构产业模式、重塑产业链条,赋能整体产业的数字化转型,帮助城市数字经济实现跃迁式发展,是城市数字化转型的核心驱动力。城市数字化成功转型,也必将成果应用到城市的每个场景、每个行业、每个细分领域,城市中的每个市民都能真切享受数字化带来的红利和极致体验。

面对场景交错的复杂城市场景,深耕城市数字化可能会遇到大量的困难和挑战:① 行业、细分领域跨度广,且持续发展和变化;② 城市涉及管理者、企业、城市居民等多种类型用户,用户需求各异;③ 全球离散试点场景较多,缺少整体城市成功转型可以参考的范本;④ 基于数据驱动的城市数字孪生底座建设,缺少成熟的法律法规等保障体系。

针对城市复杂环境下的各种困难和挑战,深耕数字化、建设城市数字孪生,迫切需要有一套完整的、与之相匹配的方法、流程和实践作为支撑,支撑系统包括城市创新虚拟空间、城市政策保障体系、政产学研用协同创新三个方面,通过数据驱动的城市数字孪生迭代建设和自我生长,实现未来数字城市的螺旋式升级和跨越式发展。

3.1.3.1　城市创新虚拟空间

数字孪生是在虚拟的数字世界里,"克隆"一个现实存在的物理世界。城市数字孪生则是基于城市全域数据,针对城市千行百业的场景的物理世界,"克隆"出对应的虚拟数字世界,并且可以针对物理空间进行描述、诊断、预测、决策,将相关结果交互应用到物理世界中,解决物理世界纷繁复杂的问题。

城市数字孪生空间是针对城市细分行业、细分场景,在城市数字孪生底座平台之上,结合城市运行数据和某一特定场景关键数据要素所创建的场景化数字孪生空间,它是数据全量城市数字孪生的一个子集,是一种特例化的表达。城市数字孪生空间是一个逻辑的概念,它通常基于特定观察、管理或者创新目的而创建的数字空间,用于服务对应用户的研究和应用。通过大量孪生空间的创新和应用,逐步可以拼成一个相对完善的城市数字孪生映像。城市数字孪生空间是一个崭新的概念,当前没有太多的基线可以参考,但匹配物理城市的运行状态,它应该具备一些关键的特征:

(1)为跨领域创新而生。来源于治理数字化、生活数字化、经济数字化三大方向,但会逐步超越现有范围,有可能会产生新的创新场景。数字孪生从物理的三维空间,通过叠加场景化的数据要素,可以快速地变化成多种多样的新场景和新空间。如在建筑模型之上叠加人流模型、叠加安全消防预防模型等。

(2)数字孪生空间可叠加。孪生空间之间通过叠加产生新的数字孪生空间,产生新的应用场景。如城市人流画像和交通流量的组合可以精准推荐最佳路线;城市人流画像和新型冠状病毒感染追踪的组合可以快速提升流调效率,等等。

（3）数字孪生空间可实验。通过实时数据建设的数字模型,要能够支持创新者开展各种各样的仿真实验,能够通过仿真找到现实世界的解决方法。如对BIM、交通流量等孪生空间的实验,可以完成城市建筑规划的选址以及道路的规划。

（4）数字孪生空间可开放。每个独立的数字孪生空间都是一个完备的数字孪生平台,基于孪生平台的开放架构可以开展各种各样的微创新,不同学科背景、不同实战经验的创新者可以从自己的视角开展业务创新,丰富城市数字孪生的业务场景和体验优化。如虚拟新加坡将其数据和模型开放,可以帮助自动驾驶开展模拟仿真测试。

城市数字孪生空间的建设往往有一个关键点容易被忽略,就是要重点抓住关键战略项目的规划到落地,围绕核心示范的场景来深耕数字化,将核心场景做透。通过战略项目来驱动全域数据采集、孪生模型建设和城市能力开放的端到端落地,各种子场景的推进也是逐步完成城市数字孪生拼图的有效路径。唯有坚持“战略项目+应用场景”双轮驱动,才有可能将城市数字化逐步有序地推向千行百业,实现通过深耕城市数字化,将美好的数字体验带给城市的每一个参与者、每一位管理者,造福城市大众。

3.1.3.2　城市政策保障体系

数字孪生技术和应用处于早期的萌芽阶段,应用到城市数字化转型的千行百业更是一个中长期发展进化的过程,对城市管理者要有足够的战略耐性和长远眼光。针对物理城市建设运营的保障体系在几十年来城镇化的发展历程中已经日益完备。新基建时代国家层面敏锐发现数字孪生技术对城市数字化至关重要,明确“十四五”时期要加快研究和应用,但城市数字孪生仍属于新兴事物,数字城市应该围绕城市数字孪生建设建立体系化的保障体系,帮助虚拟世界的数字之城持续发展和壮大,持续焕发活力。

非技术要素的管理创新、制度创新往往会起到决定性作用。城市数字孪生的发展面临政策支持不明朗、应用场景不清晰、技术采用不成熟、数据隐私不安全等诸多问题和挑战,创新的过程不仅需要考虑技术要素,也要考虑大量的非技术要素。城市数字孪生保障体系核心是为不断生长的城市数字孪生打造一个综合的保障服务体系,解决建设运行过程中面临的问题、挑战和障碍。从管理和制

度创新入手,城市数字孪生保障体系应该包括五大方面:

(1)战略。城市数字化转型目标是打造一个整体城市,通过整体城市带动千行百业的转型升级与发展。在的新形势下,每一个未来数字城市都需要有明确的战略指引和顶层蓝图,城市管理者需要结合数字化现状、城市治理水平、产业升级需求等综合因素,明确城市数字化发展的目标和方向,通过战略目标来牵引多方力量协同,通过战略项目来驱动细分场景的深化,通过典型项目来驱动场景和平台建设的落地。从组织层面建议城市管理者成立战略部门,专项负责城市数字孪生的中长期战略研究与策略制定。

(2)政策。战略牵引发展方向和目标,政策则精准地给出不同行业、不同场景的数字化路径和可落地的操作指引。常见的场景包括:① 围绕城市治理的"一网统管"实施路径和政策、围绕经济数字化的智能制造转型政策等;② 围绕新场景、新业态、新探索应该出台对应的鼓励政策和资金保障,比如成立对应的数字孪生空间试验场,给予政策和资金的扶持,帮助用于尝试创新的企业和个人对应的保障;③ 围绕政府指导、市场参与共同建设运营的模式探索,研究探索新型的商业模式,出台对应的牵引性政策法规。

(3)法律。数据驱动的城市数字孪生建设离不开网络安全、数据隐私保护、人工智能伦理等各方面的挑战,为了有效保障技术正确地应用到合适的场景上,政府应该主导研究和制定对应的法律法规,以立法的方式保护技术的有效应用。相关法律包括:个人数据保护、网络安全、互联网内容、物联网安全、人工智能治理等多个方向。

(4)标准。数字孪生通过全域数据感知和建模,激发更多跨领域的协同创新,因此针对新型的技术和行业场景应用,需要制定大量的标准规范,使得城市生态系统参与者有章可循,天然可以对接协同。比如数据开放、物联网、人工智能模型开放等新的技术方向应用,需要更多与行业结合的标准和实践。

(5)开放。开放往往容易被误解为构建一个松散的社区组织就可以支持、实现,但所有开放体系的背后都依赖于强大的文化、社区和运营体系。城市数字孪生将沉淀大量数据资产、政务服务和虚拟模型资产,要想激发这些新兴生产资料的活力,必须开放给海量的创新企业和创新者,让他们通过业务不断创新来渗透城市数字化的每个角落。城市的开放体系也应该是每个城市管理者重点要关注的方向,针对城市企业、开发者、创新者建立与之对应的开放文化、生态社群、开源社区将对加速城市创新带来极大的帮助。

3.1.3.3　政产学研用协同创新

单域创新成果往往是受限的,跨域、跨学科的协同创新却能带来意想不到的效果。城市数字孪生涉及政府、企业、学校、研究机构等多个参与主体的协同,打造好"政、产、学、研、用"协同创新体系(图3-5)能够为深耕城市数字化提供持续动力的源泉。

图3-5　"政、产、学、研、用"协同创新体系
来源:华为技术有限公司提供

(1) 以"用"为要。"用",科学运行城市要坚持以应用创新导向的技术创新实践。以"用"为要的核心是面向最终用户、针对具体的应用及业务场景开展数字化探索,建设对应的数字孪生空间,以针对应用场景开展数字孪生建模和全量数据采集,可以更精准地获取所需要的数据开展建模和算法研究,更精准地将科技成果快速应用到具体的城市场景中,实现快速循环迭代,缩短数字化研发到城市最终用户的体验提升和反馈闭环。

(2) 四维协同创新。"政",城市管理者对国家战略要求和城市未来的发展方向有深刻的理解和规划,重点为城市数字孪生建设提供战略方向、城市数字化顶层设计、数据开放和数据交易体系、政策与资金扶持体系等。"产",城市数字经济包括产业数字化和数字化产业两大部分,通过科技赋能城市产业经济,一方面是加速科研成果与"大城市病"场景的结合,解决高频、刚需的问题,加速科技成果的转化率;另一方面是围绕云化新型基础设施探索新的模式、新的业态,找到城市数字经济的新增长点。"学","人才墙"在深入数字化转型过程中,将成为最大的障碍,所以每个城市要提前为城市数字化转型储备数字孪生体系的技术人才,打造新型技术人才能力中心和持续的赋能机制。城市数字孪生重点要培养技术和应用两类人才:一是技术类人才覆盖 5G、人工智能、IoT、数据孪生、元宇宙等新技术专业人才;二是城市数字孪生应用场景设计与实践落地的人才。"研",针对城市复杂巨系统的科学研究一直都存在,但是将地理学、经济学、管理学等多个学科融合成综合的城市科学,把城市科学作为应用理论科学展开系统化、全方位的研究还比较欠缺,迫切需要发动全球的科研力量开展城市学科的综合性研究,一方面希望能够实现城市科学理论的突破,另一方面也需要研究如何将数字孪生技术与城市科学相结合,将研究体系的突破快速应用到政府、产业和学校的实践和赋能中。

3.1.4　新愿景: 深耕数字化,一切皆服务

未来城市是包罗万象的复杂巨系统,由各行各业的众多组件组成,内部结构复杂,组件与环境之间存在物质、信息的交换以及迭代变换的联系。随着外部环境的迅速变换,城市的发展也注定充满了各种各样的不确定因素,这个不确定性对每个城市来说意味着风险和机遇并存。可能会在动态变化的不确定环境中创造新的业态、新的模式和新的治理范式,创造新的城市升级上升通路;也可能在疫情、交通拥堵、台风冲击等不确定的环境下应对城市发展停滞。随着智慧城市的多年建设和发展,除了数字政府管理理念和制度的创新之外,通过建立强大的数字平台来应对城市管理者、行业从业者、城市生活市民等用户的创新诉求已然成为共识,未来城市的建设和治理全面走向数字化是必由之路,围绕城市数字经济的发展,将建立城市级的数字孪生系统,建立全城全量的数字映像,通过激活城市数据生产要素来提升城市治理和千行百业的生产力、竞争力。

城市是一个自生长、持续演进的自治系统,未来数字之城的建设要依赖城市数字孪生系统来实现。数字孪生系统架构要能够匹配城市数字化进化、可持续发展等关键诉求,架构蓝图应该遵循"业务场景驱动、平台技术先行"双轮驱动的设计原则,结合城市数字化战略规划,持续践行"深耕数字化、一切皆服务"理念,以大数据生产要素为基础,通过先进技术服务持续赋能城市千行百业的行业

数字化场景创新,使能产业数字化和数字产业化。只有将千行百业的行业数字化创新场景与数字技术服务产业化有机融合在一起,形成新型的城市数字孪生系统,才能够给未来数字之城带来持续生长的动力和活力。

3.1.4.1　深耕数字化,城市数字化转型的内驱力

城市数字化转型本质是科技驱动业务创新,不断用新的技术、方法和手段来代替传统的体力和脑力劳动,改变或优化城市中各种各样的场景下业务的生产效率,提升用户的体验,通过模式创新创造新的价值,做大做强城市数字经济。

深度结合城市细分场景的业务特征和关键诉求,深耕数字化是城市数字化转型的内驱力。城市数字化的核心是要通过数字化的手段和变革,驱动业务的优化和变革,真正实现具体场景下的业务创新、效率优化和体验提升。实现城市普遍业务变革和业务创新的成功,培育城市的数字化习惯,成就城市的数字化产业生态,造就可持续发展的数字城市,是城市数字化转型的终极目标。

深耕城市数字化一定要结合细分行业场景展开和深入,如图3-6所示。数字城市发展包括治理数字化、生活数字化、经济数字化三个方向,不同数字化方向的业务场景和用户诉求有差异。

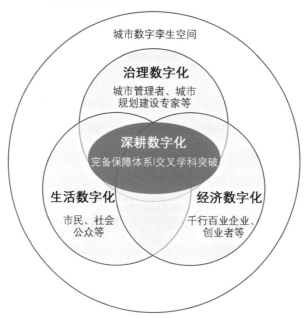

图3-6　城市数字孪生场景化

来源:华为技术有限公司提供

（1）治理数字化重点瞄准数字政府的转型,面向城市管理者、城市建设领域专家、系统工程专家等人员,主要针对如何更好地提升城市政务服务效率,如何更好地提升城市治理应对不确定因素的快速应急响应能力。

（2）生活数字化聚焦如何服务好市民、社会公众等,真正为人民在城市中生活带来便利的体验。一方面涉及政务服务办理"一网通办",通过线上化、自动化的方法来尽可能减轻公民办事的烦琐程度,实现线上办、不见面审批等互联网的体验;另一方面是针对公众的出行、医疗、教育、公共安全等领域,提供公平化的普惠服务,如新加坡着力研究独居老人监控检测预警、"三高"疾病预防、自动驾驶出行等方向,都是为了更好地服务城市公民,提供更为便利和满意的体验。

（3）经济数字化目标是围绕城市的各种产业,通过政府数字赋能的方式,提升千行百业企业、创业者的创新水平,通过数字化转型的方式对现有产业进行转型和升级,尤其是我国重工业的背景下,如何通过云、工业互联网、人工智能等技术帮助传统工业企业向新型的智能制造企业发展,为智能制造产业链条提供工业互联网平台服务,降低企业转型升级的难度,反过来也可以通过升级成功的企业给城市带来新的经济活力。

3.1.4.2　一切皆服务,未来城市坚实的数字底座

城市数字孪生的建成要依赖坚实的数字底座,通过采用新型的信息通信技术、模拟仿真技术、数据科学技术、人工智能技术、城市规划建设运行管理技术等,科技赋能城市管理和发展,通过跨领域、跨学科的交叉科学研究和分析,围绕城市数字孪生底座的积累,持续科学地认识城市、科学地运行城市,让科学来服务城市的创新。

要科学认识城市、科学运行城市、科学服务城市,需要打造一个"一切皆服务"的城市数字孪生技术创新体系和统一的城市数字底座,通过服务化的技术体系来支持数字城市的建设、管理、优化和发展升级。

一切皆服务理念意味着技术向赋能转变,是驱动城市数字变革的基础:

（1）一切皆服务意味着"开放优先"。相比传统城市的信息化,城市数字孪生优先将城市物理基础设施数字化,建立数字模型和数字要素,将模型和要素对外开放,只有开放才能支持海量的业务创新,形成真正的闭环。

（2）一切皆服务意味着"协同优先"。传统城市的信息化重建设、轻协同,所以建设和发展过程中产生了大量的数据断点和信息孤岛,因此城市数字孪生

建设下的一切皆服务要求新型的系统、历史遗留的系统能够通过服务化的方式支持系统间的交互和调用,真正实现协同优先,只有实现跨域的大量协同,才能实现更耀眼的业务创新。

（3）一切皆服务意味着"使能优先"。传统的城市建设软件系统基本是封闭系统为主,缺少"城市开发者"的角色和概念,未来城市数字孪生底座建设完成后,城市的数字资产、业务资产都会基于底座迭代生长,数字平台的迭代生长需要大量的开发者,因此每一个城市数字孪生一定会拥有自己的"城市开发者",他们基于城市数字孪生底座开放的能力和服务,开展场景化的创新,通过数字创新孵化新的业务场景,创造新的数字资产。因此城市数字孪生数字底座也要同构使能优先来使能大量开发者的软件创新,围绕数字平台建设一个远超于物理城市边界的数字城市,它不但拥有海量的数据和数字资产,也还拥有海量的数字应用和虚拟场景,所有的资产、应用和场景将极大地丰富城市"数字公民"的体验,城市数字孪生使能的城市开发者将成为未来城市的新型生产力代表。

3.2　城市数字孪生底座平台

科学认识城市需要大量的新型技术使能场景化创新,城市数字孪生建设当前已经识别到大量可以采用的新技术,包括以 5G/Wi-Fi 6 为代表的通信连接技术、城市/工业模拟仿真技术、城市数据科学、人工智能技术、城市规划/建设/运行管理技术、元宇宙技术、公有云/私有云/混合云技术等。随着交叉学科的理论突破、技术应用的日趋成熟、孪生城市资产的日积月累,城市数字化所需要的技术呈现多样化井喷状态,技术的难度和壁垒也越来越高,人工智能/元宇宙/数字孪生等新技术的学习曲线越来越陡,政府部门、行业企业、创业者快速将合适的技术应用到正确的数字化场景中也变得越来越无法实现。这种现象通常被称为"技术墙",在即将到来的城市数字孪生时代,更多的新技术将被应用,"技术墙"却越垒越厚,逐步将成为妨碍加速城市数字化进程的最大障碍之一。

城市向未来数字孪生阶段发展,必须先解决"技术墙"的问题,建立城市共性技术平台是最佳选择。通过将所有先进技术服务化,将城市所需要的共性技术以服务化的方式建立城市共性技术平台,通过共性平台服务化的方式向城市管理者、企业、个人创新者等开放,可以以开箱即用的形式调用城市数字孪生的公共服务能力,无须学习大量的新兴技术就可以启动并聚焦上层业务和应用场景的创新,达成业务创新与技术创新双轮驱动的目标。

面向未来城市数字孪生底座平台的目标架构,其核心是"一云一网四中枢"的城市数字孪生共性技术平台架构,通过全域交互感知中枢实现智能交互,通过孪生流体联接中枢实现智能联接,通过智能多维映刻中枢、全智认知赋能中枢和全真时空仿真中枢实现构筑城市数字孪生的自生长数智化底座(图3-7)。"一云一网四中枢"的城市数字孪生共性技术平台目标架构,需要通过一切皆服务的新模式对城市数字生态系统赋能,一切皆服务的外延可定义为基础设施即服务、技术即服务、经验即服务三个层次。

(1)基础设施即服务。建设城市云化算力协同平台,整合市—区、两地三中心、灾备中心、区域中心、国家智算中心等多样化算力,为城市数字化转型提供开箱即用的算力服务。

(2)技术即服务。建设城市共性技术平台,将先进技术转化成开箱即用的平台和服务,赋能城市管理者、开发者和创新者。

(3)经验即服务。建设城市开放共创平台,聚合全球生态伙伴力量,通过开放创新的架构运营全球伙伴的共建、共创新型城市数字孪生生态系统。

3.2.1　城市云算力协同平台:基础设施即服务

3.2.1.1　城市一朵云

在上一个周期的城市相关信息化建设主要是以各条线部门、各企事业单位的信息化为主,以自身的业务需求和节奏规划来驱动业务系统的上云建设,这种业务驱动的模式使得一些具有强烈信息化、数字化需求的部门和单位先行一步,基于云快速建设了新型的数字化信息系统,但是也存在较多的弊端难以适应"十四五"新周期提出的从"上云到用数赋智"的全面数字化转型新要求,也对未来建设城市数字孪生产生诸多挑战,面临的问题和挑战主要包括以下四点:

(1)各部门和单位相对独立规划和发展,缺少整体性的协同,难以满足城市整体性转型要求。城市数字化是系统工程,需要跨领域、跨部门、跨行业的协同,根据包默尔成本病理论,领先数字化领域与后进的数字化领域差距越大,整体数

经验即服务　城市开放共创平台

技术即服务　城市共性技术平台

基础设施即服务　城市云化算力协同平台

生态 aPaaS/SaaS

创新流水线	数据治理流水线	孪生模型开发流水线	AI开发流水线	软件共创开发流水线
开放运营	能力开放 (数据、算法、模型……)	技术服务 (咨询、工具、标准……)	社区运营 (开源、创客、培训……)	伙伴扶持 (资金、政策……)
aPaaS	基础aPaaS (支付、消息、地图、搜索……)		场景aPaaS (园区、商旅……)	行业aPaaS (金融、工业、制造……)

四中板

- 全真时空仿真中枢：数字建模｜三维融合存储／数字仿真｜对象模型／可视化引擎｜编码标识
- 全智认知赋能中枢：感知引擎｜训练平台／知识引擎｜推理平台／机器人引擎｜调度平台
- 智能多维映刻中枢：数据汇聚｜流数据／数据治理｜离线数据／数据资产｜时空数据
- 孪生流体联接中枢：数据流集成／业务流集成／设备流集成／基础技术集成
- 隐私计算联接

一网

- 全域交互感知网络：物联平台(传感器&IoT)｜数联平台(可信数据流通)｜数联平台(视频语音/文本等智能分析)｜智联平台(感知器表计智慧网络端新型测绘……)
- 物联网络(5G/F5G/IPV6/Wi-Fi 6……)
- 物联终端(摄像机/传感器智慧计量表计智慧网络端新型测绘……)

一云

- 城市一朵云：两级云(总分协同架构)／城市中心云｜城市分支云｜分布式云(边中协同架构)｜城市边缘站点｜两地三中心(容灾高可用架构)｜城市云化｜多云协同(混合云架构)｜国家智算中心
- 城市中心云、城市分支云、城市边缘站点、两地三中心、一体化大数据中心、国家智算中心

图3-7　城市数字孪生底座平台目标架构

来源：华为技术有限公司提供

字化转型的成本就越高,效果就越小。

(2)城市中已建设的各种"云""资源池"相对独立,产生大量的新型业务烟囱,云之间缺乏应用和数据的有效协同互通机制,不利于打破孤岛和打通断点。

(3)当前主要以 IaaS 建设为主,缺少人工智能、大数据、数字孪生等新兴技术,无法满足城市规建管用等新业务场景的诉求。

(4)在"双碳""东数西算""城市群区域协同""人工智能超算"等国家战略布局下,对城市算力的重新布局和优化提出了更多的要求。

为满足城市数字化转型的需要,建设"以大数据为生产要素,以人工智能技术为先进生产力,具备适度先进性"的城市数字孪生底座,需要一个全新的"城市一朵云架构",城市一朵云架构迫切需要解决以下核心问题:

(1)城市算力融合优化。要重点考虑市—区—街道、各委办局之间的算力融合与协同,考虑两地三中心容灾算力的布局,考虑城市云与超算、人工智能中心、城市群区域数据中心、东数西算数据中心算力布局的协同优化等。

(2)加大跨领域协同与同步发展。以城市为整体规划目标,以一朵云的方式协同多部门、多领域,破除信息孤岛,打通技术断点。

(3)加快创新技术的引入与应用。城市数字孪生底座的建设,离不开人工智能、虚拟仿真、人工智能建模、BIM/CIM 等大量新技术的引入和场景应用,但新技术的快速应用依赖大规模算力和大量技术人才,也需要"集中力量办大事"的决心。

结合关键的挑战,如图 3-8 的参考架构所示,领先的城市一朵云架构应该具备以下核心架构设计原则。

1. 多级营维的总分协同架构

结合各地市云平台建设情况,在不改变现有云平台的使用和运维方式的前提下,通过两级云技术,可以实现"在资源对接方面,通过全市统一的云管平台,统筹管理全市各数据中心云资源",实现"全市一片云"的集中监控和可视化管理。当分中心云资源不足时,通过两级云服务可直接通过 API 的方式调用总部数据中心上的资源,不需要本端资源池做扩容,快速实现资源突发增长需求。因此,通过全市"一朵云"可形成跨云、跨业务的资源协调与数据交换,以及公共服务业务联动,促进数字孪生城市下政府和产业互助互利。

正如当前各地都在重点建设的数字孪生场景,加速 BIM/CIM 的建设。参考

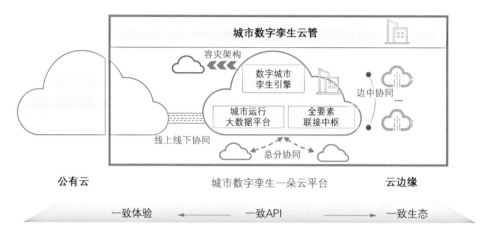

图 3-8　城市数字孪生一朵云参考架构与设计原则

来源：华为技术有限公司提供

住房和城乡建设部发布的《城市信息模型基础平台技术标准》要求，各地市可按需建设市级 CIM 平台、二级 CIM 平台的多级平台。

一级 CIM 平台如市级平台，聚焦 CIM 信息资源编目、目录注册和目录发布等功能（统一孪生云服务目录），对 CIM 数据进行多维统计和分析，以报表和图表等形式进行可视化展示和结果导出，对下级 CIM 平台远程监测监督等。

二级 CIM 平台如经济园区、产业园区、文化空间、校园 CIM 平台等，提供二维、三维 GIS 数据、建筑信息模型、物网感知数据和其他三维模型数据汇聚的能力，实现模型检查入库、碰撞检测、版本管理、模型轻量化、模型抽取、模型比对与差异化等功能。

两级云整体集成对接框架如图 3-9 所示。

两级云的建设整体按照"集约高效、共享开放、安全可靠、按需服务"的原则，通过两级云可以实现上下级云平台的统一资源监控、统一孪生共性服务目录、统一运维监控、统一运营管理、安全审查监控和统一灾备管理。

（1）统一资源监控。全市云资源监控，包括容量统计、资源分配率、资源使用率、资源分配率趋势、资源使用率趋势、租户维度资源统计、业务维度资源统计。

（2）统一孪生共性服务目录。中心云管平台可提供完整的服务生命周期管理，将全市各分支云的 IaaS、PaaS 层的资源以服务的形式提供给用户，用户从中

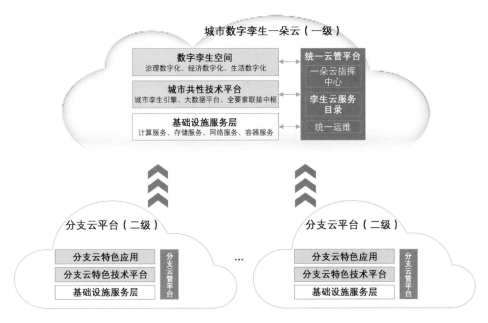

图 3-9　城市数字孪生二级云方案整体架构

来源：华为技术有限公司提供

心云统一服务门户上申请服务,将孪生服务灵活、按需布放到中心和分支云基础设施环境中。

（3）统一运维监控。中心云管平台可提供统一的集中告警监控,包括中心和分支云上部署的数字孪生业务系统以及业务系统所涵盖的硬件、软件、网络（政务云网络设备）等资源信息。

（4）统一运营管理。按照中心云提供的统一服务目录要求,管理和发布云服务,控制租户资源消费项目,监控租户资源消费行为。

（5）安全审查监控。中心云一体化安全运营平台统一呈现全市各级孪生平台的安全态势感知、监控、运营数据。采集信息包括网络流量、计算环境、业务资产、审计日志、脆弱性、安全事件和威胁情报等数据,呈现数据包括整个网络当前状态和变化趋势和能够引起网络态势变化的安全要素。

（6）统一灾备管理。全市各区分散的已建或在建的异构灾备系统,通过市级统一灾备管理平台进行集中的灾备服务接入和运营管理,实现灾备资源和管理策略的统一纳管。

2. 边中协同的分布式云架构

城市数字孪生的物理基础设施通过物联网终端和边缘计算,将数字孪生城市的触点推到边缘,以实现端到端的整合。针对市民,在公共空间采集信息和人机交互;针对城建设备资产,在水电交通线网中以传感器采集数据,控制设备。依托云边端协同、人工智能、提供超强算法与算力,实现业务应用能力快速获取,服务资源云端管理、发放、升级及运维。

图 3 – 10 所示的边中协同架构落地于数字孪生垂直散点的各个行业场景中。行业间的场景将从单场景点优化,通过城市中心云实现跨场景跨行业点线结合优化,最后到全场景网状优化,并随之带来更密集的城市数据采集触角、更智能的数据技术、更多部门的跨行业合作,从而打破物理性和逻辑性数据孤岛、实现不同领域技术迭代,不断产生场景融合带来的价值正外部性。

图 3 – 10　边中协同架构

来源: 华为技术有限公司提供

边中协同架构中的智能边缘平台部署在城市中心云,面向边缘计算场景,提供低时延、高安全、低成本的基础边缘计算能力,除此之外,还要满足高可靠、统一运维、接入规模等商用场景。其中,城市中心云是逻辑概念,可以是市级承载共性技术平台的中心云,也可以是包含特色业务的分级云,甚至公有云等其他云形态。

同时,边中协同方案建议兼容 Kubernetes 生态,拥抱开源,面向云原生,提供更开放的技术生态。

(1)边缘高可靠。提供节点自治、故障迁移以及多实例部署的能力来保障业务的可靠性和连续性。包括:① 节点自治,边缘场景中网络质量难以和云上环境相比,断网、网络抖动时有发生。因此边缘节点如出现网络问题时,应确保业务的正常运行。通过节点自治,当边缘节点与云上管理平台断开连接并不影响业务运行,检测到边云连接断开后,边缘侧自主监控业务应用运行状态,如业务应用异常,则自动拉起恢复。② 故障迁移,当节点故障停止工作时,云上管理平台秒级进行故障迁移调度,将业务应用迁移至其他可用的边缘节点。③ 多实例部署,基于单工作负载多实例部署,用户可以通过多实例部署来避免单点故障引起的服务中断。

(2)统一边缘应用管理。中心云的智能边缘平台具备完备的边缘产品管理功能,包含镜像管理、边缘资源管理、边缘应用管理、运维监控以及权限控制。用户能够通过界面全流程完成从资源纳管到业务下发再到后期的业务监控运维与升级更新,大大提升业务部署、运维效率,降低使用门槛。

(3)海量接入规模。随着智能化应用的发展和演进,城市数字孪生的边缘节点必然海量增长,智能边缘平台要能支持海量边缘节点接入,并且支持根据用户业务规模扩大而进行集群水平扩容。

(4)面向云原生。为了让数字孪生的边缘智能算法生态百花齐放,智能边缘平台必须兼容云原生生态,解耦业务、硬件与设备,支持用户根据自身场景诉求灵活演进。

(5)异构设备接入。边缘场景中具备大量的异构设备,边缘平台需要能够支持 X86、ARM32 及 ARM64 架构的设备,覆盖了大型服务器、智能小站甚至物联网设备,能够全面支撑边缘业务场景。

3. 两地三中心容灾高可用架构

随着城市服务功能的深化,类似城市码、数字公民、医保等核心业务场景对全天候在线提出了更高的要求,现有很多的政务云并没有考虑容灾高可用的设计,所以新型城市一朵云架构要提前考虑和布局支持业务可持续发展的技术架构。典型政企客户通常采用单中心向两地三中心架构演进的路径,需要在新一周期规划建设中提前考虑。

图3-11展现的两地三中心架构是一种业务连续性容灾方案。通过建设近距离的数据中心(同城数据中心)获得接近于零数据丢失的数据保护,通过建设较远距离的数据中心(异地数据中心)获得远距离的数据保护,避免区域性的灾难导致业务无法恢复。三个数据中心并存的特性,能在任意两个数据中心受损的情况下保障核心业务的连续,大大提高容灾方案的可用性。

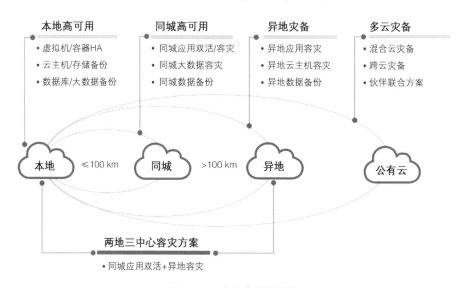

图3-11 容灾高可用架构
来源:华为技术有限公司提供

两地三中心的容灾方案包括了生产中心、同城灾备中心和异地灾备中心。生产中心的数据同步地复制到同城灾难备份中心,同时,生产中心的数据异步地复制到异地灾难备份中心。

(1)本地高可用。最大限度保障云上用户数据安全性和正确性,确保孪生城市业务安全。完成服务器整机备份(备份内容包括云服务器的配置规格、系统盘和数据盘的数据),以及服务器内的文件、数据库应用创建备份,利用备份数据恢复云服务器和云硬盘业务数据。

(2)同城高可用。为云服务器提供同城两个数据中心间的高可用保护和异地容灾保护,并形成同城存储双活+异地远程复制的存储环形容灾。当生产中心发生灾难时,可自动或手动切换到同城容灾中心,恢复被保护的云服务器(数据零丢失)。

(3)异地灾备。在同城两个数据中心都发生灾难时,可在异地容灾中心手动恢复受保护的云服务器,尽可能降低数据丢失概率。异地灾备无距离限制,通过保证数据一致性,实现数据的有效保护。

(4)多云灾备。部分孪生应用的业务数据放在公有云上,借助公有云提供商的技术优势、灾备经验、运维管理等资源,快速实现数据灾难恢复,保障服务的连续性。同时,与全部使用本地云相比,混合云的灾难恢复还可以降低运维工作量,节省灾备系统成本。在私有云数据中心发生重大灾难时,用户可以在公有云端利用云主机快速切换,将备份数据拉起,大幅降低恢复时间目标(Recovery Time Objective, RTO),实现业务高可用[1]。

4. 多云、混合云的协同架构

通过本地自建云与公有云的专线互联,将城市数字孪生内部连云成片,资源共享,达到降本增效的目的,同时基于统一的混合云管理平台,用户可以实现线上线下的一朵云体验(图 3 - 12)。

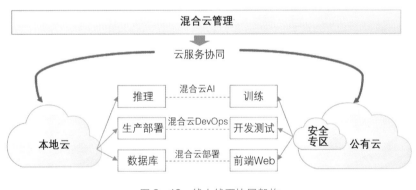

图 3 - 12　线上线下协同架构
来源：华为技术有限公司提供

(1)混合云 AI。线上训练,线下推理,通过使用公有云海量 AI 算力,降低建设成本和工期,提升业务上线效率。城市孪生场景需要在 CIM 本底的基础上

---

[1]　云计算开源产业联盟.混合云白皮书[R].北京：云计算开源产业联盟,2017.

通过智能化算法学习专家经验判断、解析建成环境领域的复杂问题,进而形成城市感知、城市体检、更新规划、精细化城市设计与治理的行业闭环,随着城市业务的快速增长,本地云 AI 算力、存储资源往往不足,此时通过公有云的海量资源可加速孪生算法的高效训练。

（2）混合云部署。业务突发,应用负载快速弹缩,孪生应用部署于本地云内时,为应对季节性或突发事件引起的业务高峰需求,通过临时租用公有云的资源,快速提升业务响应能力。孪生应用要支持分层部署,数据库等敏感业务部署在客户机房,Web 等前端业务部署在公有云,支持弹性灵活扩展。

（3）混合云 DevOps。孪生应用线上开发,线下部署。对于孪生应用,其开发测试过程一般需要灵活快捷的环境搭建,而且期间经常重构,通过构建混合云,利用公有云 DevOps 流程与工具,可同时获得公有云灵活快捷和私有云安全稳定的好处,加速业务上线,最后,通过存储复制技术,可以实现混合云灾备,将数据备份到公有云云端。

3.2.1.2　全域交互感知网络

智慧城市逐渐向城市智能体迭代升级,站在城市全局维度上,建设"眼、脑、手、脉"齐备的智能感知协同系统,通过全场景感知,即人、事、物、空间,构建立体化感知体系,借助网络联接实现数据高效传递、数据汇集。作为不断自生长的未来城市系统,从宏观调控过渡到微观控制、从离线分析变为实时在线治理。可记录、可分析、可计算成为新时代城市智能体的现实需求和特征。当前全球领先的城市都在规划城市智能体的建设,其中基于云边端的物联网平台是城市智能体重要的子系统,城市管理者关心的城市效率、宜居、创新、可持续等越来越依赖于物联网技术的引入,城市管理需要实时掌控城市的运行情况,需要广泛部署各种传感器作为城市的感知触角。

依托各类传感、联接网络及对应的物联系统平台构建的城市级立体感知体系,城市感知数据的覆盖范围扩大和数据精度提升,城市治理的精细化程度日益增强,实现数据采集和建模的虚拟环境和现实物理环境之间相似性越来越强、相互作用关系越来越紧密,因此,基于城市数字孪生治理模式以及云边物联感知将重新定义规划城市数字化基础设施(图 3 - 13)。

正如前文中提到,城市智能体开始进入以"物联网为城市神经网络、人工智能为城市大脑"的 3.0 新时代,旨在实现城市"物与物、人与物"的全场景感知数

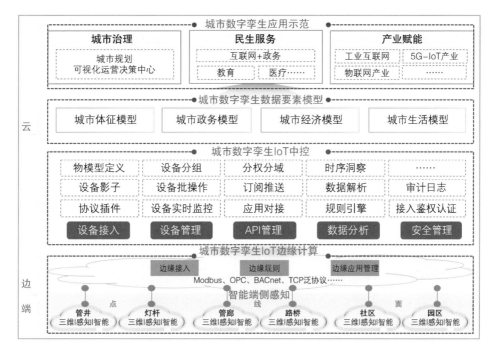

图 3-13　全域交互感知架构

来源：华为技术有限公司提供

字化,物联感知神经网络遍布在城市的每个角落,大到楼宇、街道,小到楼道转角、地下室,深到地下管网等,通过各种信息传感器、射频识别技术、全球定位系统、红外感应器、激光扫描器等各种装置与技术,实时采集任何需要监控、连接、互动的物体或过程,采集其声、光、热、电、力学、化学、生物、位置等各种需要的信息[1]。

随着接入的智能设备越来越多,功能越来越强,产品之间的互动也会越来越智能化,通过云端物联网平台和边缘计算,通过边缘设备互动、协同及初步的推理、判断,承载传统上由人执行的简单业务规则,实现业务全场景自动化。城市中有大量处于边缘的实时运行设备,它们散落在街之角、巷之陌、高楼大厦之上、沟渠管道之中,对于实时性要求高的计算需求,把物联网边缘计算放在云上会引起较长的网络延时、网络拥塞、服务质量下降等问题。因此,物联网边缘计算顺应而生,就近提供计算和智能服务,满足城市智能体在实时业务、应用智能、安全

---

[1]　束永龙,孙益轩,杨亦芃,等.基于物联网的钢管混凝土脱空缺陷智能检测技术研究[J].工程与建设,2021,35(06)：1203－1205.

与隐私保护等方面的基本需求。

1. 城市 IoT 云端中控管理平台

为城市智能体打造一个高效、便捷、安全、舒适的全场景的物联感知空间,实现面向城市全域感知、资源共享、统筹管理、协同管理,支撑城市形成有序、运转更加高效的管理机制。传统智慧城市的物联网平台建设,多是垂直烟囱式建设方式,物联网系统之间是孤立的,存在信息孤岛。物联网应用是特定领域的闭环应用,存在行业壁垒,带来如下众多问题:① 底层数据没打通,信息没共享,跨行业、跨应用之间的共享互通和应用协同难;② 烟囱式发展,导致各类行业应用重复建设、浪费甚至冲突;③ 系统封闭,缺乏标准,不具备可持续的长期演进和发展能力;④ 没有统一安全要求,存在安全隐患。

随着物联网平台技术创新和发展,城市物联网建设已从过去的垂直烟囱式模式转向统一集约平台建设模式,建立统一的城市级物联网管理平台,实现感知设备统一接入,集中管理和数据共享利用,快速使能上层应用。

1) 支撑物联网感知数据资源的建设,强化城市精细化管理能力

完善物联网感知数据资源的建设,与城市运营监测数据整合,为精细化城市管理与城市运行监测管理的综合研判和快速决策提供支持。在完备区域感知信息资源基础之上,依托区域有线、无线的感知网络,基于物联网芯片、多种接入及传输等新技术,有力支撑区域管理直观、清晰地进行动态监测和趋势分析,为城市管理者提供智能的辅助决策手段数据支撑,优化并提升协同保障机制和效率。

2) 通过城市 IoT 平台建设,完善城市感知体系建设

建设城市 IoT 平台,实现区域内物联网感知信息采集、汇聚、管理、共享,对区域各应用管理单位进行智慧业务管理。城市 IoT 平台为大数据管理平台提供城市动态感知数据支撑,并实现基于综合业务的数据整合。为城市运行监测中心提供感知状态监测数据,并基于城市状态监测、城市感知业务联动、公共区域公共管理与服务,基于城市规划要求,提供相关生态、城市运行、公共设施服务等主题管理支撑。

3) 通过城市 IoT 平台服务,强化多部门协同管理与综合治理机制

通过对于城市感知数据统一采集、汇聚、处理、分发,提供一个可视化物联感知管理平台,满足公共运行数据共享,实现区域状态实时感知、监测动态分发,为多业务管理部门及综合业务管理,在保证部门数据权限与安全的前提下,实现智

慧物联业务多部门支撑、业务协同的快速响应和处置,高效的现场指挥和现场处置联动的效率和能力。

城市数字孪生 IoT 平台提供海量设备连接、设备双向消息通信、批量设备管理、远程控制和监控、OTA 升级、设备联动规则等能力,可将设备数据灵活流转到其他服务或消息中间件,帮助物联网行业用户快速完成设备联网及行业应用集成(图 3 - 14)。

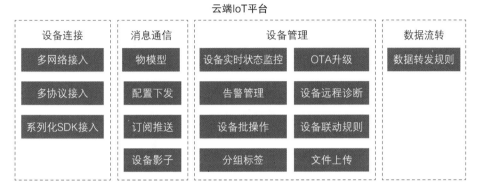

图 3 - 14　城市 IoT 平台架构
来源:华为技术有限公司提供

城市 IoT 平台提供物联网设备统一接入、管理的能力,可以支持 COAP、MQTT(S)、HTTP(S)等物联网通信协议。同时物联网平台提供丰富的 Restful API,通过 API 将数据以及设备管理的能力开放给物联网应用,使能物联网应用快速、低成本地构建自己的物联网解决方案。同时通过提供物模型以及云端编解码插件的能力,实现物联网数据的标准化、格式化,实现各种设备的数据汇聚、融合和协同,解决物联网各子系统烟囱式发展以及数据孤岛问题。

2. 城市 IoT 边缘计算

随着城市智能体的物联网的高速发展与建设,物联网应用要求极快的响应时间、数据的私密性等。如果把物联网产生的数据传输给云计算中心,将会加大网络负载,可能造成网络拥堵,对于实时性要求高的计算需求,把计算放在云上会引起较长的网络延时、网络拥塞、服务质量下降等问题,并且终端设备通常计算多样性和能力均显不足,无法与云端相比。在此情况下,IoT 边缘服务顺应而生,将云端计算和智能能力延伸到靠近终端设备的边缘节点,完美解决上述问题。

IoT 边缘(IoT Edge),是边缘计算在城市物联网的神经元应用。IoT Edge 作为城市物联网边缘"小脑",在靠近物或数据源头的边缘侧,融合网络、计算、存储、应用核心能力的开放平台,就近提供计算和智能服务,满足城市智能体在实时业务、应用智能、安全与隐私保护等方面的基本需求[①]。IoT 边缘服务作为物联网平台向客户近场的延伸,提供边云协同、泛协议、低时延的本地业务自治。从南向设备接入北向应用调用,IoT 边缘承上启下。对上层应用屏蔽底层硬件设备差异,实现数据标准化上云;对底层硬件统一远程管理,实现标准数采管理、运维管理等(图 3-15)。

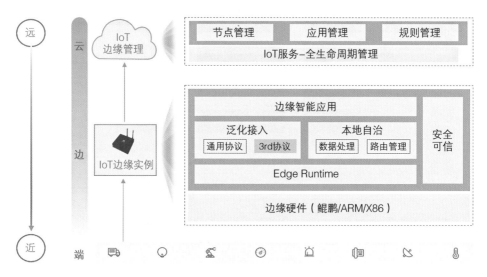

图 3-15 城市云边端 IoT 架构
来源: 华为技术有限公司提供

IoT 边缘包含云端远程边缘管理和边缘本地运行,其中云端远程管理主要提供节点管理、应用管理、模块管理、远程运维管理、数据管理、清洗规则、数采配置等;边缘本地运行主要提供 SDK 集成、设备数据管理、规则执行、格式转换、数据采集、路由转发、离线自治、本地应急 console、数据清洗等。

1) IoT 云边协同

将城市智慧应用的算力下放到边缘计算节点,充分使用 5G 的高带宽、低时

---

① 邱敬敏.基于物联网和工业云的仪控预测性维护[J].石油化工自动化,2021,57(05): 50-54.

延的特性,在满足应用效果的前提下,降低成本和持续迭代能力。城市云 IoT 边缘节点统一管理,主要负责节点管理、模块管理、配置管理。其中把城市下沉端侧的边缘节点进行管理,统一做节点的纳管、日志和运维的管理,插件应用在集控平台上统一管理,绑定指定节点同步下发给边缘节点,利用配置下发通道,实现配置的有效同步。在云端做到节点、应用、配置的统一管理,边缘节点可以离线运行,根据同步信息,自主生产与维护。

2）多模态边缘 IoT 插件管理

全面感知是城市智能体的底层逻辑,如何将面向"物理感知、智能物联网感知、业务感知"的轻量级应用,无时无刻、随时随地地高频自动化部署,成为挑战。

3）边缘 IoT 数据处理

在智能物联网的新维度下重建城市智能体的万物互联,通过全场景城市边缘感知神经元统一汇聚至城市 IoT 平台的城市运行数据,数据实时性、数据准确性、数据价值属性、数据共享性、数据安全性成为基础能力。统一接入、管理和数据采集,有效归集全市各类实时的、鲜活的、价值度高的物联数据,形成城市级大数据的重要来源。IoT 边缘提供的数据清洗能力就成为一个很好的选择,数据经过过滤、去重和聚合后,不仅大大减少了上报数据量,还能保护用户隐私。

4）边缘 IoT 泛协议接入

作为城市智能体的万物互联的基础设施,支持各通用原生协议(CoAP/MQTT/HTTP)和主流行业协议(Modbus、OPCUA),高效低成本地实现数字孪生城市感知设备、园区楼宇基础设施统一接入,减少各行业各领域的集成开发工作量,覆盖支撑城市各类物联网接入场景。另外在城市治理场景,边缘支持端侧设备和子系统的数据采集,还可以通过 RS485、RS232、RJ45、无线、数据库、Webservice 等方式,可以将端侧设备的数据采集到边缘网关,解析数据格式标准化,按照 MQTT 协议上报给云端的 IoT 平台的设备接入服务。数据下行也一样,先通过 MQTT 协议下行,由数采应用做格式转换,最终转成行业协议(Modbus/OPC 等),与设备/系统对接。

IoT 边缘节点即作为云端 IoT 平台在设备侧的延伸,云边协同,共同完成设备管理。IoT 边缘节点可以为近端连接的设备就近提供计算和管理服务,如低时延业务本地管理、与云端断链时的本地控制和规则执行等。

3. 边缘 IoT 运维管理

数字孪生城市中存在大量的边缘网络设备,这些边缘设备分布区域广、种类多、服务级别协议(SLA)响应要求高。通过云端的 IoT 中控服务对边缘侧设备提供不同等级的在线或者离线运维服务,以保证 IoT 物联感知设备即业务应用的正常运行,其中主要通过健康检查、应用存活探针、应用业务探针、离线自治等方式实现远程的智能化运维。

(1)健康检查。针对容器化边缘应用,根据用户需要定时检查容器健康状况或是容器中负载的健康状况,设置检查的路径地址,通过 HTTP/HTPPS 请求检查或执行命令检查。可配置延迟时间,超过延迟时间则判定未异常。可配置探测超时时间,超过延迟时间则判定应用异常。

(2)应用存活探针。应用存活探针用于探测容器是否正常工作,不正常则重启实例。当前支持发送 HTTP 请求和执行命令检查,通过检测容器响应是否正常。

(3)应用业务探针。应用业务探针用于探测业务是否就绪,如果业务还未就绪,就不会将流量转发到当前实例。

(4)离线自治。云端 IoT 服务与边缘网关断开连接,边缘节点业务继续运行,业务规则离线运行不受影响,待网络恢复后,缓存数据恢复同步。根据健康检查来决策重新上报数据,一旦监测到网络恢复,则会从缓存队列中读取数据,在几秒内恢复数据上行。

4. 城市 IoT 端侧智能感知

城市建筑、市政设施、路网等纵横交错,包容千行百业,可按照"点-线-面-体"的组织结构进行划分,基于深入城市各个层面的智能感知终端,构建起多维立体的城市感知体系。城市"点-线-面-体"的组织划分及其对应的感知系统特点如表 3-1 所示。

表 3-1 "点-线-面-体"城市感知体系特点

分类	涵盖范围	系统特点
点	环境、气象、市政设施、生活设施等,如灯杆、窨井、表计	广域覆盖、散点接入,站点统一平台聚合接入

续　表

分类	涵 盖 范 围	系 统 特 点
线	道路交通、桥梁隧道、轨道交通、地下管线、综合管廊等	无缝覆盖、漫游切换接入,分段分层聚合,线状中心业务闭环管理,统一接口对外共享交换
面	居民社区以及产业、办公、物流、教育等片区、园区	局部范围内固定、无线等多网络深覆盖,园区业务闭环管理,数据统一接口对外共享交换
体	政府、制造、医疗、能源、工业物联网等机构、行业组织	机构、组织内业务闭环管理,相关数据依据共享交换规则通过指定接口进行同步接入

来源:华为技术有限公司提供

对于城市"点"状分布设施,根据设施管理、城市公共服务需要及"点"状设施特点,广域布设物联传感、摄像头、智能杆等智能感知端进行城市实时动态数据的采集,依托城市广域互联设施(包括 4G/5G、F5G 等)构建一张立体感知网,提供数据的实时可靠传输,利用数字杆站系统完成"点"状分布设施采集的传感、视频的数据接入及设备管理,根据云端虚拟城市数字孪生业务需求,接收联动控制"点"状物理分布设施。

对于城市"线"状分布设施,根据设施管理需要及结合"线"状设施特点,通过光纤感知、物联感知、摄像头等智能感知端进行实时动态数据的采集,可依托4G/5G、F5G、Wi-Fi 6 等构建一个立体感知的局域互联设施完成数据的实时可靠传输,数字管线系统完成"线"状分布设施的局域联动闭环管理,并依托隐私计算与云端虚拟城市数字孪生业务进行数据共享交换。

对于城市"面"状分布片区/园区,根据片区/园区管理需要及特点,园区内部依托 Wi-Fi 6、F5G 等构建立体感知的局域互联,完成园区的物联传感、摄像头部署,实现采集数据的实时可靠传输,数字园区系统完成"面"状园区的内部局域联动闭环管理,并依托隐私计算与云端虚拟城市数字孪生业务进行数据共享交换。

对于城市"体"状分布机构及行业组织,根据机构及行业组织的管理及业务需要、特点,城市/行业智能体系统完成行业组织、机构内部业务的闭环管理,并依托城域互联构建的立体感知网,将机构及行业组织内部的系统数据、系统服务以及云服务等数字资产和服务,通过隐私计算与云端虚拟城市数字孪生业务进行数据共享交换。

1) "点"状: 数字杆站

数字杆站主要部署在道路、公园、园区、社区,或应用于环保、水利等场景,集智能照明、移动通信、城市监测、交通管理、信息交互和城市公共服务等功能于一体,具备极简部署,远程运维能力,可适配无网、无电、高低温、盐雾等恶劣环境。集成摄像头、雷达、IoT 传感器、边缘计算等设备。数字杆站主要包括多功能智能杆(可挂载感知设备)和感知设备等(图 3 - 16)。

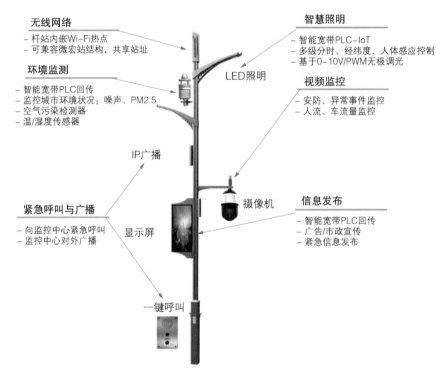

图 3 - 16　数字杆站
来源: 华为技术有限公司提供

数字杆站以杆为载体,通过挂载各类设备提供智能照明、移动通信、城市监测、交通管理、通信交互和城市公共服务等多种功能,并可通过管理平台进行远程监测、控制、管理、校时、发布信息等。多功能智能杆由杆体、基础地笼、横臂、设备仓(含扩展)和智能门锁等模块组成[1],总高度一般在 15 m 以下,杆体高度

---

① 王恒鹏,项焱蓉,李月锋,等.智能照明标准解读与分析[J].照明工程学报,2021,32(05): 37 - 46.

范围宜为 3—15 m,设备仓内置配电、通信、防雷、接地等模块。多功能智能杆的挂载设备方式可分为抱箍式、固定式、滑槽式、机架式。根据业务用途,分为城市照明类、城市业务感知类两种典型类型。

2)"线"状: 数字管线

数字管线能够实现综合管廊、城市桥隧等多样本的监测。

(1)综合管廊场景。对管线运行状态、管廊沉降、倾角、振动进行自动化监测,同时监测识别管线上方大型机械动土、开挖等第三方施工行为,以及对管廊出入口人脸识别采用机器视觉监测,实现对管廊形态、环境的实时监测(图 3－17)。具体的监测项目有: ① 通过探测振动预防路面施工、人工挖掘等导致管廊管线损坏事件;② 通过感知声波、振动动态变化,对管道泄漏进行监测;③ 通过视频进行二次复核降低误报,并协助执法取证;④ 采用人工智能声纹分析+e-oDSP 相干调制算法,漏报率低于 1%,定位精度为 10 m。

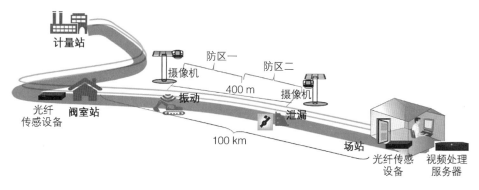

图 3－17　综合管廊管线部署
来源: 华为技术有限公司提供

(2)桥隧场景。重点考虑吊杆、拱肋、边跨等重要子结构或构件的监测。从桥的复杂结构形式中准确把握结构状态,化繁为简,制定了"变形为主,振动为辅;静态为主,动态为辅;平面为主,空间为辅"的监测原则,重点监测结构的变形、索力。具体的监测项目有: ① 变形,包括全桥三维变形、边梁挠度、支座位移和伸缩缝变形;② 系杆索力,包括短吊杆、支点吊杆的索力变化趋势;③ 振动,包括边梁和主拱的振动情况;④ 风速风向,测点布设在无遮挡的区域。

3)"面"状: 数字园区

数字园区是实体园区数字化后在数字空间的镜像,数字园区通过对实体园区的精准映射、虚实交互、软件定义和智能干预,实现园区管理及服务的全面感知、全局智能。数字园区遵循现行国家相关标准、规范的规定,立足园区实际,利用 BIM/CIM 等先进信息化技术手段,在全面感知和泛在互联的基础上,整合园区各类资源,完善园区基础设施,提高园区管理、运营、服务的智能化水平,增强园区便民、利民服务能力。

作为城市典型的"面"的场景,基于园区管理场景需要,依托园区的三维底板,进行多维数据的采集,构建园区内部数字孪生系统,实时感知园区内运行体征,为园区的管理、运营、服务提供智慧化能力。

具体来说,园区类"面"状-数字园区系统需要实现以下三方面功能:① 部署视频、物联感知、边缘计算等设备,实现数据采集和事件快速分析;② 楼宇超精建模,利用 3D 渲染引擎实现了外观、内部和周边街道的视觉还原;③ 直观清晰地展示大楼的显性及隐性问题,实现城市运行管理的实时预判、实时发现、实时处置。

4)"体"状:城市智能体

城市智能体在已有信息化建设成果的基础上,一方面通过信息集中和资源整合,广泛地搜集、分析和处理城市运行的各类信息,及时掌握城市及行业运行的状态;另一方面通过智能分析和仿真预测,为城市及行业管理者提供决策支持,使城市及行业管理者能够更好地预见问题、应对危机和管理资源[①]。

城市智能体系统依托政府机构及行业组织内部的系统数据、系统服务以及云服务等数字资产和服务资源,通过对海量数据的整合、关联、挖掘和分析,为城市及行业发展提供更科学的监测分析和预警决策能力,实现城市/行业发展状态的实时监测和态势感知(Observe)、智能预警(Orient)、决策支持(Decision)、重大事件的协同处置(Action),打造运行管理的 OODA 环,实现城市治理及行业发展能力提升。

城市智能体依托隐私计算与云端虚拟城市数字孪生业务进行共享交换的数据可包括城市骨架数据、城市政务数据等,这也是服务城市经济、生活等重要数据类别。

(1)城市骨架数据主要是城市的物理剖面,包括倾斜摄影数据、基础地理数

---

① 张倜.淮安市智慧城市建设研究[D].南京:东南大学,2019.

据、建筑模型数据、城市街景数据、激光点云等数据,以及无人机群将为城市提供基于图像扫描的城市数字模型。街道、社区、娱乐、商业等各功能模块都将拥有数字模型,以及城市的电力线、变电站、污水系统、供水和排水系统、城市应急系统、Wi-Fi、高速公路、交通控制系统等所有可见及不可见的地方。

(2)城市政务数据主要是城市各类部门单位的业务、服务的居民、法人等政务数据。具体为形成面向不同领域的六大基础库,包括综合人口信息资源库、法人信息资源库、电子证照信息资源库、自然资源与空间地理信息资源库、宏观经济信息资源库、社会信用信息资源库。

3.2.2 城市数字孪生共性技术平台:技术即服务

3.2.2.1 孪生流体联接中枢

城市智能体的运行数据、运行设备、分布式信息技术应用具有体量巨大、来源分散、格式多样的多维系统特征,对城市数字孪生底座提出精准实时的要求,对数据的接入、传输、处理提出了巨大的挑战。

孪生流体联接中枢将基础通信、物联网、大数据、视频平台、人工智能平台、GIS 等基础平台及各个应用的服务、消息、数据统一集成适配,屏蔽各个平台对上层业务的接口差异性,对上提供服务、消息、数据集成使能服务,以支撑数字孪生业务的开展,其架构如图 3-18 所示。

孪生流体联接中枢提供如下重要组件,包括孪生全场景开发工厂、低代码应用网关、高性能消息中间件和数据智能网关。

1. 全场景开发工厂

随着移动网络、社交网络、云计算、大数据、物联网、人工智能等众多新技术的快速发展,颠覆式的创新和跨界竞争加剧,城市的数字化转型需求需要更快地响应,要求信息技术从技术、流程、架构以及基础设施多个方面快速演与之匹配。而以微服务、容器、MapReduce、DevOps、云原生架构等新一代技术和理念已经逐渐成为信息技术数字化时代的最佳实践标准。

新一代研发场景不断出现。据业界预测,截至 2025 年企业 80% 的应用将运行在云中,100% 的应用将在云中开发,DevOps 的理念被广泛接受,软件的开发、测试、部署、运维都在云中进行。

新型编程语言不断涌现。Go、Scala、Rust、Node. js、Python 等新型编程语言

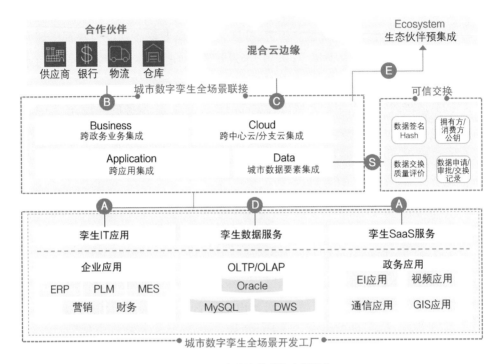

图 3-18　孪生流体联接中枢架构

来源：华为技术有限公司提供

需要新型研发工具提供更加友好的支撑（编码调试、代码静态分析、多语言并行构建、部署）。

研发工具不断迭代。研发工具正朝向轻量化、服务化、云化、容器化、社交化、智能化的方向发展。

交付形式不断更新。随着容器技术的广泛应用，软件交付正在从软件包交付向着标准化交付转变，未来交付给客户的软件形式可能是 Docker 镜像文件。

为满足城市数字化转型下业务的快速迭代，全场景开发工厂可为城市级应用开发者提供 DevOps 能力，为应用提供全生命周期一站式解决方案（图 3-19）。全场景开发工厂提供以下服务：

（1）项目管理服务（ProjectMan）。如图 3-20 所示，规模化的应用开发一般通过项目方式来组织和管理，项目管理服务向研发团队提供多项目管理、敏捷 Scrum、精益看板、需求管理、缺陷跟踪、文档托管、统计分析、工时管理等功能，帮助客户更加科学、透明、可视化地完成应用开发的管理活动，提升管理水平，确保

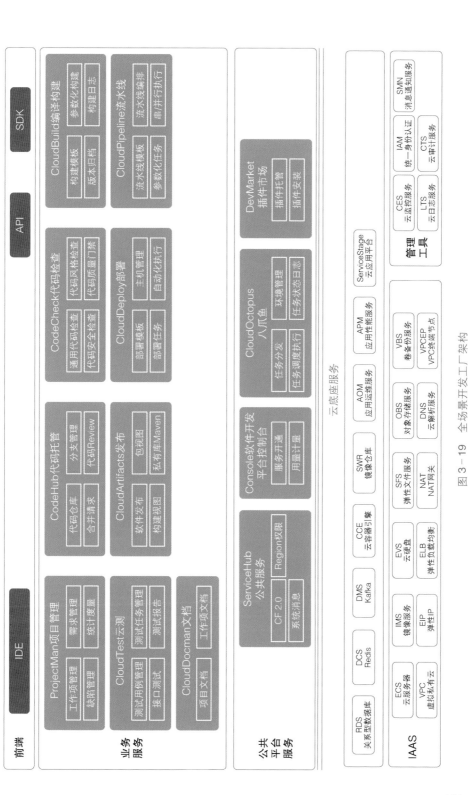

图 3 - 19　全场景开发工厂架构

来源：华为技术有限公司提供

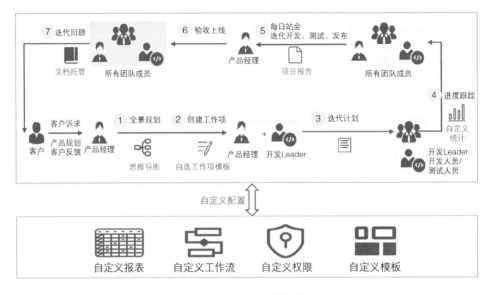

图3-20　开发工厂项目管理
来源：华为技术有限公司提供

应用开发的质量、效率、进度。

（2）代码托管服务（CodeHub）。规模化的应用开发一般以多团队协作开发方式，由图3-21可见，云端代码托管服务提供基于 Git 的具备安全管控、成员/权限管理、分支保护/合并、在线编辑、统计服务等功能的云端代码仓库，可以帮助开发团队解决跨地域协同、多分支开发、代码版本管理、安全可靠的问题，提升开发团队代码开发协作的效率，减少失误，降低延期的风险。

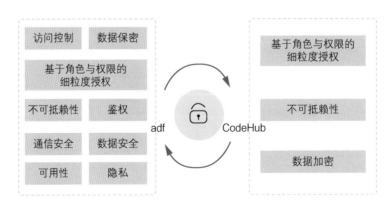

图3-21　开发工厂代码托管
来源：华为技术有限公司提供

（3）代码检查服务（CodeCheck）。当前企业愈发重视代码质量和安全问题,代码检查服务(图 3-22)提供云端代码质量管理服务,软件开发者可在编码完成后执行多语言的代码静态检查和安全检查,获取全面的质量报告、缺陷的改进建议和趋势分析,提前通过自动化检查的手段发现代码问题和隐患,有效管控代码质量,避免风险成为灾难。

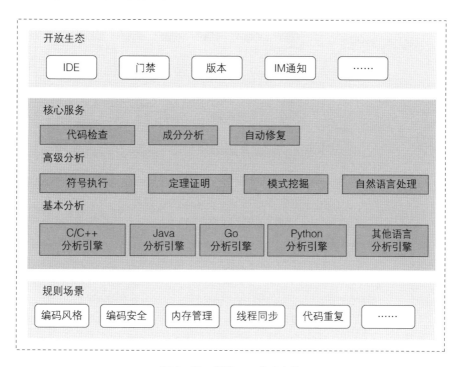

图 3-22　开发工厂代码自检

来源:华为技术有限公司提供

（4）编译构建服务（CloudBuild）。如图 3-23 所示,基于云端为客户提供大并发、高速、低成本、配置简单的混合语言构建能力,帮助开发者实现持续交付,缩短交付周期,提升软件的交付效率。

（5）部署服务（CloudDeploy）。如图 3-24 所示,通过并行部署和流水线无缝集成,提供应用标准化、可视化的一键式部署服务,帮助用户实现提升部署效率,减少无效的研发等待。

（6）流水线服务（CloudPipeline）。流水线是持续集成持续交付（Continuous Integration Continuous Delivery, CICD）的载体,通过与代码托管、代码检查、编译

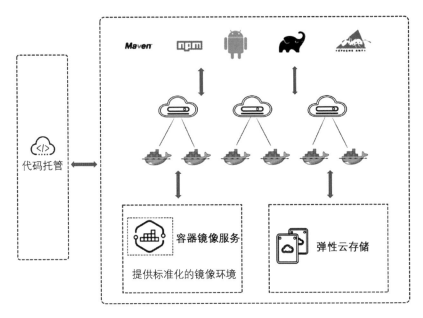

图 3 - 23　开发工厂编译管理

来源：华为技术有限公司提供

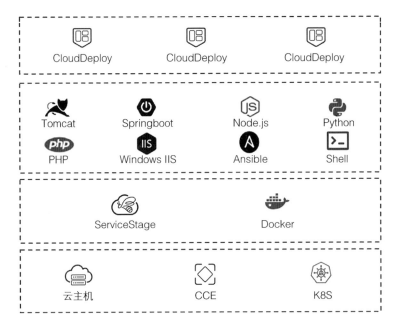

图 3 - 24　开发工厂部署管理

来源：华为技术有限公司提供

构建、测试、发布、部署的集成,提供可视化、可定制的代码检查自动化、构建自动化、测试自动化、部署自动化能力,帮助开发者实现缩短交付周期和提升交付质量的效果。

（7）发布服务（CloudArtifacts）。面向软件开发者提供软件发布的云服务（图 3 - 25）,提供软件仓库、软件发布、发布包下载、发布包元数据管理等功能,通过安全可靠的软件仓库,实现软件包版本管理,提升发布质量和效率,实现产品的持续发布。

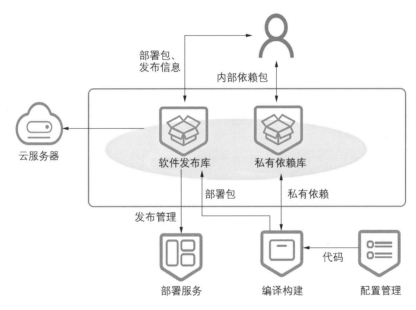

图 3 - 25　开发工厂发布管理
来源:华为技术有限公司提供

（8）云测服务（CloudTest）。面向软件开发者提供的一站式云端测试平台,提供软件应用正式使用前的功能测试和非功能性测试,确保最终交付的应用的质量,避免上线后出现质量问题导致的巨大风险,帮助客户高效管理测试活动,保障产品高质量交付。

2. 低代码应用网关

低代码应用网关（图 3 - 26）是数字孪生平台各类应用系统、大数据、人工智能等服务以 API 方式对外开放服务的重要组件,提供 API 生命周期、访问流量策略、安全认证策略等管理能力。

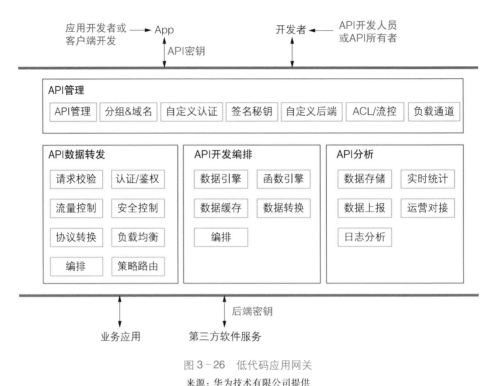

图 3-26　低代码应用网关
来源：华为技术有限公司提供

（1）API 开发编排。包括数据 API 和函数 API，其中数据 API 提供将数据库 SQL 转化为 REST API 的能力，函数 API 是对多个后台 API 通过 JS 开发封装成新的 API。

（2）API 测试。提供 API 的在线测试验证能力。

（3）API 生命周期管理。对 API 进行注册、授权、导入导出、分组、域名、环境变量、发布、修改、下线、删除等管理。

（4）API 级联。通过 API 级联配置，在不同网关代理被级联 API 实例，并且建立专属的认证通道，避免与被级联 API 认证冲突。

（5）安全访问控制。对开放的 API 提供 App 认证、华为 IAM 认证、自定义认证等多种认证能力，并提供基于 API 实例、访问用户、应用、源 IP 等多种维度的流量控制，提供 IP 黑白名单访问控制。

（6）策略路由。按照 HTTP 请求 Header、Query、Path 和源 IP 进行路由，或按照加权轮询、加权最少链接、源地址哈希、URI 哈希路由转发到合适的后台服务。

（7）流量控制。可对调用 API 的次数按照秒、分钟、小时、天级别进行限制，可基于 API 实例、应用、用户、源 IP 的流量控制。

（8）API 监控分析。对 API 请求次数、出错统计、数据流量和调用时延等指标进行统计分析。

3. 高性能消息中间件

高性能消息中间件（图 3 - 27）为数字孪生平台数据提供流式异步通信，提供海量数据在不同系统间的实时传输，在数字孪生平台各系统间提供使用统一、实时的数据通信机制以及消息轨迹检测，满足各系统应用海量数据跨平台、跨区域通信、可视化监控的要求。

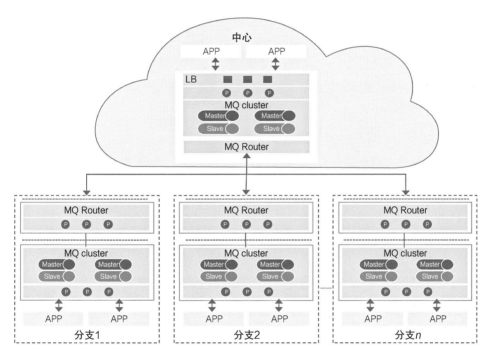

图 3 - 27　云边端分布式消息中间件
来源：华为技术有限公司提供

4. 数据智能网关

数据智能网关能够对数字孪生平台多类的数据源，提供源端到目标端的数据快速集成和转换，例如将 MySQL 和大数据 Hadoop 的数据同步，或者将 FTP、

API 接口中的数据快速同步到大数据 Hadoop 库中。

如图 3-28 所示,数据智能网关能够支持主流数据源(如 API、Kafka、DB2、DWS、HANA、HIVE、MongoDB、Oracle、PostgreSQL、Redis、SQL Server 等)及多协议、多种接口的数据集成,可以在任意时间、任意地点、任意系统之间实现轻量级实时数据集成和定时增量数据迁移。

3.2.2.2 智能多维映刻中枢

以数据为核心的城市生态链架构了数字孪生城市的顶层设计,数据智能化支持要求越来越高。通过打造人与人、人与物、物与物互联互通的全场景物联感知体系与终端数字化标识体系,彻底改变了过去以人力主导的城市治理模式,充分发挥全场景感知和精准识别的技术优势,实现城市数据化、智能化、精细化治理能力。

建设城市数字孪生的核心,就在于构建和城市现实物理空间全面映刻的虚拟数字空间。城市作为一个庞大的复杂巨系统,其包含的物理空间及无时无刻的实时运行,产生着多维的海量城市数据,这无疑在数据采集、处理、储存和管理上向城市数字孪生提出了巨大的挑战。

1. 大数据平台系统架构

城市运行大数据平台在城市数字孪生中定位是全要素数据"采集""整理""融合"的数据平台,解决城市海量异构数据关联集成难、融合难、供给难的问题和满足多层次时空数据融合分析和物理实体产生的海量数据模型映射的场景。主要功能包括:数据目录系统、共享交换平台、大数据分布式计算和存储平台、数据汇聚平台、数据治理平台、大数据湖、数据开放平台、数据资源管理平台、数据安全保障体系、数据标准规范体系、数据运营运维保障体系等。

时空大数据公认具备"4V"特征:规模性(Volume)、多样性(Variety)、高速性(Velocity)和有价值(Value)[1]。此外,还具备对象/事件的丰富语义特征和时空维度动态关联特性,具体包括以下三点:

(1)时空大数据的要素包括对象、过程、事件等,且这些要素在空间、时间、语义等方面具有关联约束关系。

---

[1] 关雪峰,曾宇媚.时空大数据背景下并行数据处理分析挖掘的进展及趋势[J].地理科学进展,2018,37(10):1314-1327.

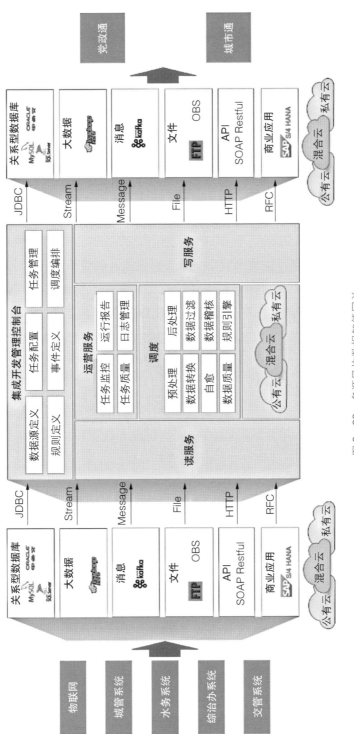

图 3-28　多源异构数据智能网关

来源：华为技术有限公司提供

（2）时空大数据在空间和时间上具有动态演化特性,这些基于时空大数据要素的时空变化是可被度量的。

（3）时空大数据具有尺度特性,根据比例尺大小、采样粒度以及数据单元划分的详细程度可以建立时空大数据的多尺度表达与分析模型。

针对孪生大数据的上述特性,大数据平台系统设计采用四横+四纵的设计原则。四横,是指中枢平台的技术体系架构包括数据算力层、数据流通层、孪生交互层、数据服务层四部分;四纵,是指中枢平台的保障体系包括数据资源管理系统、数据安全保障、数据标准规范、运维运营保障四大体系能力,具体架构可见图3-29。

1）数据算力层

数据算力层的建设构筑于城市一朵云提供的基础设施之上,主要包括基于Hadoop+MPPDB+时空数据库的分布式计算与存储平台,为城市数字孪生应用提供大数据分布式存储能力、流计算能力、离线分析能力、内存计算能力、全文检索等大数据支撑平台能力,以及服务化方式提供的数据汇聚、数据治理、数据集成开发、数据分析等大数据工具,支撑实现一站式大数据开发。

2）数据流通层

数据流通层实现政府、公共事业、互联网等城市各类数据的交互,提供库表、文件、API服务、消息等数据采集方式,支持对政务数据和公共事业、物联网、外部社会、互联网等非政务数据进行批量、实时采集。

3）孪生交互层

主要包括大数据湖(全空间数据模型、全要素数据模型)以及数据治理平台、数据目录系统、数据服务开放平台。

（1）大数据湖是大数据的数据管理和存储核心,用于统一管理和存储归集库、数字孪生模型库、数字孪生场景库、非结构化库的数据内容。其中:① 归集库,是指各类数据汇聚形成的库,包括结构化数据和非结构化数据,数据不会进行修改,保持和源数据一致,并根据业务需求定期归档存储。② 数字孪生模型库包括标准层和实体层。标准层是指对归集的数据进行清洗、治理等标准化处理后形成的数据。而实体层对标准层的数据,利用自动化设计和建模工具,针对城市全要素数据进行多维度建模,最终形成实体层结构化数据模型,主要包括语义化模型和BIM模型等,这类模型不仅具有几何信息,还具有语义和拓扑装配

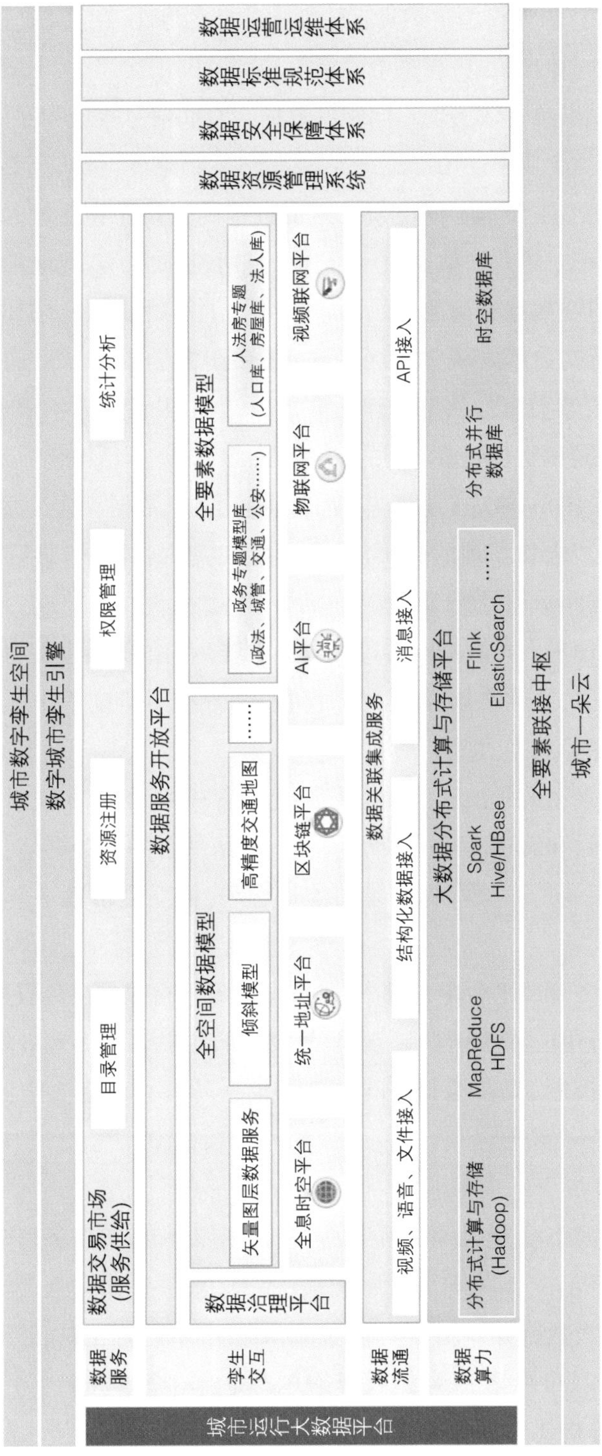

图 3-29　大数据平台系统架构
来源：华为技术有限公司提供

关系的描述。其中 BIM 模型虽然具有精细化的几何和语义信息表达,但扩展性较差且不具备空间地理信息,在单个建筑等局部范围用途广泛,不适合大范围城市应用;语义化模型可有效实现不同领域数据与空间信息集成和互操作,在当前各类城市数字孪生企业中使用广泛。③ 数字孪生场景库,包括全要素数据模型和全空间数据模型,主要基于城市大数据平台基础上构建和管理的面向数字孪生主题的数据集市。场景库数据通过融合全息时空平台(基础地理信息数据资源池[2D、3D],时空数据资源池[人、车、物、场]),物联网平台(感知物联网数据资源池,即环境感知数据),视频联网平台(视频图像类数据)等,构建统一的全息时空数据、全要素数据的数据治理框架,以及丰富灵活的时空服务体系框架,能够支撑海量数据和复杂应急应用的高效率对接。④ 非结构化库,包括传统手工建模、倾斜摄影建模、激光扫描建模等非结构化文件数据。这类数据模型具备物理实体的几何结构和纹理贴图,可以真实反映实体属性,但难以满足专题查询、空间分析和空间数据挖掘等结构化分析计算需求。

(2)数据治理平台对数据流转过程中提供统一的数据治理能力,实现"数据模型标准化、数据关系脉络化、数据加工可视化、数据质量度量化",实现数据资产的统一管理,保障数据质量。

(3)数据目录系统是实现大数据资源统一管理的系统,实现对所有数据资源进行统一的编目和管理。目录系统基于大数据平台的元数据信息,实现数字孪生各类主题库、场景库等资源目录的统一管理,构建全市数字孪生统一目录系统。

(4)数据服务开放平台中,数据通过数据开放平台提供接口服务,平台可以提供高性能、高可用的 API 托管服务,帮助服务的开发者便捷地对外提供服务,而不用考虑安全控制、流量控制等问题。在数据开放平台将安全认证,流量控制,黑白名单等统一实现。

4)数据服务层

提供数据交易市场,主要提供工具服务、数据服务、接口服务,并针对提供的服务进行统计分析。

工具服务将大数据分开发套件工具,如采集工具、治理工具、开发工具、开放工具、BI 分析工具、可视化工具,按照服务方式提供给全市数字孪生应用开发厂商使用,并统计分析使用情况。

数据开放服务提供数据目录、数据接口等数据服务的挂载、展示、订购,同时对使用情况进行统一分析。

数据应用服务中,数据应用商店集成各类基于本中枢开发的数字孪生应用,并可视化展示和分析各类数据应用的使用情况。

5)数据资源管理系统

数据资源管理系统是对数据的共享交换、汇聚、治理、建库、分析、应用、开放等方面进行全流程的监控与统计分析,实现对数据全生命周期的管理,是大数据管理部门重要的管理手段和工具。

6)数据安全保障体系

在全域协同孪生云平台提供的基础安全保障能力基础之上,构建大数据平台的安全保障能力,建设安全保障管理体系,保障大数据资源在采集、汇聚、清洗、融合、分析、使用的全流程中安全可控。

7)数据标准规范体系

构建大数据平台的技术标准和规范体系,保障数据在采集、汇聚、清洗、融合、分析、使用全流程的标准化和规范化,以及构建市区、市与各部门的数据对接标准规范。

8)数据运营保障体系

构建数据运营机制,将数据资源快速、高效、安全、可控地提供给数据的申请者和使用者,最大化发挥政务大数据的价值。

2. 城市数字孪生时空数据架构

通过城市数字孪生时空大数据平台可以提供数据融合供给能力,建立完整的数字孪生数据资源体系。城市数字孪生治理的数据量不仅大,而且类型多、用途广,通过系统的数据流进行分析,数据架构如图 3-30 所示。

数据融合供给能力,包括数据融合能力和数据供给能力,其中数据融合是指以城市多源、多类型数据为基础,以城市时空数据为主要索引,构建多层次时空数据融合框架,形成以基础地理和自然资源数据为基础、以政务数据为主干、以社会数据为补充的全空间、全要素、全过程、一体化的时空数据体系[①]。数据供给是指面对物理实体产生的不同类型、不同形态、不同来源的海量数据,在保证

① 钟添荣,仇巍巍.基于城市信息模型的智慧城市孪生应用平台研究[J].自然资源信息化,2022(02):43-49.

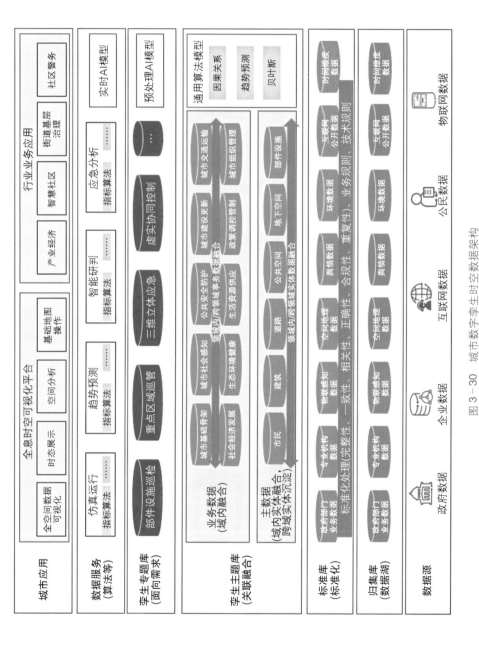

图 3-30　城市数字孪生时空数据架构

来源：华为技术有限公司提供

数据实时性要求、质量要求的前提下,以数据流方式供给行业机理模型、数据驱动模型,使数字孪生能够更为精确全面地呈现和表达,更准确地实现动态监测、趋势预判、虚实互动等核心功能。

1) 数据接入和关联集成

以管理对象(实体模型对象)为关联标识,将城市各种原始的、离散的业务数据叠加在统一的三维空间、一维时间之中,通过对管理对象的各种属性信息、业务状态信息进行多维关联,实现数据关联、业务集成。

数据源首先来自城市大数据中心的已经建成的基础库数据、主题库数据,对于上述数据不能满足的部分,如果是政务数据,则提出需求由城市大数据中心补充完善数据;如果是第三方社会数据,可以通过购买或者交换的方式获取,但仍通过城市大数据中心进行归集。所有数据首先进入数据缓存,然后形成与原始数据源一致的归集库,归集库数据经过清洗加工、标准化与归一化,进入中心库,中心库和归集库共同构成数据湖。大数据湖的数据、基础库数据、主题库数据共同支持城市治理一屏统览后续的数据加工、分析工作。

技术层面,政务数据、地理信息数据和物联网数据通过交换、镜像、上报等方式逐步物理集中到电子政务资源中心,有利于数据提前做整合和数据质量管理,对于无法集中的政务数据,如视频监控数据等,和社会、互联网第三方数据则根据业务需求驱动,通过数据交易方式,调用 web 服务接口调用数据以及网页爬取等方式获取。

2) 数据模型融合

以业务运行模型为基础,通过节点(实体模型对象)及节点之间逻辑关系,构建物理实体之间关联关系、指标关系、空间关系等,从而快速形成数据模型及知识图谱,通过统一的数据模型及知识图谱融通相关数据资源,主要包括物理对象属性数据、物理对象活动运行数据、物理对象之间的关系数据等。其中,数字孪生主题库是指基于城市数字孪生治理的业务需求,基于城市大数据中心的所有数据资源,建设数字孪生全域数据仓库和数据集市,形成映射物理世界的主题库资源,所有主题库建成后,仍然存储到城市大数据中心。

3) 数据服务供给

与传统智慧城市类似,城市数字孪生应支持统一的数据服务目录功能,基于数据服务目录形式形成各类数据消费接口的数据组装能力,实现快速数据接口定义、发布以及数据接口的权限控制。支持实时和历史数据接口服务,以满足对实时数据和历史数据的消费场景需求。

4)数字孪生应用开发

城市超级应用的数据开发工作,通过调用大数据服务平台提供的 Web Service 服务(Restful 接口)方式供数字孪生应用访问,同时服务接口在 API 网关上注册,上层应用对数据资源的访问可以被有效地监控、统计和分析,保障数据的访问安全。上层应用通过大数据服务平台提供的服务能力,调用 BI、数据碰撞、数据挖掘等工具数据分析和建立数据模型,同时通过模型管理工具实现对数据模型的管理和维护,实现城市数字孪生的数据应用和开发。

3.2.2.3 全智认知赋能中枢

人工智能技术在生活中的应用广泛,不但可以极大提升传统领域社会效率,也可以解决很多新领域的技术困扰问题,如智慧交通将大大提升通行效率;个性化教育将显著提升教师与学生的效率;精准预防性治疗有望延长人类的寿命;实时多语言翻译让交流再无障碍;自动驾驶和电动汽车将颠覆汽车产业等。

在城市管理方面,人工智能技术也在很多方面发挥着作用。如城市事件发现基本依靠人工巡查或市民投诉,基层网格员往往巡查任务繁重,巡查结果的大量纸质表格手工录入,而借助自然语言处理、图片识别等人工智能能力,综合巡查数减少 60%,整体节省基层人员工作量 58%,其中数据录入时间节省 80%,提升企业满意度,也切实为基层减负。城市的运营中心或指挥中心基于城市治理类人工智能算法的视频自动识别,实现城市治理事件自动发现、自动立案,基于 GIS 和事件中心权责清单等信息自动派遣,从而将原来 50∶50 的事件发现和处置人手分配变为 20∶80,提高城市事件多环节处理效率。城市 12345 政务热线通过自然语言处理、知识计算等人工智能能力的加持,已经成了政府倾听市民声音,听取民生诉求的"传感器",感知城市温度的"晴雨表"和基于数据辅助政府决策的"催化剂"。这些只是人工智能在数字孪生城市应用中的几个缩影,他们的背后都离不开城市数字孪生人工智能引擎的支撑。

为了支持数字孪生城市建设中平台增强、数据融合、深化应用、创新发展等建设诉求,典型的城市数字孪生人工智能引擎应具备以下三大特性:

(1)拥有丰富的人工智能应用及扩展能力。预置提供包含视频、图像、人脸、语音、文本以及跨模态感知等至少几十种算法服务,能够通过人工智能平台快速开发、配置相关的人工智能算法和套件,支持第三方算法的开发、训练、发布等能力,不断扩充人工智能平台承载的行业人工智能能力。

(2)拥有丰富的数据对接能力。人工智能的能力基于数据,人工智能平台承载了"数字孪生"的业务能力,必须整合足够的数据资源并充分融合,形成人工智能及数据的最大价值。在目标架构中,人工智能平台接入的数据包括但不限于各种监控视频数据、政府网站数据、市民热线反馈数据、网格上报事件数据、政数局汇聚的各委办数据以及从互联网接入的如天气、地图、GPS、GIS、舆情等数据。各种数据进行多模融合,形成新的感知事件。最终所有数据进入人工智能平台中进行各种预置规则的分析处理,形成可被应用消费的结果数据或作为人工智能训练的输入数据。

(3)拥有健壮的生态对接能力。人工智能平台在整合各类资源的同时,需提供最大限度的生态对接能力,人工智能平台对接的能力包括数据类(终端设备、政数局、互联网数据供应伙伴、存量系统等),人工智能开发类(算法、模型、套件等),应用开发类(业务应用、大屏等)等。

1. 全栈自主可控 AI 平台

人工智能是一种新的通用技术(General Purpose Technology,GPT),这已经越来越成为业界共识。当前,人工智能正在从感知智能向认知智能演进。例如,语音、视觉等感知技术已逐步进入成熟期,人工智能已经在"听、说、看"等感知智能领域已经达到或超越了人类水准。随着人工智能落地场景的复杂化,单纯的感知智能已经无法满足需求,需要对场景和行业知识有更深刻全面的理解,让知识能够被机器理解和运用,从感知智能向认知智能演进,这其中,NLP、知识图谱、对话机器人等认知智能的人工智能技术正在崛起。

大数据技术和人工智能技术已经成为城市数字孪生的技术演进方向。一方面,众多国内外科技公司在计算视觉、自然语言处理、决策推理等领域持续投资基础研究,以构筑数据高效(更少的数据需求)、能耗高效(更低的算力和能耗)、安全可信、自动自治的机器学习基础能力;另一方面,面向云-边缘-端打造全栈全场景的人工智能解决方案,为政府和企业人工智能建设提供充裕的、经济的算力资源,简单易用、高效率、全流程的人工智能平台(图 3-31)。

全栈全场景 AI 平台围绕昇腾芯片、鲲鹏芯片的算力优势,运用 ModelArts、

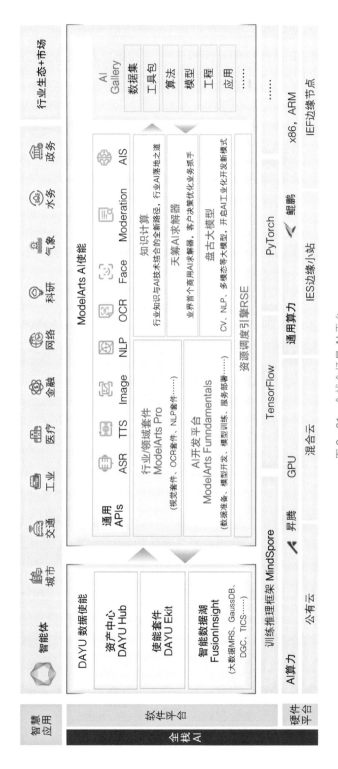

图 3-31 全栈全场景 AI 平台

来源：华为技术有限公司提供

MindSpore 的 AI 平台及算法框架能力,深度学习、数据挖掘、知识图谱、认知计算等的算法优势及强大的数据治理能力,构筑了"算力、算法和数据治理"的核心能力。

1）AI 算力

云服务可以让人工智能和大数据潜力充分释放,这源于平台的算法进步、行业数字化带来数据的积累,更重要的是芯片的进步,给各类复杂分析提供了充沛的计算力。

华为公司发布了鲲鹏高性能处理器芯片和昇腾 AI 芯片。同时,通过异构资源池、智能编排等关键技术,将 X86、GPU、FPGA、存储等资源池化,进行统一编排调度,从而按需提供硬件资源,提升 50%以上的资源利用率。基于华为 GPU 云服务加速,显存带宽较上代 GPU 提升 2 倍,位宽提升 8 倍,识别单张图片仅 100ms。

2）AI 计算框架

AI 框架是 AI 的根技术,是算法模型开发的必备工具,全栈全场景 AI 平台在 AI 框架层支持 SparkML/XGBoost/SKlearn 等机器学习算法和 TensorFlow/PyTorch/MXNet/CAffe/Mindspore/MoXing 等深度学习算法。

其中,昇思 Mindspore 是全场景 AI 计算框架,主要为了解决当前 TensorFlow 等框架 AI 模型开发门槛高的问题,具备开发态友好,通过自动微分、自动并行、自动调优等技术,协同昇腾芯片在图/算子编译加速以及神经网络并行执行中提升了 2 倍性能。

3）ModelArts AI 使能

ModelArts 作为 AI 使能平台,助力千行百业实现智能升级,主要功能包括以下五方面:

（1）ModelArts AI 开发平台。面向 AI 开发者的一站式开发平台,提供海量数据预处理及半自动化标注、大规模分布式训练、自动化模型生成及端-边-云模型按需部署能力,帮助用户快速创建和部署模型,管理全周期 AI 工作流[①]。ModerArts 分为 AI 训练平台和 AI 推理平台(图 3-32)。

---

① 郭亚丽,魏本胜,郑思远,等.长江大保护生态云平台顶层设计架构研究[J].水资源保护,2023,39(02):9-16.

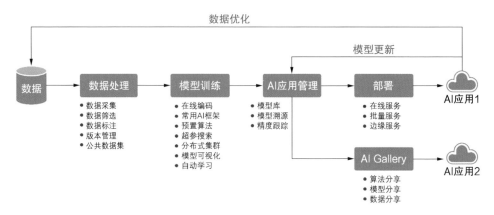

图 3‑32　ModelArts 开发平台架构
来源：华为技术有限公司提供

AI 训练平台可实现对训练资源的统一管理,通过对样本数据进行特征提取或数据标注,再选择相应的算法进行模型训练,最后通过测试集进行模型验证和评估并反复迭代训练,直至满足模型精度要求。平台提供数据管理与模型训练功能,内置数据自动化标注工具与可视化操作界面,可做到训练数据的快速标注、修改。同时对主流 AI 计算框架友好支持,包括 Tensorflow、Pytorch、MindSpore 等框架,具备自动微分,动静结合调试、可视化调优,大规模分布式并行集群处理、自动并行等功能。平台预置主流机器学习算法与深度学习算法,并提供训练可视化工具,帮助用户快速完成新模型训练。

AI 推理平台具备 AI 模型或镜像的管理、服务发布、资源统一调度管理的能力,支持第三方厂商多框架多功能算法的统一接入、管理,批量推理、在线升级等功能。模型管理功能支持对用户指定的模型文件或模型镜像进行统一版本管理。AI 模型部署推理支持在线推理、批量推理和端边推理模式。

（2）ModelArts Pro 行业/领域套件。ModelArts Pro 在 ModelArts 基础上提供了丰富的工作流,对于开发者来说,只需要创建或者去使用 ModelArts 预置的面向于场景和行业的工作流即可快速完成模型开发。

（3）盘古大模型。盘古大模型包括 NLP 大模型、CV 大模型、多模态大模型和科学计算大模型。通过将海量数据进行知识抽取,找出数据间的共性,突破性地实现 AI 模型通用、泛化和复制,训练出盘古大模型的超大网络以吸收海量知识（图 3‑33）。盘古大模型有三大核心设计原则:一是超大的神经网络,实际参

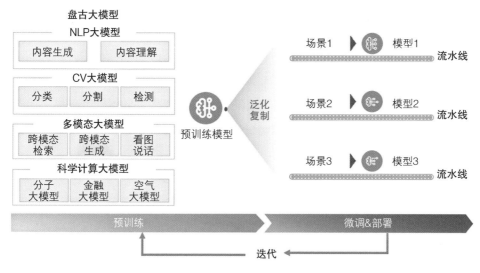

图 3-33　华为云盘古系列大模型
来源：华为技术有限公司提供

数量超过了千亿；二是强壮的网络架构，实际设计的大模型综合性能比制化小模型提升了 10%以上；三是优秀的泛化能力，全场景覆盖率提升 10 倍以上。

（4）天筹 AI 求解器。随着政府和企业数字化转型的深入，会发现仅做单点效率的提升是不够的，还要考虑系统全链路的协同和资源调度最大化。就像要实现城市交通效率最优，不仅仅只考虑一个路段的交通灯和路况，需要考虑整个城市的交通情况和交通指挥的协调。要做到考虑全局优化，就需要考虑所有制约因素、各环节的交叉及融合，以及现在和未来的变量互相制约等。随着业务规模的扩大，这类优化问题的复杂度会越来越高，变量和约束条件可能增至百万、千万级。为解决这些复杂的运筹优化问题，需要引入一项决策优化领域的根技术——数学规划求解器，将全局因素以及人的经验转化成数学模型，利用求解器计算出最优解。天筹 AI 求解器，将运筹学和人工智能相结合，探索突破求解规模极限，支持亿级规模问题的求解，突破求解速度、建模效率和求解效率的极限，帮助处理更复杂场景的优化决策。

（5）知识计算。每个行业在发展中都沉淀了大量的知识，如生产系统中的机理模型、专家经验等，但是往往缺乏高效利用知识的方法。知识计算是行业知识与人工智能结合的一条全新且有效的路径，通过把各种形态的知识，通过一系列人工智能技术进行抽取、表达、协同计算,进而产生更为精准的模型、方法赋能给机器和人的一种全新方法。华为云知识图谱是知识计算方案的重要组成部分,提供全流程的知识图谱构建和应用一站式平台,支持海量数据的信息抽取、知识融合,功能、效率稳定可靠。用户通过专门设计的知识图谱构建流水线,可以实现知识自动获取,并且基于多样化的基础设施,华为云知识图谱提供了丰富的信息抽取、知识融合方案,知识图谱可以随时进行全量、增量更新,保证知识的可靠、时效性。

2. 城市数字孪生 AI 智能中枢

城市数字孪生 AI 智能中枢(图 3 - 34)是以云为基础,以人工智能为核心,整合各种新信息技术,向上支持应用快速开发、灵活部署,使能各行业业务敏捷创新;向下通过无处不在的联接,做到云管端协同优化,从而实现物理世界与数字世界的打通。城市数字孪生 AI 智能中枢包含三大引擎,即全域感知引擎、知识计算引擎、机器人引擎。

1)全域感知引擎

感知城市相关的全局数据,量化城市建设和运营的方方面面,对于实现数字孪生城市至关重要。全域感知引擎,紧紧围绕跨部门、跨渠道和跨模态三大数据感知方向,全方位、宽领域、多角度地挖掘不同利益群体在不同渠道发布的实时诉求和各级单位运作的实时和历史状态。市民、企业和各类民间组织每日产生和发布的公开数据、各级党政机关建设的电子政务系统在日常运转中生成的业务数据,都是全域感知的数据源泉。

全域感知引擎,是形成有效的政务治理决策"最先一公里",是对政策的执行对象、执行过程、执行效果和既定目标的准确采集,对市民的意见反馈、态度情绪和社会预期等相关舆情数据的及时感知。全域感知引擎能够助力城市管理和决策者更全面地掌握城市管理与服务数据,依据更完整、及时的客观数据进行分析研判和统筹规划,最终实现从分散决策向高效决策的转变。全域感知引擎主要提供人脸识别、视频分析、语音处理、语义分析、文字识别等能力。

2)知识计算引擎

城市是一个复杂多元的超级系统,其中,对多源异构数据的整合和分析是城市数字孪生的关键。知识计算引擎通过知识计算城市生活中的衣、食、住、行数据,城市管理中的行政管理、公共事业管理、劳动与社会保障、土地资源管理等数

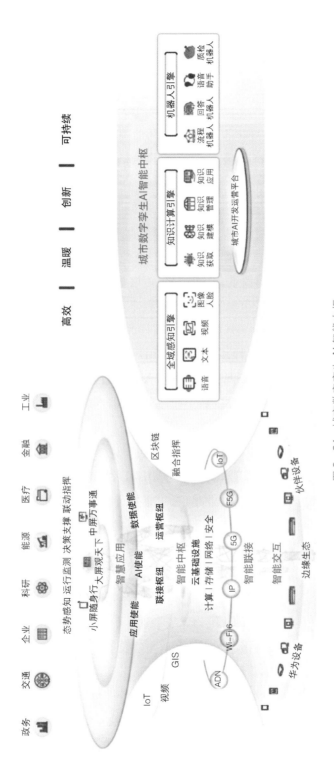

图 3 - 34　城市数字孪生 AI 智能中枢

来源：华为技术有限公司提供

据,使其都能够被结构化地分析和挖掘,并在同一个数据治理协议的框架下进行共享,从而建成易于人类组织、管理和利用的动态知识库。

知识计算引擎,让数字城市能够利用数据之间的关系进行业务和运营的优化,将来自城市各个角落不同来源的数据在一个全面的、可查询的语义图上链接起来,并展示关系中的相关点,让城市数据真正活起来,为自主决策、全局管控、精准服务和资源调配提供有力支撑,经过可靠分析和充分计算的城市数据,将为实现精准化城市治理提供的关键支持。知识计算引擎提供本体管理、抽取模型管理、图谱构建流水线、图谱管理等核心模块。同时知识图谱实例提供支持图谱可视化查询、支持自然语言搜索、原生图存储数据等能力。

3)机器人引擎

打通部门业务链,提升跨部门、跨区域、跨层级服务办理的自动化和智能化水平,是互联网新形势对城市服务提出的新要求。机器人引擎是针对城市各领域的业务内容和流程特点,将交易量大、重复性高、易于标准化、系统异构的业务工作以自动化和智能化来接管,以标准化的用户体验替代不稳定的服务质量,减少各领域合规风险,使人力资源得到高效分配,让市民享有全天候的优质服务,让市民和企业有了一个"不打烊的数字政府"。机器人引擎提供问答机器人、质检机器人、语音助手等能力。

3. 城市数字孪生三维实景 AI 建模

2019 年年初,自然资源部"十四五"规划中提及"实景三维中国"建设任务,政府部门将联合全国范围内的企业单位,采集生产每一座城市的三维数据。全面的 GIS 平台三维化和数据三维化已是产业发展的大势所趋。实景三维作为数字中国的基础底座,已在自然资源、文化旅游、智慧城市、应急、公安、住房建设、环保、矿山等行业广泛应用。

所谓三维重建,就是将现实中的三维物体或场景在计算机中进行重建,最终实现在计算机上模拟出真实的三维物体或场景。三维重建作为物理环境感知的关键技术之一,正广泛地应用于城市数字孪生建设中。

当前三维重建技术主要分成两大技术方向:一是基于视觉几何的传统三维重建,主要通过多视角图像对采集数据的相机位姿进行估计,再通过图像提取特征后进行比对拼接完成二维图像到三维模型的转换;二是基于深度学习的三维重建,主要使用了深度神经网络超级强大的学习和拟合能力,可以对 RGB 或

RGBD 等图像进行三维重建①。集成了人工智能等核心算法,进行三维重建和智能化处理。如华为云的实景三维建模服务是运用无人机、相机等采集设备对现有场景进行多角度环视拍摄,以三维视觉重建技术为核心,利用数字摄影测量技术与人工智能技术将采集场景快速还原为三维世界(图 3‑35)。包括采集、建模和应用三个环节。

图 3‑35　三维实景数据产品
来源:华为技术有限公司提供

1)三维实景数据采集

按照客户对航飞影像不同地物分辨率的要求(如 1.2 cm、2 cm、3 cm、5 cm),进行实地地形调研、方案设计,软硬件准备等,完成无人机倾斜摄影测量和像控点测量。

2)三维实景数据建模

内业建模按照客户对模型精度的要求(如优于 0.05 m、优于 0.1 m、优于 0.15 m、优于 0.25 m),对外业采集完成的航飞影像数据进行自动化建模,包括空三加密和三维重建,提供 obj、osgb 等通用格式的三维模型成果,处理过程如图 3‑36 所示。

---

① 　孙瑜,周国辉.基于深度学习的单张彩色图像手部网格重建方法综述[J].电子技术,2023,52(01):22‑25.

同名点密集匹配

空中三角测量

模型几何重建

模型纹理映射

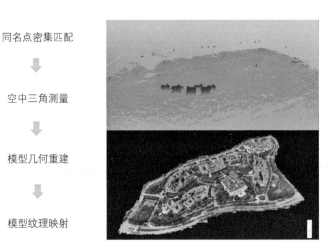

图 3-36　三维实景数据建模过程
来源: 华为技术有限公司提供

（1）三维数据后处理服务。由于自动生产出来的三维实景模型数据难免会有一些瑕疵,可对三维数据模型进行后处理。如修复墙面破洞、道路置平、建筑立面纹理斑驳处理、修复标牌破损和底商拉花、水面残缺处理、删除冗余碎片等共性问题。后处理服务包括:① 普修,所有数据服务类成果均包含;② 精修,针对分辨率 1.2 cm、2 cm、3 cm、5 cm 提供增值服务;③ 超精修,针对分辨率 1.2 cm、2 cm、3 cm 提供优于精修标准的增值服务。具体修复效果见图 3-37。

图 3-37　三维数据后处理服务效果
来源: 华为技术有限公司提供

（2）三维实景单体化服务。包括语义单体化服务和手工单体化服务。其中语义单体化服务是指提供基于语义的单体化服务（图 3-38），在模型上通过增加矢量数据，即从视觉上实现模型被完全套合、单个选中模型会出现高亮显示等管理操作的效果。这样可对模型进行属性挂接，从而实现基于动态单体化的二、三维展示与分析。手工单体化服务是指对指定建筑按照不同精度要求（如：0.2 m 以上结构、0.5 m 以上结构、1 m 以上结构）进行实体手工建模。

一标N实属性关联

拆迁量统计

图 3-38　实景三维单体化服务-语义单体化
来源：华为技术有限公司提供

3）三维实景数据应用

（1）三维数据发布服务。三维引擎展示应用云平台是一个轻量级大数据分析展示云平台，可轻松搭建面向各行业的决策分析平台。平台由场景管理、多源数据上传加载管理、专题图层管理、人工模型/BIM 模型加载管理、二维和三维倾斜数据加载管理、位置查询、图形报表功能、三维分析、资源权限发布管理、业务关键数据监控的管理看板等模块组成。

（2）三维云渲染服务。云渲染平台（CloudRender）可提供一键式简单部署，快速搭建云渲染环境，同时兼容市面上大部分的 3D 引擎，可以提供完善的 API 接口以及云渲染调度管理，用户可自行将自己的 3D 程序进行简便快速地云渲染环境扩展与部署，可以有效解决数据传输过程中安全的问题，也突破终端显示的硬件要求，可保障各个终端（PC、平板电脑、手机）的 3D 程序浏览一致性体验，提供高质量的协同操作。

（3）三维应用定制开发。基于三维引擎展示应用云平台提供的完善 SDK 接口和开发示例,可快速二次开发定制应用,并根据投入开发人员的人月计算费用。

3.2.2.4 全真时空仿真中枢

全真时空仿真中枢(图 3 - 39)提供 3D GIS、3D BIM、XR 等可视化引擎能力,对整个城市的地理信息、地理位置、用地信息、面积数据、建筑信息、市政管线信息、交通信息、电力信息、配套信息、社区信息等各相关模型的展示,均可掌握其属性,监控整个城市的动态,并对细分业务领域数据指标进行多维度可视分析,实现从全域视角到微观领域,对城市运行态势进行全息动态感知。如城市感知城市人口热力图、实时交通车流、停车库状态、视频实时监控、交通早晚流量差异、雨水对城市雨污水管线设计对城市内涝的影响等情况,为整个城市的综合治理的辅助决策、智慧管理提供具有空间信息功能的依据。

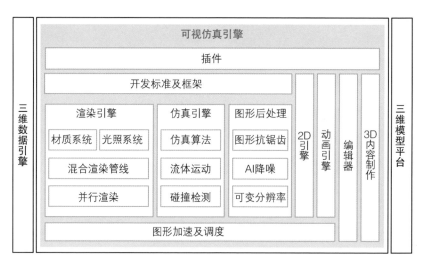

图 3 - 39　全真时空仿真中枢
来源: 华为技术有限公司提供

BIM/CIM 与 GIS 的融合,将模型置于集成了地理信息的三维 GIS 环境中进行展示,为方案讨论提供具有真实坐标系统的三维模型。在三维可视化环境中提供一种身临其境的感觉,让人们对整个城市功能、市政、交通、电力、通信等设施的认知能力有了极大提高,为城市管理者提供得出空间数据、空间信息、实时数据、预测数据的服务。

1）平台系统架构

（1）三维建模。利用 BIM/CIM 技术、三维 GIS 技术，以城市的各类信息数据作为基础，建立城市的三维仿真模型，对城市建筑、市政设施、周边环境进行三维建模及模型展示，以三维的方式立体呈现整个城市外貌。

（2）三维渲染及仿真可视。基于城市三维模型，直观展示城市建筑构造、设施模型及建筑设施空间关系，用不同颜色、图案等方式对建筑设施状态信息进行 3D 可视化呈现，使管理者能够更准确、更全面、更快速地掌握工程信息，实现快速、准确的定位和信息查询。

（3）插件服务。建立多维虚拟模型引擎，对数字孪生应用过程中所需各类数据、模型、算法、仿真、结果进行服务化封装，以工具组件、中间件、模块引擎等形式支撑数字孪生内部功能运行的插件"功能性服务"，以满足不同领域不同用户不同业务需求的"业务性服务"。插件功能性服务主要指以微服务 API 方式开放数字孪生上层业务编辑平台，具体服务类型包括：① 面向虚拟实体提供的模型管理服务，如建模仿真服务、模型组装与融合服务、模型验证和确认服务、模型一致性分析服务等；② 面向孪生数据提供的数据管理与处理服务，如数据存储、封装、清洗、关联、挖掘、融合等服务；③ 面向数据融合连接提供的综合连接服务，如数据采集服务、感知接入服务、数据传输服务、协议服务、接口服务等。

2）技术架构

（1）大场景数据能力。主要包括：① 基于双精度坐标，可以创建高精细的无限制虚拟世界。某些引擎通常只能依靠单浮点精度制作不超过 10×10 km 的场景，在更大的虚拟场景中，仅依靠单浮点精度制作对象动画和物理工具会导致很多定位错误，使其远离原点，反过来这会引起不可控的物体抖动，往往导致形状扭曲，双精度坐标方便大地形场景数据加载及大数据调用。② 基于双精度坐标同时支持 PBR 渲染技术，充分支持大地形制作的同时，也支持镜面反射和金属性贴图工作流、逼真的光源灰尘、菲涅耳反射、粗糙表面的反射、能量守恒模式、布料的微纤维效果、超高品质反射探头。③ 实时高效的 3D 渲染机制，自主可控的三维渲染仿真引擎技术，可实时预览 3D 效果。④ 具有程序式布局功能，由于使用了基于分层密度掩码的自动布局系统和工具，使得大范围自然区位环境可以很容易被对象填充。⑤ 支持最大可见度范围在 400 km，含有各种性能优化方案的高级细节层次（LOD）系统能实现更大的能见距离。

（2）多元数据融合。包括对数据的清洗、检查与集成融合，通过对数据的高效处理实现在同一平台的大尺度场景展示。其特点有：① 可支持 PB/TB 级数据量或者千万数量级构件的三维模型数据实现秒级加载、前端不低于 20 帧率的加载显示；② 多源数据融合的工具可在桌面端、私有云（服务器）部署、公有云等环境下部署；③ 支持针对 Revit、MicroStation、Catia 等软件的数据提供转换底板多源数据插件，用于对较复杂的 BIM 数据的转换；④ 能够被 Cesium、OSG、ArcGIS 等主流三维平台正确加载显示，轻量化图形平台同时可将 BIM+GIS 数据进行一体化地融合；⑤ 支持关系型数据库和非关系型数据库的存储；⑥ 提供 BIM+GIS 数据引擎，可支持对数据库的读写，并开发物联网平台、大数据平台的接口，实现数据的对接；⑦ 可以提供基础服务，实现基础数据服务的发布与对接，并提供扩展服务实现数据的转换融合和轻量化处理；⑧ 支持地理空间数据，包括矢量地图数据 SHP、DWG；影像数据 TIF；栅格数据 DEM 等；⑨ 支持倾斜摄影三维数据模型，支持 OSGB 数据解析。

（3）跨平台云渲染能力，保证数据安全和跨平台多终端应用。支持多端渲染技术，可支持云端和 Web 端访问，既保证高质量的渲染效果，且在终端无数据残留。其特点有：① 跨平台支持，支持 Windows、Mac、Linux 等不同系统；② 移动端支持 Android、iPhone 系统；③ 集中管理，同时可支撑多种 C 端；④ 无插件安装及运行；⑤ 多浏览器支持，支持 Google Chrome、Firefox、Apple safari、360 极速浏览器等；⑥ 一键部署配置，满足 C/S 应用快速部署到 B/S 模式；⑦ 配置方式丰富，支持私有、公有云；⑧ 传送的数据非原始交换数据，保证了安全。同时，在二次开发和接口处理方面，提供了额外参数和 REST API 等进行额外的二次开发或控制。

3）平台能力

（1）数字底座搭建。平台支持各类 BIM、GIS、倾斜摄影数据、三维模型数据等模型文件，可直接导入平台创建三维模型，快速实现对物理世界 1：1 数字镜像搭建。底座主要包括：① 数字地板，数字化精细建模；② 完美还原道路、桥梁、隧道以及周边建筑等各类设施；③ 还原交通道路渠化信息、信号灯、围栏、植被等；④ 支持飞行视角、驾车视角等多种漫游；⑤ 能够调节光照、时间、雨雪等环境参数。

（2）源异构数据处理系统。包括数据处理、加工模块以及数据编辑模块、数据实时分发模块。

数据处理、加工模块主要包括：① 场景搭建。地形创建，通过从 DEM/DOM 中获取相关数据，生成地形；河道、植被区域制作；路网与建筑生成，通过路网/建筑 SHP/OSM 获取数据，生成路网和建筑模型。② 建筑模型处理。建筑模型制作，通过 CAD/BIM/OSGB/3DMAX 等进行模型优化，根据 DWG/照片建模；材质贴图制作。③ 环境编辑。气象现象的表达，如天空、水体、大气雾等的制作。

数据编辑模块主要包括：三维地图编辑主界面，编辑主界面有系统菜单栏、三维场景视图、节点、参数、材质参数栏等，界面简洁便于操作，是系统的启动界面。

数据实时分发模块主要包括：① 三维地图服务。平台提供三维地图服务接口，可供其他业务系统三维地图调用、业务数据接入等。② 三维地形服务接口。提供三维地图服务接口，三维地图提供服务化能力，支持多业务系统扩展使用。③ 特效服务接口（云层、江水）。提供特性服务，实时接入天气、雨水等环境信息，可在三维地图上实时呈现。④ 粗模服务接口。提供展示建筑三维模型，可供业务系统进行模型数据调用。⑤ 重点部位建筑模型服务接口。展示重点部位建筑精细三维模型，可供业务系统进行精细模型数据调用。⑥ 重点部位周边建筑服务接口。展示重点部位周边建筑三维模型，可供业务系统进行精细模型数据调用。

（3）空间数据索引系统。空间数据索引系统底层数据支撑，支撑整个场景 1∶1 仿真，主要承担多源数据接入、数据计算和存储、数据调度、数据输出等功能。通过对业务系统数据进行标准化建模，多源数据经过数据治理并存储在数据支撑平台的主题库中。

（4）三维可视化渲染系统。对重点部位、桥梁、建筑以及其他三维地图模型及场景进行渲染。三维精细模型表面可采用 PBR 材质贴图、光照渲染效果贴近真实。包括三维实时渲染模块和场景映射模块。

三维实时渲染模块主要包括：① 模型渲染。对重点部位、桥梁、建筑以及其他三维模型进行精细化渲染，进行 1∶1 还原，可精细到构件级。② 场景渲染。对三维场景进行渲染，当进行视图窗口平移、放大、缩小等操作时，对三维地图内的场景进行渲染操作。

场景映射模块在三维地图操作，放大、缩小、平移时可进行三维地图分布式渲染,可保证三维地图服务响应及时,画面显示加载迅速。支持三维地图多通道操作,确保三维地图服务最大化。主要包括:① 地图操作。放大、缩小、平移等普通地图相关操作。② 三维视角。三维引擎根据不同的使用场景提供不同的三维视角,通过对建筑进行实景三维建模,将建筑的结构、设备等信息和资料直观、形象地展示在三维实景地图上。可实时显示设备的数据和状态,并可以对设备进行控制交互,当有报警发生时,报警位置自动在三维场景中定位。同时提供整体三维场景的缩略图,显示报警点在整体场景中的方位。③ 三维场景漫游。三维引擎支持飞行视角、驾车视角、人行视角三种视角模式进行三维场景漫游。支持指定路径的巡视和用户的自由漫游,实现更真实的“可视化”管理。

3.2.3 城市开放共创平台:经验即服务

全球城市数字孪生的建设仍然处于初级阶段,先进城市在不同的行业、不同的场景都有成功的探索和优化,如果能够将全球各地的数字化转型实践经验快速应用到我国城市数字化进程中,可以站在成功的经验上,在数字化道路上少走弯路。经验即服务的提出就是希望通过开放和平台的方式,帮助城市数字化站在全球的成功经验之上,持续迭代和优化,生长出自己的数字化实战和路径。

经验即服务的理念需要通过城市开放共创平台来承载,通过将经验沉淀成平台,使得城市开发者基于平台之上开展更多的探索和创新,才能加速城市业务的数字化转型。城市开放共创平台主要包括应用平台 aPaaS 层、开放运营层和创新流水线层。

3.2.3.1 应用平台 aPaaS 层

城市共性技术平台定位是将城市数字孪生所需的云、数据、AI、PaaS、孪生仿真等通用技术的服务化平台,应用平台 aPaaS 则是面向不同行业、不同场景的领域服务平台,围绕不同行业、细分场景的应用创新提供共性的领域服务组件。

城市应用 aPaaS 层可以划分为两个层次:基础 aPaaS、行业场景化 aPaaS。

(1)基础 aPaaS。面向通用城市场景的应用 aPaaS 平台,如统一支付、统一消息、统一地图、统一广告、统一搜索等能力,可以通过建立城市级的统一服务化平台和 API 开放平台,将能力开放给所有的开发者调用,确保开发出来业务应用体验是一致的。

(2)行业场景化 aPaaS。城市的行业和细分场景非常多,针对不同的领域的创新都可能产生系列化的 aPaaS 平台,这一层叫作行业场景化的 aPaaS。通过行业场景化 aPaaS 鼓励企业在细分领域做深做透,服务特定领域和场景的业务开发和创新,实现数字化价值最大化。如在政务业务开发领域可以通过低代码平台开展流程再造的开发,在智能制造领域通过工业 aPaaS 提供工业数字孪生应用的开发平台等。这一个层次的规划要结合城市的主营业务和行业特点,围绕重点的行业来设计 aPaaS 平台,支撑把某一个行业的开发者聚集,做深、做透行业数字化业务。

3.2.3.2　开放运营层

数字化转型只有起点,没有终点,需要有完备的自治体系支持自我生长和持续发展。城市数字孪生建设需要一个开放的城市技术体系和架构,支持在城市数字能力、技术服务、开发者社区、伙伴生态等方面开展持续运营迭代,通过城市特色的开放运营体系,为城市数字化转型持续注入动力。

城市数字孪生通过智能化升级发展成为一个具有脑力的城市智能体,沉淀大量的数智化能力,基于这些能力之上的组合迭代创新,又可以衍生出更多的智能化服务和应用,使得智能体的脑力持续生长成熟,因此政府应该围绕城市开展能力开放、技术服务、社区运营、伙伴扶持四个方面的运营,使其融为一体、健康成长。

(1)能力开放。通过将城市要素的数字化,将持续沉淀出大量城市的数字资产,包括城市大数据资产、行业算法资产、城市虚拟模型资产等,这些资产如果不被开放利用,是极大的浪费,通过建立统一的能力开放平台,将所有的数字资产安全合规地开放,帮助千行百业的开发者、创新者利用城市资产创新新业务、新模式、新业态。比如利用虚拟城市建模开展自动驾驶仿真测试,利用 GPS、车流、人流等数据信息开展城市交通治堵优化,利用污染检测算法开展工厂、小区环境污染治理等。

(2)技术服务。城市数字孪生建设包括硬件基础设施和软件基础设施两部分。软件基础设施除了要建设统一的数字孪生技术底座之外,还需要做好与之对应的技术服务体系的建设,包括城市数字化转型咨询、大数据/人工智能/区块链/数字孪生等技术咨询、工具集、系列标准、开源技术生态等。

(3)社区运营。建设城市数字孪生之上的开发者生态,围绕开发者创新需要有强大的社区支持,围绕开源技术社区、创客空间、技术培训、研讨会等开展开发者赋能,持续运营沉淀城市自有的开发者,城市本地化开发者生态越繁荣,城市业务创新能力就会越强大,数字化转型到落地就越有效。

(4)伙伴扶持。为城市企业、产业链、学校、科研等机构提政策牵引、资金有力支持,扶持伙伴深度投入城市的经济、生活和治理数字化业务创新,为城市数字化产业和产业数字化建设繁荣的合作伙伴生态。

3.2.3.3 创新流水线层

城市数字化转型建设城市数字孪生离不开大量的创新,创新是数字城市充满活力的根本。基于城市数字孪生的数字底座和体系之上,为城市开发者提供场景化的敏捷开发流水线,帮助开发者开箱即用地开展各类业务的创新非常必要。创新流水线层聚焦城市业务开发创新的海量、高频场景,提供极致敏捷开发体验的一站式应用开发平台,帮助开发者快速开发、部署、升级和维护业务应用系统,降低开发者使用城市数字孪生开放能力做业务创新的难度,大幅度缩短从业务构思到应用开发上线的周期,同时也可以围绕流水线汇聚大量的新型城市开发者生态,赋能持续创新。创新流水线层主要包括4类开发流水线,随着城市业务和场景化细分的发展,也可能会涌现更多细分的开发者生态和流水线类型。

(1)数据治理流水线。针对城市开放数据集,提供数据集成、数据开发、数据治理、数据服务等数据全生命周期一站式开发运营平台,支持城市知识库的智能化建设和城市数据资产和城市数据要素的持续沉淀,为数据分析师提供统一开发环境,简化数据应用的开发和创新。

(2)孪生模型开发流水线。城市数字孪生要面向全量数据集构建场景化的虚拟城市模型,开展基于虚拟模型之上的城市场景仿真与创新。虚拟城市建模当前还处于初期发展阶段,同时城市行业众多,需要吸引全球技术力量、产业专家来开展特定领域的研究和开发,所以建议为城市数字孪生提供孪生模型开发的流水线,支持城市建模专家建模、仿真以及模型间相互开放与集成。

(3)人工智能开发流水线。围绕城市数据和 AI 大模型,提供数据标准、数据处理、模型训练、模型评估、推理部署等一站式 AI 应用开发平台,降低 AI 模型迭代周期,加速城市人工智能技术的应用与落地。

(4)软件共创开发流水线。城市的应用软件共创需要围绕城市的业务、资产、数据、模型等开放能力开展应用创新,软件共创开发流水线围绕应用开发,提供统一城市开发技术栈选型、项目管理、云原生开发、代码托管、代码检查、编译构建、测试、发布、上线、运维等端到端的 CICD 开发流水线,帮助提升城市业务全流程开发构建上线效率,开发者无须关心技术细节,专注业务创新与运营。

3.2.4　一切皆服务,赋能城市智能体

　　数据作为重要的生产要素,需要通过"任意对象和信息的数字化""任意信息的普遍联接""海量信息的存储和计算"的关键共性数字基础设施,把数据资源变成"智源",才能有力支撑各行各业的数字化转型走向智能升级,重构体验、优化流程和使能创新。这需要多种 ICT 关键技术形成一体化协同发展,以智能交互为感知系统、以高速联接为神经传导系统、以云上部署的人工智能平台为中枢系统,形成具备立体感知、全域协同、精确判断和持续进化的、开放的智能系统,成为一个类似"人"的智能体。智能体把联接、计算、云、人工智能、行业应用一体化协同发展,形成开放兼容、稳定成熟的基础支撑技术体系,是城市智能升级的参考架构。根据不同的需求提供场景化解决方案,帮助企业客户实现商业成功,帮助政府实现兴业、惠民、善政。

　　智能体的最大特征是云网边协同,是一体化的智能系统,如图 3-40 所示,

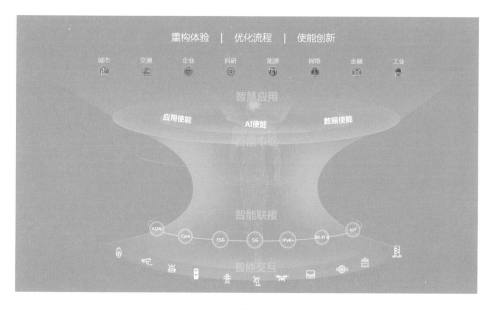

图 3-40　全真时空仿真中枢
来源:华为技术有限公司提供

包含智能交互、智能联接、智能中枢和智能应用四个部分：

（1）智能交互。联接物理世界和数字世界，让资源、数据、软件和 AI 算法在云边端自由流动。

（2）智能联接。实现无缝覆盖、万物互联，应用协同，数据协同，组织协同。

（3）智能中枢。是智能体的大脑和决策系统，基于云基础设施，赋能应用，使能数据，普惠 AI，支撑全场景智慧应用。

（4）智慧应用。通过政府、企业和行业参与者的协同创新，加速信息技术与行业知识的深度融合，重构体验、优化流程、使能创新。

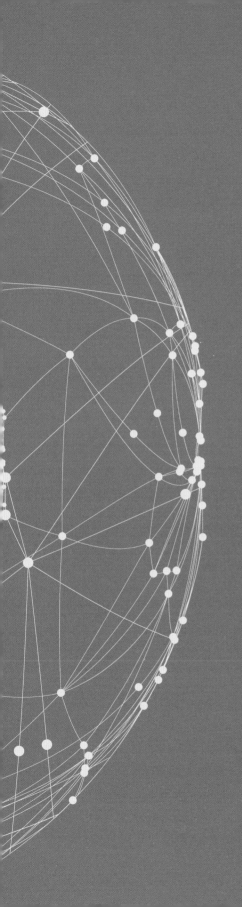

第4章
城市数字孪生
核心技术

4.1　仿真

传统的认识客观世界的方法有实验方法和理论方法。然而,有些问题在现实中无法解决或解决的成本过于高昂,如研究病毒是如何传播的,或者森林火灾的蔓延规律等,这个时候需要借助仿真技术对这些问题进行研究。仿真,又称模拟,是指利用模型来复现实际对象或系统的本质,并通过对系统模型的实验来研究已经存在或正在设计中的系统。仿真具有一系列优点,包括模型参数易调节、模型求解速度快、结果形象直观以及成本低等,因此被广泛应用于认知当前系统并预测系统未来的行为。根据所用模型的类型,仿真分为物理仿真、计算机仿真和半实物仿真。本节主要讨论计算机仿真。

4.1.1　仿真的发展历程与基本方法

4.1.1.1　仿真的发展历史

1929 年,美国人艾德温·林克(Edwin A. Link)发明了第一台美国空军的林克仪表飞行模拟训练器,这标志着仿真系统的开始。该系统被美国陆海军航空队所采用,产生了巨大的经济效益。20 世纪 40—60 年代是仿真技术的发展阶段,这个阶段处于第二次世界大战的后期,战争对高精度武器控制的需求促进了仿真技术在军事领域的迅速发展[①]。如,模拟计算机仿真对分析和研究飞行器制导系统及星上设备的性能起到重要作用。美国于 1950—1953 年首先利用计算机来模拟战争,防空兵力或地空作战。70 年代后,仿真技术在工业领域也得到了蓬勃发展。如,各航空大国的主要作战飞机和民用客机均配备了以高性能数字计算机为核心的新型模拟器;在汽车制造中,仿真用于模拟生产线和装配过程以帮助设计更高效的流程;在飞机制造中,仿真用来测试发动机的性能并优化其设计;在城市交通规划中,仿真用于模拟交通流量以确定最佳的道路和交通信号配置;在制造业中,仿真用于模拟原材料和产品的流动,以优化生产和物流流程。随着技术的不断发展,仿真技术的应用范围越来越广泛,也变得越来越复杂和精细。同时,相继出现了一些从事仿真设备和仿真系统生产的专业化公司,使

---

① 陈宗基,李伯虎,王行仁,等."仿真科学与技术"学科研究[J].系统仿真学报,2009,21(17):5265-5269.

仿真技术实现了产业化,这标志着仿真技术进入成熟阶段①。

20 世纪 80 年代,随着计算机网络的发展,在美国陆军、国防建模与仿真办公室的共同倡导下,分布式交互的概念被正式提出。同时,相应的标准文件被制定提出,使得该技术向规范化、标准化和开放化的方向发展。此后,针对某个领域的具体要求,建立了许多分布式交互仿真系统、并行分布式交互仿真系统与聚合级仿真系统,如美国陆军的 CATT 计划、WARSIM2000 计划、NPSNET 计划、STOW 计划等。当然,这些系统也存在不足,系统之间的互操作以及应用和组件的重用还无法实现。随着实际系统在规模上和复杂性上都日趋增大,为了更好地实现信息交互、资源共享、提高仿真执行的效率,迫切需要加强仿真模型的重用以及不同仿真系统之间的互操作。因此,到 90 年代,发展了一种新的分布式交互仿真高层体系结构 HLA(High Level Architecture),这种仿真结构有效缓解了分布式交互仿真在体系结构、标准和协议等方面的局限性。HLA 通过一种综合仿真环境实现了仿真系统间的互操作、动态管理、一点对多点的通信以及系统和部件的重用。同时,HLA 允许建立不同层次的对象模型。这个时期的仿真成果标志着仿真技术发展的高级阶段。

对于许多实际系统,仅从整体论和还原论的角度已无法理解其中的某些现象,如经济学中的失业和通胀。在这种背景下,复杂系统的研究在近代引起了人们的极大关注并成为研究热点。仿真作为廉价、可控的实验方式自然就成为研究复杂系统的重要工具。复杂系统仿真的一个主要方法是多智能体仿真,它是把组成系统的个体视为智能体,在一定的规则下重点关注智能体之间的交互。多智能体仿真这个框架由于具有很大的灵活性而得到了广泛应用,其缺点是建模不具有一般范式。2006 年,神经网络专家杰弗里·辛顿(Geoffrey Hinton)提出了神经网络深度学习算法,使神经网络的能力得到提高,带动了人工智能的研究和应用热潮。从而,仿真进入了智能仿真的发展阶段。2020 年,"新基建"被写进政府工作报告,数字孪生成为社会关注的焦点。同年,国内外巨头 Facebook、Epic Games、Nvidia、腾讯、网易、抖音等企业纷纷布局与元宇宙概念相关的行业。这两个产业的火热发展进一步促进了仿真技术的广泛应用。

---

① 　王子才.仿真科学的发展及形成[J].系统仿真学报,2005(06):1279-1281.

4.1.1.2 仿真的基本理论

对一个实际系统进行仿真,首先要对该系统建立合适的数学模型,然后选择恰当的仿真策略对该模型进行数值求解,最后对仿真结果进行分析和评估。仿真的基本思想如图4-1所示。与仿真的基本思想相对应,仿真的基本理论包括仿真建模理论、仿真系统理论和仿真应用理论三个部分。

图4-1 仿真的基本思想

来源:王中杰绘制

仿真建模理论是仿真科学与技术的基础理论,是指导仿真科学与技术活动的根本原理和原则①。相似性是仿真建模的基础,反映了仿真模型和被研究物体之间的相似规律和表现的描述。建模理论以仿真中的建模活动为研究对象,指导建模活动全过程,建模理论是被大家所公认的系统性地解决建模中的原则、规律和方法的知识体系。建模理论主要研究的问题十分广泛,包括模型的构建方法、模型的分解与组合、模型的重用、模型的互操作、模型的校核、验证与确认等。常用的建模方法有微分方程建模、排队论建模、系统动力学建模、多智能体建模、复杂网络建模、神经网络建模以及 2D 和 3D 数字建模等。2D 与 3D 数字建模主要用于描述静态的产品,如数字建筑、数字管网和数字人等。其他的建模方法更适用于描述一个系统或一个过程,如流体的流动、柜台前的服务、经济系统、人机交互等。具体的建模方法取决于仿真需求。

---

① 王精业,杨学会,徐豪华.仿真科学与技术的学科发展现状与学科理论体系[J].科技导报,2007(12):5-11.

仿真系统理论是指构建仿真系统的相关理论,包括仿真系统体系结构、仿真系统设计、仿真系统全寿命管理、仿真系统领域理论以及仿真系统的支撑与工具内容。仿真系统体系结构是从整体上描述仿真系统各组成单元的结构,及各单元之间的物理和逻辑关系,对仿真系统的设计、实现和使用有重要的指导作用。仿真系统的组成部分包括模型组件、仿真执行引擎与仿真环境。模型组件是仿真系统的主要组成部分,用于描述仿真系统的各种行为和交互。仿真执行引擎是仿真系统的核心,负责执行模型组件并模拟系统行为。仿真实验环境是仿真系统的外部环境,提供了用户与仿真系统进行交互的方式①。仿真系统设计主要是指明确仿真内容和要求,依据科学的设计原理与步骤,在应用需求、结构可行性、成本支撑和周期约束之间取得平衡。一项成功的设计,必然能够准确实现应用的需求,满足经济合理的经费要求,保证所需的功能性能指标以及满足应用的仿真系统寿命。仿真系统全寿命管理覆盖了仿真系统的整个生命周期,旨在研究仿真系统从论证、研制、验收、维护、更新、管理到运用相关的技术。仿真系统领域理论是指导应用领域仿真系统研制的公共理论,包括人在环境的实时仿真理论、仿真运行时空一致性及协同互操作理论、仿真系统超现实性理论等。实时性是实物、半实物、人在回路仿真系统的特定要求。时空一致性是指仿真对象的状态和行为同所模拟的实际对象的状态和行为在时序和空间上必须保持一致。超现实性是指仿真系统虽然与原系统具有高度相似性,但本质上是一个独立的不同的系统,可受人为控制。构建仿真系统的支撑技术与工具包括研究开发与运行时的相应支撑技术与工具,以及构建仿真系统应当遵循的规范和标准。

HLA 是美国国防部在 1995 年公布的建模与仿真公共技术框架。与其他仿真技术相比,HLA 提供了许多便于仿真的框架和服务,从而使仿真系统开发模块化和结构化成为可能,并能保证仿真系统与现实系统以相同的结构运行。其中,发布订购机制、数据分发服务与时间管理服务是 HLA 提供的核心服务。发布订购机制通过将仿真的信息传递与仿真模型有效联系起来,使各模块只需关注自己及与其他模型交互,从而实现仿真开发模块化。数据分发服务可有效避免无用数据的传输,提高网络带宽利用率,进而保证仿真系统以与现实系统相同

---

① 徐享忠,王精业,马亚龙.略论仿真科学与技术学科的仿真系统理论[C]//中国科学技术协会,河南省人民政府.第十届中国科协年会论文集(一).2008:358-363.

的结构运转。时间管理服务提供了模拟物理时间的仿真时间推动方法,能够反映物理系统的实际情况[①]。在 HLA 架构中,一个实现某一特定仿真目的的分布式仿真系统被称为联邦,组成联邦的每一个仿真子系统称为联邦成员,联邦成员的外部属性包括对象和交互,用于描述联邦成员与其他联邦成员互操作的内容。基于 HLA 的分布式仿真逻辑如图 4-2 所示。

图 4-2　基于 HLA 的分布式仿真逻辑示意图

来源:王中杰绘制

　　仿真应用理论是指所有仿真应用共同遵循的原理和规律,用于指导仿真活动。主要的仿真应用理论有仿真与需求的一致性分析、仿真试验设计的原理与方法、仿真应用的可信性、仿真的可视化以及仿真结果综合分析与评估等[②]。仿真应用理论是不同领域的仿真应用中具有共性的部分所形成的综合应用理论和技术,贯穿仿真系统的设计、实现、运用的整个过程,分布于仿真科学与技术各种应用领域的各个层次。

4.1.1.3　仿真的基本方法

　　随着仿真对象规模、仿真对象特性、仿真目的不同,仿真方法也表现出多样性。如根据仿真对象规模和复杂程度,分为简单系统仿真和复杂系统仿真。根据系统模型的性质,分为连续系统仿真、离散事件系统仿真和混合系统仿真。根据仿真系统实现的手段,分为物理仿真、数字仿真和半实物仿真等。但是,这些方法之间并不是对立的,针对一个仿真对象可能采用多个仿真方法。仿真方法

①　王皓.基于 HLA 的分布式仿真系统集成和交互关键技术研究[D].成都:电子科技大学,2011.

②　王精业,黄柯棣,邱晓刚,等.仿真科学与技术学科的理论体系探讨[J].系统仿真学报,2009,21(17):5270-5274.

的结合并不是随机的,而是基于仿真的目的和需求。仿真基于模型,模型性质直接影响着仿真的实现。根据系统模型的可量化描述性质,系统模型分为定量模型和定性模型两大类[①]。相应地,仿真方法也分为定量仿真和定性仿真两大类。

定量仿真通过建立定量的数学模型,并构造仿真系统进行仿真。根据定量模型的类型,仿真方法又有连续系统仿真方法和离散事件系统仿真方法。常用的连续系统仿真包括基于数值积分的仿真方法和基于离散化的仿真方法。常用的离散事件系统的仿真策略包括事件调度法、活动扫描法、三段扫描法和进程交互法等[②]。

事件调度法最早出现在 1963 年兰德公司的马科维茨(Markowitz)等人推出的 SIMSCRIPT 语言的早期版本中[③]。在事件调度法中,事件例程是仿真模型的基本模型单元,事件、事件发生的时间顺序及其系统状态的变化是约束,仿真模型的运行通过事件来驱动,具体过程如图 4-3 所示。

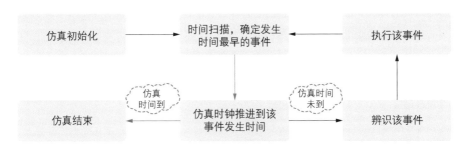

图 4-3　事件调度法仿真流程示意图

来源: 王中杰绘制

活动扫描法最早出现在 1962 年巴克斯顿(Buxton)和拉斯基(Laski)发布的 CSL 语言中。若除时间因素之外,事件的发生还与其他条件有关,即只有满足某些条件时才会发生,这时采用活动扫描法进行仿真具有一定优势。在活动扫描法中,系统由成分组成,成分包括活动,活动的发生必须满足某些条件,每一个活动成分均有一个相应的活动子例程[④]。在仿真过程中,活动的发生时间不仅是条件之一,而且比其他条件具有更高的优先权。活动扫描法仿真过程如图 4-4 所示。

---

①　王行仁.先进仿真技术[J].测控技术,1999(06): 5-8+11.

②　熊光楞,肖田元,张燕云.连续系统仿真与离散事件系统仿真[M].北京:清华大学出版社,1991.

③　王中杰.离散事件仿真及其在半导体生产线建模中的应用[J].系统仿真技术,2005(03): 173-176.

④　仝江华.生产-库存系统的仿真及优化[D].上海:华东师范大学,2005.

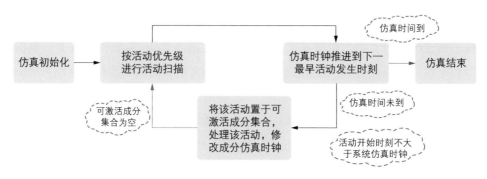

图 4-4 活动扫描法仿真流程示意图

来源：王中杰绘制

三段扫描法是由托赫尔(Tocher)于 1963 年提出的一种改进的活动扫描法，但该法同时也借鉴了事件调度法的思想。在三段扫描法中，基本模型单元是活动处理。活动被分为两类，一类是确定事件的活动，该类活动的发生时刻是明确的。另外一类活动的发生是有条件的，发生时刻是未知的。三段扫描法仿真流程如图 4-5 所示。

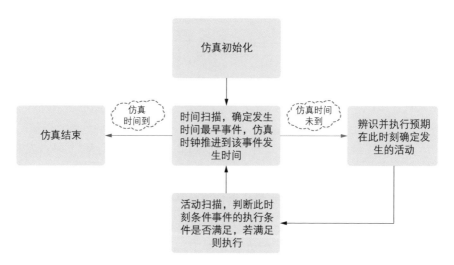

图 4-5 三段扫描法仿真流程示意图

来源：王中杰绘制

进程交互法是由 IBM 公司的戈登(Gordon)等人研制的，最早发布于 1961 年的 GPSS 语言采用的就是进程交互法。在进程交互法中，进程是基本模型单元，进程包含了实体流动中发生的所有事件。在仿真过程中，进程不断推进，若遇到延迟发生则推进暂停①。延迟又分为无条件延迟和有条件延迟。仿真时钟是通过所有进程中时间值最小的无条件延迟来推进的。当时钟推进到一个新的时刻点后，如果某一实体在进程中解锁，就将该实体从当前复活点一直推进到下一次延迟发生为止②。进程交互法仿真的过程如图 4-6 所示。

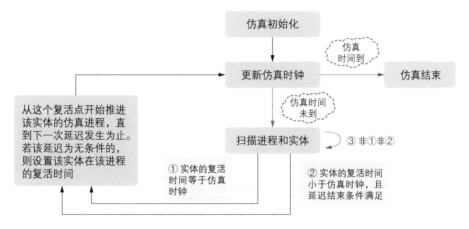

图 4-6　进程扫描法仿真流程示意图
来源：王中杰绘制

上述四种离散事件仿真策略各有优缺点。事件调度法建模灵活，应用范围广，但建模工作量大。活动扫描法适用于成分之间相关性很强的系统仿真，模型执行效率高，但仿真执行程序结构复杂③。三段扫描法集成了事件调度法和活动扫描法的优点，比活动扫描法应用更加广泛。进程交互法最直观，适用于活动顺序比较固定的系统，但其流程控制比较复杂。

在连续系统仿真和离散事件系统仿真的基础上，还有一类比较特殊的仿真方法，即蒙特卡洛（Monte Carlo）仿真。蒙特卡洛仿真又称随机抽样或统计试验方法，它是以概率和统计理论方法为基础的一种计算方法。当使用计算机来试图预测复杂的趋势和事件时，就可以通过蒙特卡洛仿真来生成相应的数字模型。通常蒙特卡洛仿真通过构造符合一定规则的随机数来解决数学上的各种问题，对于那些计算过于复杂而难以得到解析解或根本没有解析解的问题，蒙特卡洛

① 王中杰. 离散事件仿真及其在半导体生产线建模中的应用[J]. 系统仿真技术,2005(03)：173-176.

② 黄建新,李群,余文广,等.基于线程的进程交互仿真框架研究[J]. 系统仿真学报,2011,23(04)：652-658.

③ 马继东.离散事件系统仿真中加工问题的程序设计[D].哈尔滨：东北林业大学,2003.

仿真是一种有效的求出数值解的方法。蒙特卡洛仿真的流程如图4-7所示。

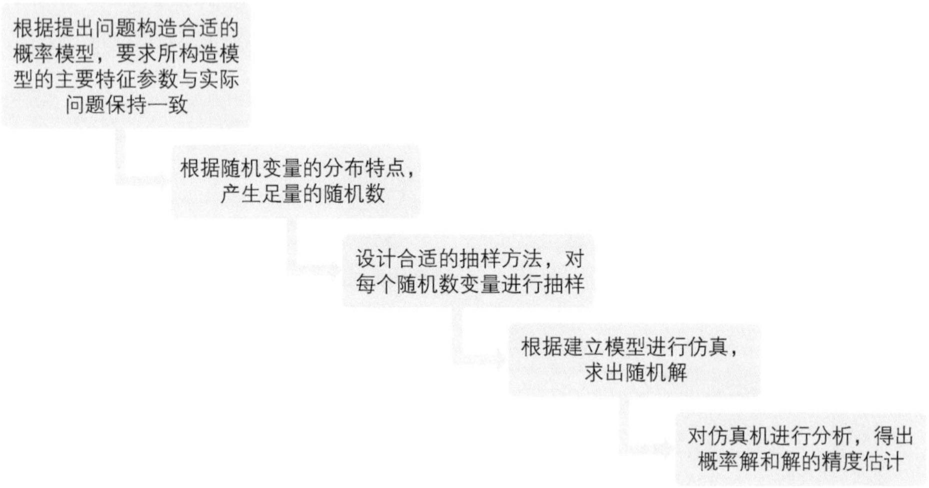

根据提出问题构造合适的概率模型，要求所构造模型的主要特征参数与实际问题保持一致

根据随机变量的分布特点，产生足量的随机数

设计合适的抽样方法，对每个随机数变量进行抽样

根据建立模型进行仿真，求出随机解

对仿真机进行分析，得出概率解和解的精度估计

图4-7 蒙特卡洛仿真流程示意图
来源：王中杰绘制

定性仿真通过定性建模对系统的定性行为进行描述,是对定量仿真的有益补充。定性仿真是以非数字手段处理仿真各环节,因此善于处理不完备知识、深层知识以及决策等问题①。定性仿真有模糊仿真法、归纳推理法和非因果关系推理法等三类方法。关于定性仿真此处不做赘述。

4.1.2 城市数字孪生的仿真关键技术

城市数字孪生是城市发展的一个科技愿景,通过物理城市与数字城市的虚实融合,以数据驱动业务、业务融合智能、智能服务场景、场景交互系统,从而实现系统虚实管控相结合的新型城市治理模式。

城市数字孪生是以城市信息模型的形式获取城市自然资源、社会资源、基础设施、人文、经济等有关的城市信息,并将其加载到以空间信息构筑的虚拟平台,从而为政府和社会各方面提供广泛的服务②。随着定位和通信技术的不断发

① 刘云杰,江敬灼,付东.基于仿真实验的联合作战能力评估方法初探[J].系统仿真学报,2011,23(05):1010-1014.
② 解琨.基础地理数据在数字城市数据采集中的应用[J].测绘与空间地理信息,2021,44(04):162-163+167.

展,基于标识的全域联接跨越了技术之间的壁垒,使行业数据采集、传送、存储、计算、分析及反馈实现了闭环,实现"端、边、网、云"贯通的自治化分布式体系,成为城市数字孪生建设的重要基础。在这样一个大背景下,城市数字孪生所呈现的是海量异构数据依存与交互、多主体参与的复杂巨系统。这个系统里有政府、企业、市民、地理环境等,人与人、地与地、人与地相互作用、相互依存、相互博弈,不同子系统和构成要素之间既相对独立又密切相关。这个系统所蕴含的复杂逻辑是前所未有的、从未被认知的,而且系统是开放的、异构的,这些独有的特点都对传统的仿真技术提出了新的挑战。

4.1.2.1 城市实体的全要素多粒度数字化表达

全要素多粒度数字化表达空间物理实体,是指通过空天、地面、地下和不同级别的数据采集,基于数字化和语义化建模技术,对城市进行粗细可控、宏观与微观相结合、室外与室内全覆盖的不同粒度、不同精度的城市孪生还原,实现数字空间与物理空间的一一映射。其目标是以全空间一体化并且相互关联的城市数据底板为基础,支撑数字孪生城市可视化展现、智能计算分析、仿真模拟和智慧决策等智慧应用①。

4.1.2.2 多元异构多模型融合的仿真建模

数字孪生城市的目的是具备模拟仿真推演的能力,这个能力因应用场景而异。数字孪生城市模拟主要分为空间类模拟、流程类模拟以及二者相结合的综合类模拟。在空间类模拟中,典型应用场景有农业旱灾敏感性空间模拟、建设用地拆迁分析、规划方案同步对比、港口货轮定位统计、光照分析、天际线分析、控高分析以及水体气体淹没与扩散等,主要是对碰撞、遮挡、强度、刚度、体积、容积、距离和面积等空间矢量类参数进行仿真。在流程类模拟中,典型应用场景有交通拥堵疏导、工厂生产流程搭配、应急事件流程推算以及物流仓储接驳等,主要是对父子级关系、前后拓扑关系、串联并联、节点分散、流转效率等流程参数进行仿真。在空间—流程综合类模拟中,典型的应用场景有人群疏散推演、应急预案方案评估、产业政策效果预估、智能驾驶人机交互以及大型复杂综合交通态势仿真推算等,这类仿真不仅融合了空间类模拟和流程类模型的要素,还叠加了复

---

① 钟添荣,仇巍巍.基于城市信息模型的智慧城市孪生应用平台研究[J].自然资源信息化,2022(02):43-49.

杂的数学计算①。根据仿真推演的任务不同,选择适合的数学模型,如机理模型、排队论模型、数据模型、系统动力学模型、离散事件模型等。在同一仿真任务下,也可能有多种模型共存的情况。

4.1.2.3 多主体海量数据的实时仿真

数字孪生城市具有模拟仿真推演,预测未来发展态势的能力。在数字空间中通过数据建模、事态拟合,进行某些特定事件的评估、计算、推演,为管理方案和设计方案提供反馈参考。与物理世界相比,数字世界具有可重复性、可逆性、全量数据可采集、重建成本低、实验后果可控等特性。在虚拟孪生世界中,可以为城市规划、城市更新、应急方案、无人车训练等方案的评估与优化提供细化的、量化的、变化的、直观化的分析与评估结论。

数字孪生城市的全域连接特点决定了其相应的仿真系统具有多主体大数据的属性。这样一个仿真系统通常开发难度大、结构模块复杂、需要资源多,怎样提高仿真的互操作性和可重用性以及局部的、整体的可扩展性,需要重视和研究。

4.1.2.4 城市数字孪生仿真的校核与验证

任何一个仿真系统都是和具体任务相关的,校核与验证是建模与仿真的重要环节。只有当系统、实验框架、模型和仿真器相互匹配时,这个仿真系统才是有意义的。模型的有效性和仿真器的正确性是仿真系统校核与验证的两个重要方面。

对于数字孪生城市仿真系统,需要建立评估仿真过程和结果可信性的评估理论和方法,从仿真全寿命周期出发分析影响仿真可信性的各种原因。其中,数据、模型、仿真过程、仿真结果的可信性既是仿真可信性的组成部分,也是仿真可信性的影响因素,研究这些影响因素与仿真可信性的关系对数字孪生巨系统具有重要意义。

4.1.3 数字孪生城市特定场景的仿真案例

4.1.3.1 "虚拟新加坡"平台

2015 年,新加坡政府与法国达索系统等多家公司、研究机构合作,创建了"虚拟新加坡"平台。该平台是一个动态 3D 城市数字孪生信息模型,内置海量静态、动态数据,并可根据需求,实时显示城市运行状态,指导城市未来的建设与运行优化,可应用于仿真城市服务分析、城市环境模拟、规划与管理决策以及科

---

① 中国信息通信研究院.数字孪生城市白皮书[R].北京:中国信息通信研究院,2020.

学研究等领域。

如通过该平台,可以针对每栋建筑进行光和温度分析(图 4－8),以便合理利用太阳能;可以查看建筑的语义和地理位置信息(图 4－9);可以模拟人群在商场内的移动(图 4－10);可以体验在街道中漫步(图 4－11)等。

图 4－8　每栋建筑的光和温度模拟

来源:https://www.nrf.gov.sg/programmes/virtual-singapore/video-gallery

图 4－9　建筑的语义和地理位置信息

来源:https://www.nrf.gov.sg/programmes/virtual-singapore/video-gallery

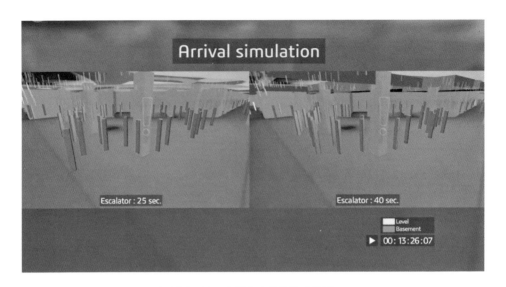

图 4 - 10　人群在商场的移动模拟

来源：https：//www. nrf. gov. sg/programmes/virtual-singapore/video-gallery

图 4 - 11　体验街道漫步

来源：https：//www. nrf. gov. sg/programmes/virtual-singapore/video-gallery

4.1.3.2　轨道交通车站客流仿真

　　轨道交通车站是大量客流的集散地，承担了乘客售票、验票、进站、候车、换乘、出站等重要功能。准确把握轨道交通车站内客流运动过程与时空分布是车站设施设备规模和布局、客流流线设计、客运组织优化、风险评估等工作的基础。轨道交通车站客流仿真能为车站(尤其是大型地铁换乘站、综合枢纽站)前期的规划设计、建成后的运营管理、后期的改造扩建提供决策支持。

　　基于我国轨道交通运营组织的基本方法和模式,同济大学徐瑞华教授团队进行了大量乘客出行习惯、环境、心理等方面的出行特征研究,构建了站内乘客运动仿真模型,在此基础上研制而成轨道交通车站客流分布仿真系统(StaPass),能够全面展示乘客出行特点及其在站内的运动规律。其功能如下。

　　1) 轨道交通车站元素建模

　　StaPass 与 CAD 工程图无缝衔接,采用简洁、灵活、可扩展的图形建模方法,多元化几何形状识别。将作为个体的乘客、作为载体的列车和作为平台的车站相结合,实现乘客、车站、列车、事件等元素的特征描述和智能体建模,如图 4-12 所示。

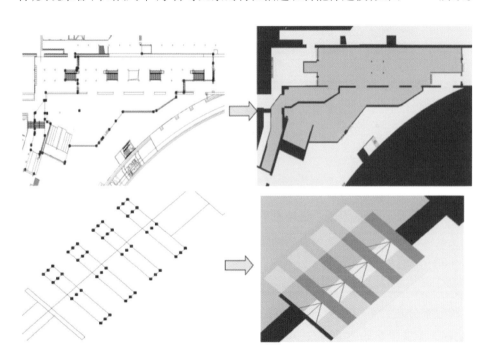

图 4-12　轨道交通车站元素建模
来源:自研系统截图

　　2) 乘客运动过程仿真

　　StaPass 内嵌集"乘客行为流程管理""动态路径规划"和"行人动力学模型"

于一体的三层仿真系统结构模型,细化乘客运动过程仿真;采用改进社会力模型,解决路径冲突及拥挤避让;设计乘客运动路径的智能搜索和动态寻优、行人Agent模型及相关算法,优化乘客路径选择,实现乘客与环境的交互,确保智能体行为连贯、自然,展现乘客出行特征和运动规律。乘客运动过程仿真如图4-13所示。

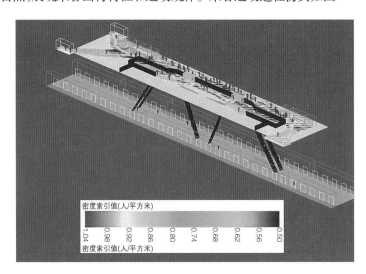

图4-13　轨道交通车站乘客运动过程仿真

来源: 自研系统截图

3) 动态仿真管理

StaPass支持系统参数、乘客个体参数、客流类型、设备类参数、事件驱动流程等相关参数设定;采用基于事件驱动的流程管理,提高建模效率;将仿真项目管理与仿真过程相联动,支持实时参数调整和仿真场景修改,即改即仿,便于方案比对。

4) 仿真结果分析评价

StaPass实时记录并统计每位乘客运动过程数据,采用多种色块分布图展示客流时空分布的平均密度、最大密度、平均速度、空间利用、高密度持续时间等信息,图表化输出平均速度分布、在站停留时间分布、走行距离分布、设备使用人数等相关指标,为运营管理人员提供仿真结果的评价报告。

4.1.3.3　上海市天然气供需网络协同

上海是全国的经济、金融、贸易、航运中心,同时也是长三角一体化发展的核心与龙头。在低碳经济发展的要求下,自1999年4月东海天然气登陆浦东上海市便开始了天然气的发展,到2015年6月,上海嘉定区的最后一户人工煤气用户接入了天然气,这标志着上海实现了城市燃气的全天然气化。随着城市经济的不断发展,上海市的人口与企业也不断增多,对天然气的需求也逐年升高,到2020 年,上海市全年的天然气用量突破 100 亿 m^3 大关。在长期的发展中,上海市逐步形成了在上游供应侧海陆并举,多渠道多种类保障供气;在中游调配中通过"一张网"实现全市高效灵活调配;在下游需求侧依托气电联调机制保障调峰储气需求的天然气供需体系,较好地适应了城市发展的需要,为上海的经济可持续发展和环境提升提供了坚实的基础。

天然气的供应和需求影响因素多,波动大,如果不能及时维持供需平衡,将会极大地影响生产和生活。同济大学王中杰教授团队详细调研了上海市天然气的供应和消费情况,构建了描述供需关系的系统动力学模型,如图 4-14 所示。

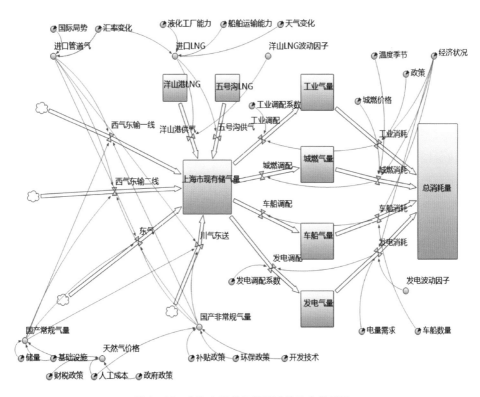

图 4-14　上海市天然气供需系统动力学模型

来源:王中杰绘制

当天然气供需系统的一些变量发生变化时,通过系统动力学模型分析这些变化对整个系统造成的影响。通过模型产生的仿真结果可以为政策制定者提供重要的参考和依据。如当输送天然气的管道设施轻微受损,此时供应能力下降,而要重新达到平衡,需要对需求端消耗进行控制,选择城燃价格作为调控因素。当价格参数调控为 1.167 时,50 d 内实施调控的天然气供需情况如图 4-15 所示。

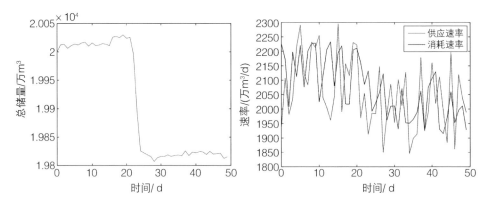

图 4-15 (a) 轻微变化下调控前后的总储量变化(b) 供应和消耗速率变化

来源:王中杰绘制

当遭遇重大天然气供应问题时,仅靠调节城燃供气价格显然是不够的,这时需要对多种因素综合考虑来对进行优化,从而使供需再平衡。选定城燃价格、车船数量以及电力需求这三项调控因素进行调控使得天然气供需重新达到平衡。通过参数优化,最终确定了调控价格参数为 1.34、车船数量参数为 0.03,电量需求参数为 0.742,50 d 内实施调控前后天然气的供需情况如图 4-16 所示。

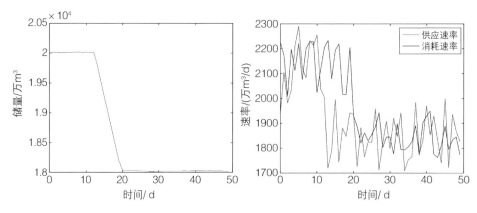

图 4-16 (a) 严重变化下调控前后的总储量变化(b) 供应和消耗速率变化

来源:王中杰绘制

4.2　智能算法

4.2.1　人工智能发展历程

"机器能否像人类一样思考"这个问题历史悠久,这是二元并存理念和唯物论思想之间的区别。1637 年,法国科学家勒内·笛卡尔(René Descartes)在《谈谈方法》(*Discourse on the Method*)一文中已经预言了人工智能的出现。1943 年,诺伯特·维纳(Norbert Wiener)在《行为、目的和目的论》(*Behavior, Purpose and Teleology*)中借用 1845 年安培创造的新词汇 Cybernetics 提出"控制论"这个概念,把生物的有目的的行为类比进机器的运作,阐明了控制论的基本思想。1950 年,"人工智能之父"阿兰·图灵(Alan Turing)提出图灵测试(the Turing Test):若一机器与人类之间进行对话(通过电传设备),却无法被鉴别出其机器身份,则此机器具备智能。1956 年夏,贝尔实验室的麦卡锡、明斯基等杰出科学家在美国达特茅斯学院举行的研讨会上初次提出"人工智能"(Artificial Intelligence,AI)的概念——人工智能即为让机器的行为看起来就像是人所表现出的智能行为一样,标志着人工智能学科的诞生[①]。人工智能和控制论都是基于二进制逻辑和人机交互原理。然而,它们是两个不同但又相互关联的领域。人工智能是基于现实主义的观点,即机器可以像人类一样工作和行为,而控制论是基于建构主义的世界观。人工智能的基础是创造机器来模仿人类的智能和行为,而控制论是一门人机交互的科学,它运用了反馈、控制和交流的原理。人工智能只有短短 70 年的历史(图 4 - 17),它的发展过程不乏繁荣与低谷,经历过两次"寒冬"。了解人工智能发展史对预测下一个"寒冬"至关重要。

1956—1974 年,人工智能进入了第一个快速发展时期,一连串引人瞩目的研究成果接踵而至,如机器定理证明、跳棋程序等,掀起人工智能发展的第一个高潮(图 4 - 18)。1966 年,斯坦福研究所人工智能中心研发了全球首个移动智能机器人 Shakey,在电气工程和计算机科学项目中获得了 IEEE 里程碑奖项。1966 年,麻省理工学院(MIT)的约瑟夫·魏泽鲍姆(Joseph Weizenbaum)开发了

---

① 谭铁牛.人工智能的历史、现状和未来[J].智慧中国,2019(Z1):87-91.

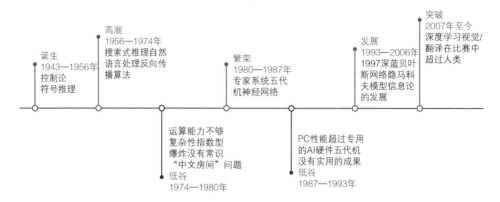

图 4-17　人工智能发展史

来源：范睿绘制

全球首个移动智能机器人 Shakey　　　聊天机器人ELIZA　　　道格拉斯·恩格尔巴特与他发明的鼠标

图 4-18　人工智能第一个发展高潮期间的重要研究成果

来源：https://cloud.tencent.com/developer/news/391668；https://www.cool3c.com/article/155731；https://cn.nytimes.com/obits/20130705/c05engelbart-obit/

最早的聊天机器人 ELIZA，用于在临床治疗中扮演心理医生的角色[①]。1968 年底，"现代个人电脑之父"道格拉斯·恩格尔巴特（Douglas Engelbart）公开演示了世界上第一个鼠标盒子，提出了超文本链接概念。鼠标在几十年后成了现代互联网的基石。

　　然而在 1965 年人工智能迎来一个小高潮之后，质疑的声音也随之到来，"机器学习"之父亚瑟·塞缪尔（Arthur Samuel）设计的跳棋程序在战胜了康涅狄格州的西洋跳棋冠军后，无法在与人类的比赛中取得更佳战绩。由于机器翻译领

———————————

[①]　车万翔，张伟男.人机对话系统综述[J].人工智能，2018(01)：76-82.

域一直无法突破自然语言理解(Natural Language Understanding, NLU),1966 年美国公布的一份名为《语言与机器》的报告中全盘否定了机器翻译的可行性。1969 年,马文·明斯基(Marvin Minsky)也发表言论称,第一代神经网络(感知,Perceptron)并不能学习任何问题。人们逐渐认识到,当时计算机内存和处理速度有限,无法解决任何实际的人工智能问题,设计的程序也难以达到儿童的认知水平。由于科研进展不尽如人意,英国政府、美国国防部高级研究计划局(Defense Advanced Research Projects Agency, DARPA)、美国国家科学委员会(National Research Council, NRC)等对人工智能提供资助的机构逐渐停止了对无方向人工智能研究的资助。美国国家科学委员会在拨款 2 000 万美元后也停止了资助。自 20 世纪 70 年代起,人工智能经历了将近 10 年左右的寒冬时期。

直到 20 世纪 80 年代,人工智能又进入第二次发展高潮,卡耐基梅隆大学为日本 DEC 公司设计的 XCON 专家规则系统,该系统专注于解决某一限定领域的问题,具备 2 500 条规则,专门用于选配计算机配件,避免了常识问题,可以为该公司一年节省数千万美金。同期,日本政府拨款 8.5 亿美元支持人工智能领域科研工作(第五代计算机项目),主要目标包括发明能够与人交流、理解图像与视频、翻译语言,甚至像人一样进行推理演绎的机器。但是随后人们发现,专家系统通用性较差,未与概率论、神经网络进行整合,不具备自学能力,且维护专家系统的规则越来越复杂。同时,他们意识到专家系统受到了狂热的追捧,预计不久之后人们将感到失望。事实不幸被他们言中,专家系统仅适用于某些特定情景,日本政府设定的目标也并未实现,人工智能研究领域再次遭遇了财政苦难,随之人工智能发展进入第二次寒冬——"AI 之冬"。到 20 世纪 80 年代晚期,美国国防部高级研究计划局的新任领导认为人工智能并非"下一个浪潮",因此拨款更倾向于那些看起来更容易获得成果的项目。

1993 年后,人工智能进入了真正的春天。1997 年 5 月 11 日,IBM 公司设计的计算机"深蓝"在标准比赛时限内击败国际象棋世界冠军卡斯帕罗夫,成为首个击败国际象棋世界冠军的电脑系统。2011 年,IBM 公司开发的能够使用自然语言回答问题的人工智能程序沃森(Watson)参加美国智力问答节目,并打败两位人类冠军,赢得了 100 万美元的奖金。2012 年,加拿大的一支神经学家团队创造了一个具备简单认知能力、拥有 250 万个模拟"神经元"的虚拟大脑——"SyNAPSE",并通过了最基本的智商测试。2013 年,Facebook 成立了人工智能实验室,旨在探索深度学习领域,提供更智能化的产品体验给 Facebook 用户;谷歌收购了语音和图像识别公司 DNNResearch,推广深度学习平台;百度创立了深度学习研究院等。2015 年,谷歌开源了第二代机器学习平台 TensorFlow,它能够利用大量数据训练计算机来完成特定任务;剑桥大学建立了人工智能研究所等①。2016 年 3 月 15 日,谷歌人工智能 AlphaGo 与围棋世界冠军李世石的人机大战最后一场落下了帷幕,这场激烈的五局比赛持续了 5 h,最终李世石认输,总比分定格在 1∶4。这场人机大战让人工智能正式被世人所熟知,整个人工智能市场也像被引燃了导火线,开始了新一轮的爆发(图 4 - 19)。

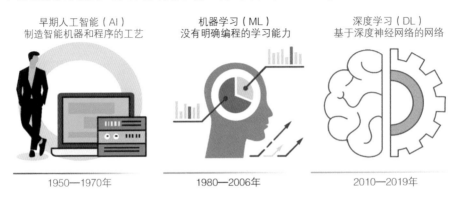

图 4 - 19　人工智能方法的三段式发展

来源:范睿绘制

4.2.2　人工智能关键技术

4.2.2.1　卷积神经网络

卷积神经网络(Convolutional Neural Networks, CNN)通常用于分析视觉图像,具有移位不变或空间不变的性质。卷积神经网络的工作原理主要基于共享权重的卷积核架构,该卷积核架构沿输入的特征滑动并提供平移等变响应,这种响应也叫作特征图(feature maps)。大多数卷积神经网络对于平移只是具有等变性,而非完全的不变性②。这些网络被广泛应用于图像和视频识别、自然语言

① 中华人民共和国国家互联网信息办公室.人工智能发展简史[EB/OL]. (2017 - 01 - 23) [2023 - 04 - 23]. http://www.cac.gov.cn/2017 - 01/23/c_1120366748.htm.

② MOUTON C, MYBURGH J C, DAVEL M H. Stride and translation invariance in CNNs[J]. Communications in Computer and Information Science, 2020, 1342: 267 - 281.

处理①、图像分类、图像分割、推荐系统②、医学图像分析、脑机接口③以及金融时间序列④等领域。

卷积神经网络是多层感知器(Multi-Layer Perceptrons, MLP)的一种正则化形式。多层感知器可视为一种多层的有向全连接图,相邻两层间的点(神经元)从低层到高层单向全连接。但是,完全连通的神经元会导致多层感知器的过拟合及缺乏概括性信息。为了防止过拟合,通常采用正则化的方法,如在训练期间惩罚参数(权重衰减)、修剪连接性(跳连接、丢失等)。卷积神经网络采用了不同的正则化方法来提升性能,如 L1/L2 正则化、Dropout 正则化、数据增强、早停法(Early Stopping)、批标准化(Batch Normalization)等。因此,在连接性和复杂性上,卷积神经网络更精练。

卷积神经网络受到生物过程的启发⑤,神经元间采用类似于动物视觉皮层组织神经元的方式构建连接。单个视觉皮层神经元仅能对指定有限范围视野(感受野)中的刺激作出响应。同一感受野可由一至多个神经元进行感知,所有感受野均有其对应神经元。卷积神经网络使用自动学习优化过滤器(卷积核)来进行特征提取,而传统图像分类算法则通常采用手工设计过滤器。这种独立于人为干预和先验知识的特征提取方法减少了操作中的预处理部分,是卷积神经网络的一个重要优势。神经网络中的每个模块图 4-20 所示。

LeNet 是杨立昆(Yann LeCun)等人提出的卷积神经网络结构。一般来说,LeNet 是指 LeNet-5(图 4-21),它是一个简单的卷积神经网络。1989 年,贝尔

① COLLOBERT R, WESTON J. A unified architecture for natural language processing: deep neural networks with multitask learning [C]//COHEN W, MCCALLUM A, ROWEIS A. Proceedings of the 25th International Conference on Machine Learning. New York: Association for Computing Machinery, 2008: 160-167.

② VAN DEN OORD A, DIELEMAN S, SCHRAUWEN B. Deep content-based music recommendation[C]//BURGES C J C, BOTTOU L, WELLING M, et al. Proceedings of the 26th international conference on neural information processing systems - Volume 2. New York: Curran Associates Inc, 2013: 2643-2651.

③ AVILOV O, RIMBERT S, POPOV A, et al. Deep learning techniques to improve intraoperative awareness detection from electroencephalographic signals [C]//2020 42nd Annual International Conference of the IEEE Engineering in Medicine & Biology Society. Montreal: IEEE, 2020: 142-145.

④ TSANTEKIDIS A, PASSALIS N, TEFAS A, et al. Forecasting stock prices from the limit order book using convolutional neural networks[C]//2017 IEEE 19th Conference on Business Informatics. Thessaloniki: IEEE, 2017: 7-12.

⑤ FUKUSHIMA K. Neocognitron: a self-organizing neural network model for a mechanism of pattern recognition unaffected by shift in position[J]. Biological Cybernetics, 1980, 36 (04): 193-202.

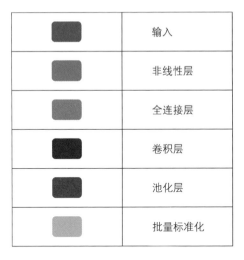

图 4-20　神经网络模块定义
来源：叶伟绘制

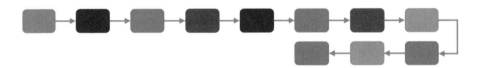

图 4-21　LeNet 架构图
来源：叶伟绘制

实验室的杨立昆等人率先使用一个可以反向传播的卷积神经网络（LeNet）构建出的文本识别系统来识别美国邮政局提供的手写邮政编码，并取得了广泛的应用。

　　AlexNet[1] 由亚历克斯·克里泽夫斯基（Alex Krizhevsky）、伊尔亚·苏茨克维（Ilya Sutskever）和杰弗里·辛顿合作设计的。AlexNet 于 2012 年 9 月 30 日参加了 ImageNet 大规模视觉识别挑战赛，实现了 15.3% 的 top-5 错误率，比亚军低 10.8%。原始论文的主要结果显示模型的深度对其高性能至关重要，这在计算上是昂贵的，但由于在训练期间使用了图形处理单元（Graphics Processing Unit, GPU），因此变得可行（图 4-22）。

---

[1] KRIZHEVSKY A, SUTSKEVER I, HINTON G E, 2012. Imagenet classification with deep convolutional neural networks[J]. Advances in Neural Information Processing Systems, 2012, 25(02): 1106-1114.

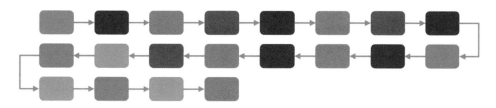

图 4 - 22　AlexNet 架构图

来源：叶伟绘制

VGGNet[1] 是牛津大学的卡伦·西蒙彦（Karen Simonyan）和安德鲁·基泽曼（Andrew Zisserman）在 2014 年提出的卷积神经网络架构，原始论文主要关注卷积神经网络深度对其准确率的影响。VGGNet 在池化层之前堆叠了很多卷积层，每层卷积层使用相同大小的卷积核，避免了分辨率的丢失问题（图 4 - 23）。

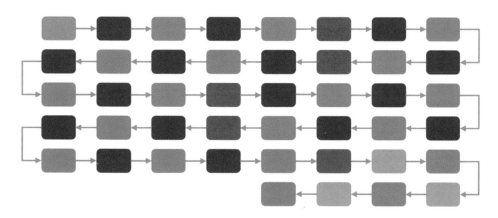

图 4 - 23　VGGNet 架构图

来源：叶伟绘制

残差神经网络（ResNet）[2]利用跳连接或捷径来跳过某些层。添加跳连接有两个主要原因：避免梯度消失或缓解精度饱和问题。在模型中添加更多层会导致更高的训练错误，跳连接有效地简化了网络，易于训练更深的网络（图 4 - 24）。

① SIMONYAN K, ZISSERMAN A. Very deep convolutional networks for large-scale image recognition ［EB/OL］.（2014 - 09 - 04）［2022 - 10 - 20］. https://arxiv. org/abs/1409. 1556.

② HE K, ZHANG X, REN S, et al. Deep residual learning for image recognition［C］//Proceedings of 2016 IEEE Conference on Computer Vision and Pattern Recognition. Piscataway：IEEE, 2016：770 - 778.

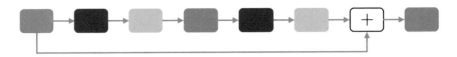

图 4-24　ResNet 架构图

来源：叶伟绘制

4.2.2.2　循环神经网络

人类不会每秒钟都从头开始思考,当你阅读这本书时,你会根据你对前面章节内容的理解来理解本章的内容,而不会把所有东西都扔掉,然后重新从头开始思考,你的思维具有持久性。传统的神经网络无法做到这一点,这似乎是它们的一个主要缺点。如假设对电影中每一时刻发生的事件进行分类,传统的神经网络还不清楚如何利用其对电影中先前事件的推理来预测后来的事件,但循环神经网络(RNN)解决了这个问题,它们是带有循环的网络,允许信息持续存在。

循环神经网络具有时间动态性,其节点沿时间序列的方向指向下一节点构成有向图。循环神经网络具有记忆性,上一时刻的状态(记忆)将和新的输入一起指导该时刻新状态的生成。这种记忆性可用来处理可变长度的输入序列。循环神经网络理论上是图灵完备的[1],其广泛用于动作识别、时间序列预测、自然语言处理和语音识别等序列数据处理任务[2][3]中。

循环神经网络可细分为有限脉冲和无限脉冲两种具有时间动态行为[4]的网络。有限脉冲循环网络使用有限长度时间窗口的脉冲神经元并采用全连接结构,可展开为有向无环图,可以用严格的前馈神经网络代替。无限脉冲循环网络可以产生无限长度的时间窗口并采用局部连接和反馈连接的结构,有更好的记忆能力,为不能展开的有向循环图。有限脉冲循环网络和无限脉冲循环网络不仅包含了传统神经网络中的隐藏层和输出层,还包含了额外的可以由神经网络

① HYÖTYNIEMI H. Turing machines are recurrent neural networks [C]//Proceedings of STeP '96. Helsinki: Publications of the Finnish Artificial Intelligence Society, 1996: 13-24.

② SAK H, SENIOR A, BEAUFAYS F. Long Short-Term Memory recurrent neural network architectures for large scale acoustic modeling[J]. International Journal of Speech Technology, 2019, 22: 21-30.

③ LI X G, WU X H. Constructing long short-term memory based deep recurrent neural networks for large vocabulary speech recognition[C]//Proceedings of 2015 IEEE International Conference on Acoustics, Speech and Signal. Brisbane: IEEE, 2015: 4520-4524.

④ MILJANOVIC M. Comparative analysis of recurrent and finite impulse response neural networks in time series prediction[J]. Indian Journal of Computer and Engineering, 2012, 3 (01): 180-191.

直接控制①的状态存储层。对状态存储层进行门控操作可以控制网络中的信息流和记忆流。门控操作是长短期记忆网络(LSTM)和门控循环单元(GRU)的重要部分(图 4 - 25)。

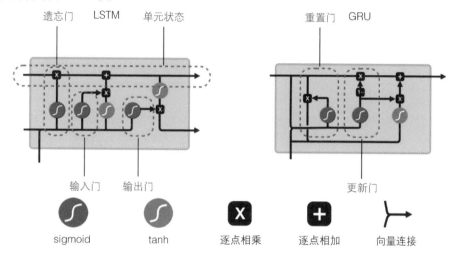

图 4 - 25　长短期记忆网络和门控循环单元示意图

来源: https://towardsdatascience.com/illustrated-guide-to-lstms-and-gru-s-a-step-by-step-explanation-44e9eb85bf21

循环神经网络的特点之一是它们能够将先前的信息与当前任务联系起来,如使用先前的视频帧辅助对当前帧的理解。

有时,执行当前任务只需要查看该任务附近的局部信息。假如一个语言模型试图根据之前的单词预测下一个单词,例如根据"皆大"预测后一个词。不需要更多的上下文信息,就可得出下一个词将是"欢喜"。在这种情况下,相关信息与当前需要预测单词位置之间的距离很小,循环神经网络可以轻松学习并使用过去的信息。

但也有需要更多全局信息的情况。如预测文本"我在中国长大……我说一口流利的汉语"中的最后一个词。邻近的信息表明,下一个词可能是一种语言的名称,但如果想缩小哪种语言的范围,需要更远的上下文语境信息"中国"。相关的信息与所需要的点之间的差距可能变得非常大。但随着差距的扩大,循环神经网络无法学习信息之间的关联。长短期记忆网络和门控循环单元没有这种问题,以下将主要介绍这两个循环神经网络的经典模型。

---

① 邓锐.基于长短期神经网络的污水处理厂出水水质预测建模研究[D].合肥:合肥学院,2021.

与标准的前馈神经网络不同,长短期记忆网络(LSTM)具有反馈连接,能够学习数据中长期依赖的关系,由赛普·霍克赖特(Sepp Hochreiter)和约尔根·施密杜伯(Jürgen Schmidhuber)①提出,并在后续工作中被许多人改进和推广。长短期记忆网络的核心是单元状态,它在网络中像传送带一样沿着整条链路传递信息,只有一些简单的线性相互作用②。信息很容易沿着它不变地流动。长短期记忆网络通过门控机制将信息删除或添加到单元状态,使得网络可以选择需要忘记和记住的信息。

门的输入为上一时刻的单元状态和该时刻的输入,由 sigmoid 激活后再与被控量逐点相乘。长短期记忆网络包括三种门:输入门、遗忘门和输出门③。输入门决定将哪些输入信息添加进单元状态,遗忘门决定如何遗忘单元状态的信息,输出门决定如何将单元状态的信息输出至下一时刻的隐状态中。单元状态和门控机制可以有效解决传统的循环神经网络在处理长序数据时容易出现的梯度消失或梯度爆炸问题。

门控循环单元(GRU)是循环神经网络中的门控机制,由曹京炫(Kyunghyun Cho)等人于 2014 年引入④。门控循环单元就像一个只带有遗忘门的长短期记忆网络,因为没有输出门,参数比长短期记忆网络少。

4.2.2.3 Transformer

Transformer⑤ 是一种深度学习模型,采用自注意力机制,对输入数据各部分的重要性进行差分加权。它主要用于自然语言处理(NLP)领域的语言建模、机器翻译、文本摘要、问答系统、文本分类、语音识别等任务和计算机视觉(CV)领域的图像分类、目标检测、图像生成和图像分割等任务。Transformer 与循环神经网络的不同之处在于,循环神经网络按输入顺序处理数据,而 Transformer 使用自注意力机制和位置编码,并行处理整段输入数据,得到上下文信息,减少了训练时间。

① HOCHREITER S, SCHMIDHUBER J. Long short-term memory[J]. Neural Computation, 1997, 9(08): 1735 - 1780.
② 张泰斌.基于 GAN 的动车组蓄电池寿命预测模型的设计与实现[D].北京:北京交通大学,2020.
③ 黄薪宇.个人信息泄露检测模型的对抗攻击研究[D].北京:北京邮电大学,2021.
④ CHO K, VAN MERRIENBOER B, BAHDANAU DZ, et al. On the properties of neural machine translation: encoder-decoder approaches[EB/OL]. [2022-12-24]. https://arxiv.org/pdf/1409.1259v2.pdf.
⑤ VASWANI A, SHAZEER N, PARMAR N, et al. Attention is all you need[EB/OL]. [2022-12-24]. https://arxiv.org/pdf/1706.03762.pdf.

　　2017 年,Transformer 由 Google Brain 的一个团队推出,越来越多地成为自然语言处理领域的首选模型,取代了循环神经网络模型,如长短期记忆网络。额外的训练并行化允许 Transformer 在比以前更大的数据集上进行训练,促使预训练系统的发展,如 BERT(Transformer 的双向编码器表示)和 GPT(生成式预训练Transformer),它们使用大型语言数据集(如维基百科语料库)进行训练,并且可以针对特定任务很好地进行微调。

　　GPT‑3 是位于旧金山的人工智能研究实验室 OpenAI 创建的 GPT 系列中的第三代语言预测模型。GPT‑3 的完整版拥有 1750 亿个参数,GPT‑3 于 2020年 5 月推出,并于 2020 年 7 月进行 beta 测试。由于 GPT‑3 的训练数据包罗万象,不需要针对不同的语言任务进行进一步的训练。GPT‑3 生成的文本质量高,以至于很难确定它是否是由人类编写的,这既有好处也有风险,GPT‑3 可以"生成人类评估者难以将其与人类撰写的文章区分开来的新闻文章",同时也具有"促进语言模型的有益和有害应用的潜力"。2020 年,31 位 OpenAI 研究人员发表了介绍 GPT‑3 的原始论文①,详细描述了潜在的"GPT‑3 的有害影响",其中包括"错误信息、垃圾邮件、网络钓鱼、滥用法律和政府程序、欺诈性学术论文写作",提请注意这些危险,呼吁对风险缓解进行研究。同时,GPT‑3 还能够执行零样本、少样本和单样本学习。澳大利亚哲学家大卫·查尔默斯(David Chalmers)将 GPT‑3 描述为"有史以来最有趣和最重要的人工智能系统之一"。

　　华为云盘古大模型(PanGu‑α)是华为诺亚方舟实验室设计的一种针对中文的语言大模型,包含多达 2 000 亿个参数,比 GPT‑3 多 2 500 万个。类似于GPT‑3,PanGu‑α 也是一种 GPT 模型。研究人员使用华为的 MindSpore 框架进行开发和测试,在一个由 2048 个华为 Ascend 910 AI 处理器组成的集群上训练模型,每个处理器提供 256 万亿次浮点运算的计算能力。为了构建 PanGu‑α的训练数据集,华为团队从公共数据集中收集了近 80 TB 的原始数据,包括流行的 Common Crawl 数据集以及开放网络。在过滤数据过程中,删除包括少于 60%汉字、少于 150 个字符或仅包含标题、广告或导航栏的文档,将中文文本转换为简体中文,过滤出 724 个可能令人反感的词、垃圾邮件和"低质量"样本。

①　BROWN T B, MANN B, RYDER N, et al. Language models are few-shot learners[EB/OL]. [2022‑12‑24]. https://arxiv.org/pdf/2005.14165.pdf.

研究人员表示,PanGu－α特别擅长写诗、小说、对话以及总结文本。如果没有对示例进行微调,PanGu－α可以生成古诗和对联,如果提示进行简短的对话,该模型可以集思广益,进行多轮"似是而非的"后续对话。这并不是说PanGu－α解决了困扰大规模语言模型的所有问题,一个负责评估模型输出的小组发现,其中10%的输出在质量方面是"不可接受的"。研究人员观察到,PanGu－α生成的一些文本包含不相关、重复或不合逻辑的句子,PanGu－α团队也没有解决自然语言生成中的一些长期挑战,包括模型自相矛盾的趋势。与GPT－3一样,PanGu－α无法记住之前的对话,它缺乏通过进一步对话来学习概念以及将实体和动作与现实世界中的体验联系起来的能力。

4.2.2.4 图神经网络

许多系统和交互,如社交网络、分子、组织、物理模型、交易,可以很自然地表示为图结构数据,如何在这些系统中推理和作出预测? 图神经网络(GNN)[1]是一类用于处理由图数据结构表示的数据的神经网络,可以自然地对图结构数据进行操作。与孤立地考虑单个实体的模型相比,通过从底层图中提取和利用特征,图神经网络可以对这些交互中的实体作出更明智的预测,其也因在各种分子特性的监督学习中的应用而得到普及[2]。图神经网络在各种NP-hard组合问题、自动规划和路径规划领域也取得了一定的成果[3]—[5]。

图包括节点和边,节点和边还可能包含属性。节点表示实体,边表示实体之间的关系。图是极其灵活的数学模型,但这也意味着它们的具体实例之间缺乏一致的结构,节点的数目、类型、连接方式都可能不同。图通常在节点之间没有

[1] SCARSELLI F, GORI M, TSOI A C, et al. The graph neural network model[J]. IEEE Transactions on Neural Networks, 2009, 20 (01): 61-80.

[2] GILMER J, SCHOENHOLZ S S, RILEY P F, et al. Neural message passing for quantum chemistry [C]// Proceedings of the 34th International Conference on Machine Learning-Volume 70. New York: JMLR. org, 2017: 1263-1272.

[3] LI Z W, CHEN Q F, KOLTUN V. Combinatorial optimization with graph convolutional networks and guided tree search[J]. Neural Information Processing Systems, 2018, 31: 537-546.

[4] MA T F, FERBER P, HUO S Y, CHEN J, et al. Online planner selection with graph neural networks and adaptive scheduling[C]//Proceedings of the 2020 AAAI Conference on Artificial Intelligence. California: AAAI Press, 2020: 5077-5084.

[5] OSANLOU K, BURSUC A, GUETTIER C, et al. Optimal solving of constrained path-planning problems with graph convolutional networks and optimized tree search [C]//2019 IEEE/RSJ International Conference on Intelligent Robots and Systems. Macau: IEEE, 2019: 3519-3525.

固有的顺序,而在图像中,每个像素都由其在图像中的绝对位置唯一确定。因此,算法应是节点顺序等变的,不应该依赖于图节点的顺序。如果以某种方式置换节点,那么由算法计算得到的节点表示也应该以相同的方式置换。一般的神经网络,如卷积神经网络难以解决这些问题。图神经网络是专门为图结构数据设计的一种深度学习架构。

图上的预测任务一般分为三种类型:图层面、节点层面和边层面。在图层面的预测任务中,可以预测整个图的属性,如对于用图表示的分子,可能想要预测该分子的气味,或者它是否会与疾病有关的受体结合。这些类似于 MNIST 和 CIFAR 的图像分类问题,希望将标签与整个图像相关联;而对于文本,类似的问题是情绪分析,则希望一次识别整个句子的情绪。

对于节点层面的预测任务,预测图中每个节点的属性,如空手道俱乐部数据集的节点预测。图 4-26 展示的是一个单一的社交网络图,由在政治分歧后宣誓效忠于两个空手道俱乐部之一的个人组成。随着故事的发展,Mr. Hi(教练)和 John A(管理员)之间的争执在空手道俱乐部造成了分裂。节点代表单个空手道练习者,边代表这些成员在空手道俱乐部之外的交互。预测问题是在争执之后对给定成员忠于 Mr. Hi 或 John A 进行分类。在这种情况下,节点与 Mr. Hi(教练)和 John A(管理员)之间的距离与它的标签高度相关。如何和图像进行类比,节点层面的预测问题类似于图像分割,并试图标记图像中每个像素的标签。对于文本,类似的任务是预测句子中每个单词的词性(如名词、动词、副词)。

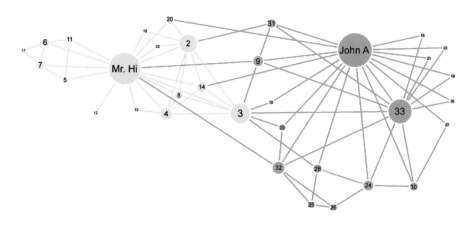

图 4-26　空手道俱乐部数据集

来源:https://studentwork.prattsi.org/blog/2018/07/19/zacharys-karate-club

对于边层面的预测任务,则预测边(连接)的属性或存在。如在图像场景理解中,除了识别图像中的对象之外,深度学习模型还可用于预测对象之间的关系。可以将其表述为边层面的分类问题:给定表示图像中对象的节点,预测这些节点中的哪些节点共享一条边或该边的权重是什么。如果发现实体之间的连接,可以考虑完全连接的图,并根据预测值修剪边以得到稀疏图。

除学习图上的预测模型外,还有学习图的生成模型。使用生成模型,可以通过从学习到的分布中采样或通过完成给定起点的图来生成新图,如在新药的设计中,可以将具有特定特性的新分子图作为治疗疾病的候选者。图生成模型的一个关键挑战在于对图的拓扑进行建模,拓扑的大小与节点数目的平方成正比。一种解决方案是像使用图自动编码器(graphVAE)①框架的图像一样直接对邻接矩阵进行建模,学习对邻接矩阵中的正连接模式和非连接模式进行建模。另一种方法是按顺序构建图,从图开始并迭代地应用离散动作,如节点和边的增加或移除。为避免估计离散动作的梯度,可以使用策略梯度,这是通过自回归模型完成的,如循环神经网络②,或者强化学习③。此外,有时图还可以被建模为具有语法元素的序列④。

4.2.2.5　深度强化学习

深度强化学习是一种结合了强化学习和深度学习的机器学习方法。强化学习通过与反复与环境进行交互试验,学习出可获得最大回报的最优行动。深度强化学习将深度学习引入强化学习,不再需要手动设计状态空间⑤,并通过深度神经网络学习到更复杂、更高层次的决策策略,具有更强的表征与泛化能力。同时可以接受更大的输入空间(如视频游戏中屏幕的每个像素)、状态空间和行动空间,并能够执行操作来优化目标函数(如最大化游戏得分)。目前,深度强化学习主要应用于游戏、机器人控制和自动驾驶等领域。

2012 年左右,深度学习引起了人们对深度神经网络的兴趣。深度神经网络

---

① YOU J X, YING R, REN X, et al. GraphRNN:generating realistic graphs with deep auto-regressive model[EB/OL]. [2022-12-27]. https://arxiv.org/pdf/1802.08773.pdf.

② ZHOU Z P, KEARNES S, LI L, et al. Optimization of molecules via deep reinforcement learning[J]. Sci. Rep. 2019,9(01):1-10.

③ KRENN M, HÄSE F, NIGAM A, et al. Self-Referencing embedded strings(selfies):a 100% robust molecular string representation[J]. Machine Learning:Science and Technology, 2020, 1(04):45024.

④ GOYAL N, JAIN H V, RANU S. GraphGen:a scalable approach to domain-agnostic labeled graph generation[C]//Proceedings of The Web Conference 2020. Taipei:WWW '20, 2020.

⑤ 周柳杉.面向 5G RAN 切片的无线资源分配与移动负载均衡算法研究[D].北京:北京邮电大学,2021.

可以作为函数逼近器,这引起了研究人员对使用深度神经网络来学习强化学习算法中的策略、价值和/或 Q 函数的兴趣。2013 年左右,DeepMind 使用深度强化学习玩 Atari 视频游戏,展示了令人印象深刻的结果。他们使用 Q 学习算法的深度版本,称为深度 Q 网络(DQN)①,来训练神经网络。DQN 以游戏分数作为奖励,同时将 4 帧 RGB 图像(84×84)通过深度卷积网络的输出作为输入②,来学习游戏中的最佳动作策略。在几乎没有使用任何先验知识的情况下,DQN 在几乎所有 Atari 游戏上都优于当时最好的学习方法,并在 Atari 2600 游戏中展现出超越专业人类游戏测试员的水平。

2015 年,深度强化学习达到了另一个里程碑。由 DeepMind 公司开发的 AlphaGo 使用深度强化学习的方法和人类棋谱的先验知识,在全尺寸棋盘上击败了当时的围棋世界冠军李世石。2017 年,AlphaZero 作为 AlphaGo 的升级版本,在没有任何先验知识的情况下,不仅提升了围棋的性能,还使用相同的算法在国际象棋和日本将棋上击败了世界冠军。2019 年,卡内基梅隆大学的研究人员开发了第一个在无限注德州扑克多人游戏中击败顶级扑克玩家的程序——Pluribus。同年,面前最强大的 Dota 2 AI 系统之一 OpenAI Five 问世,并在一场示范赛中击败了之前的世界冠军。

在医疗领域,AlphaFold 是由 DeepMind 开发的人工智能程序,是一个深度学习系统,能够进行蛋白质结构的预测。蛋白质由氨基酸链组成,这些氨基酸链在称为蛋白质折叠的过程中自发折叠,形成蛋白质的三维结构。三维结构对蛋白质的生物学功能至关重要。然而,了解氨基酸序列如何确定三维结构极具挑战性,也被称为"蛋白质折叠问题"③。该问题涉及决定折叠稳定结构的原子间力的热力学,蛋白质以极快的速度达到其最终折叠状态的机制和途径,以及如何从蛋白质的氨基酸序列预测其天然结构④。AlphaFold 有两个版本,AlphaFold 1 在

---

① MNIH V, KAVUKCUOGLU K, SILVER D, et al. Human-level control through deep reinforcement learning. Nature, 2015, 518 (7540): 529-533.

② 刘国庆.深度强化学习中样本效率提升方法研究[D].合肥:中国科学技术大学,2021.

③ HE K, ZHANG X, REN S, et al. Deep residual learning for image recognition[C]//Proceedings of 2016 IEEE Conference on Computer Vision and Pattern Recognition. Piscataway: IEEE, 2016: 770-778.

④ GRAVES A, LIWICKI M, FERNANDEZ S, et al. A novel connectionist system for improved unconstrained handwriting recognition[J]. IEEE Transactions on Pattern Analysis and Machine Intelligence, 2009, 31 (05): 855-868.

2018 年第 13 届蛋白质结构预测技术关键评估(CASP)的总体排名中名列第一;AlphaFold 2 在 2020 年的 CASP 比赛中再一次取得了第一名,其准确度远高于任何其他团队。AlphaFold 2 在 CASP 的表现被描述为"令人震惊"和变革性的[①]。

深度强化学习也被应用于游戏和医疗以外的许多领域。在机器人技术中,可使机器人学习如何控制智能家居,如何清洁效果最佳,如何学习烹饪技巧等。在自动驾驶中,常用于运动控制和路径规划等。

4.2.2.6　联邦学习

联邦学习(协作学习)是一种机器学习技术,可以在多个分散的边缘设备或服务器上训练算法,而无须事先合并数据。传统的方法包括将所有本地数据集上传到一个服务器的集中式机器学习技术,以及假设本地数据样本服从相同分布的分散式方法。联邦学习和这些传统方法形成了鲜明的对比。联邦学习使多个参与者能够在不共享数据的情况下构建一个通用的、强大的机器学习模型,从而解决诸如数据隐私、数据安全、数据访问权限和异构数据访问等关键问题。其应用遍及多个行业,包括国防、电信、物联网和制药。

联邦学习旨在本地节点包含的多个本地数据集上训练机器学习算法,如深度神经网络,而无须显式交换数据样本。一般原则包括在局部数据样本上训练局部模型,并在这些局部节点之间以某种频率交换参数(如深度神经网络的权重和偏差)以生成由所有节点共享的全局模型。联邦学习包括集中式联邦学习、分散式联邦学习和异构联邦学习。

在集中式联邦学习中,中央服务器起到至关重要的作用。它需要进行节点选择,周期性地与节点通信以构建全局模型,接收聚合节点的本地更新并整合,最后将新的全局模型分发给节点[②]。不断重复这个过程,直到全局模型达到一定的准确性或收敛。由于中央服务器需要不断与单个节点进行信息通信,它可能成为系统的瓶颈。

在分散式联邦学习中,节点能够相互协调以获得全局模型。这种设置可有效防止中央服务器故障带来的全局瘫痪,因为仅在互连的节点间交换模型

①　CALLAWAY E. It will change everything:DeepMind's AI makes gigantic leap in solving protein structures[J]. Nature, 2020, 588 (7837):203-204.

②　胡中元.基于区块链的分布式联邦学习相关研究[D].西安:西安电子科技大学,2021.

更新。然而,特定的网络拓扑可能会影响学习过程的性能,如基于区块链的联邦学习[①]。

当前,越来越多的应用领域涉及大量异构客户端,如手机和物联网设备。大多数现有的联邦学习策略都假设本地模型共享相同的全局模型架构。2020 年提出的名为 HeteroFL 的联邦学习框架,可以统筹具有不同的计算和通信能力的异构客户端[②]。HeteroFL 技术可以训练具有动态变化计算和非独立同分布数据的异构局部模型,同时仍然产生单个准确的全局推理模型。

使用联邦学习进行机器学习的主要优点是确保数据隐私或数据保密。实际上,由于整个数据库被分割并储存在各个节点,没有本地数据被上传到外部,入侵数据库变得更加困难。联邦学习只交换机器学习算法的参数,这些参数可以在学习迭代之前进行加密以保护隐私,并且同态加密方案可以直接用于对加密数据进行计算,而无须事先对其进行解密。尽管采取了这些保护措施,这些参数仍可能泄漏数据样本的信息,如通过对特定数据集进行多次特定查询。因此,节点的查询能力是主要关注点,可以使用差分隐私和安全聚合来解决[③]。

4.2.2.7　终身机器学习

当前的机器学习算法主要是在给定的数据集上进行训练,这种学习的模式称为孤立学习,因为没有考虑任何其他的相关信息、先验的知识以及之前学习到的知识。这种孤立学习的模式的主要问题是不能保留和积累过去所学的知识,并且在未来的学习中使用,这与人类的学习范式非常不同。人类不会孤立地学习或从头开始学习,始终保留过去学到的知识,这些知识可以帮助未来的学习和解决问题。如果没有能力积累和使用过去的知识,机器学习算法通常需要大量的训练样本才能有效地学习。此外,当前的机器学习算法只适合于静态和封闭的学习环境,对于开放和动态的学习环境,因为没有已标注的数据,当前的机器学习算法难以胜任。对于监督学习来说,训练数据的标注通常是手动完成的,这

① POKHREL S R, CHOI J. Federated learning with blockchain for autonomous vehicles: analysis and design challenges[J]. IEEE Transactions on Communications, 2020, 68 (08): 4734 – 4746.

② DIAO E M, DING J, TAROKH V. HeteroFL: computation and communication efficient federated learning for heterogeneous clients[EB/OL]. [2023 – 01 – 05]. https://arxiv.org/pdf/2010.01264v2.pdf.

③ BONAWITZ K, IVANOV V, KREUTER B, et al. Practical secure aggregation for privacy preserving machine learning[C]//Proceedings of the 2017 ACM SIGSAC Conference on Computer and Communications Security. Dallas: ACM, 2017: 1175 – 1191.

非常耗时并且需要大量的人力成本,即使对于无监督学习,在许多情况下也可能无法收集大量的数据。

相比之下,人类积累和保持从以前的任务中学到的知识,并将其无缝地用于学习新任务和解决新问题,这就是为什么每当遇到新的情况或问题时,人类能举一反三。同时随着时间的推移,学到的东西越来越多,知识也越来越丰富,学习的效率和解决问题的能力也会越来越高。终身机器学习旨在模仿这种人类学习过程和能力。这种学习是很自然的,周围的事物是密切相关的,了解一些学科的知识可以帮助人类理解和学习一些其他的学科。而孤立学习的模式无法实现终身学习,不能构建一个可以持续学习以达到接近人类智能水平的智能系统,终身机器学习旨在这个方向取得进展。随着机器人、个人语音助手等 AI 智能体的发展,终身机器学习变得越来越重要——这些系统必须与人类和其他系统交互,在此过程中需要不断学习,并保留在交互中学到的知识,才能使它们能够变得更智能,从而随着时间的推移更好地发挥作用。

终身机器学习的两个关键问题是知识的正确性和知识的适用性。在将过去的知识用于特定领域之前,需要确保过去的知识是正确的,如果正确,还必须确保它适用于当前域。终身机器学习包括五个关键特征[1]:① 持续学习过程;② 知识库中的知识积累和维护;③ 利用过去积累的知识来帮助未来学习的能力;④ 发现新任务的能力;⑤ 在工作中学习的能力。由于知识是在终身机器学习中积累使用的,这个特征迫使在过程中思考先验知识的问题及其在学习中的作用,需要考虑到知识的表示、获取、推理和维护。实际上,知识起着核心的作用,它不仅可以帮助改善未来的学习,还可以帮助收集和标记训练数据(自监督)并发现要学习的新任务,以实现学习的自主性。数据驱动学习和知识驱动学习的融合是人类学习的主要内容,而当前的机器几乎完全专注于数据驱动的优化学习,这一点人类并不擅长。另外,终身机器学习还应该在与人类和环境的交互中找到自己的学习任务和训练数据,或者利用之前学到的知识来进行开放世界学习和自监督学习。终身机器学习需要结合多种学习算法和不同知识表示,单一的学习算法不太可能实现终身机器学习的目标,其代表了一个大而丰富

---

① CHEN Z, LIU B. Lifelong machine learning [J]. Synthesis Lectures on Artificial Intelligence and Machine Learning, 2016, 10(03): 1-145.

的框架,需要大量研究来设计算法以实现每种能力或特征。

4.2.2.8　生成模型

生成模型主要根据训练数据,生成相同分布的数据。为了训练生成模型,需要在某个领域收集大量数据(如数百万张图像、语句或声音等),训练模型以生成类似的数据。用作生成模型的神经网络的许多参数明显小于训练它们的数据量,模型被迫发现并有效地内化数据的本质,以生成新的符合相同概率分布数据。

假设使用一个刚初始化的网络生成 1 000 张图像,每次都以不同的随机编码开始,应该如何调整网络的参数生成可信的样本? 解决这个问题的一种方法是遵循生成对抗网络(GAN)[①]模式,需要判别器网络(通常是标准的卷积神经网络)判断输入图像是真实的还是生成的。如,可以将 1 000 张生成图像和 1 000 张真实图像输入判别器,并将其训练为标准分类器,以区分这两个来源。除此之外,还可以通过判别器和生成器进行反向传播,更新生成器的参数,以使其生成的 1 000 个样本更加迷惑判别器。由此,这两个网络陷入对抗:判别器试图区分真实图像和生产图像,生成器试图生成让判别器认为它们是真实的图像。最后的结果显示,判别器无法区分生成器生成的图像和真实图像。变分自编码器(VAE)[②]允许在概率图模型的框架中形式化这个问题,最大化数据的对数似然的下限。而自回归模型(如 PixelRNN)[③]对图像的概率分布进行建模,新生成像素点的条件概率是其水平与竖直两个方向所有先前像素点似然的乘积。每次更新时都需要完成从左上到右下的串行遍历。所有这些方法都有其优点和缺点。如,变分自编码器允许在具有隐变量的复杂概率图模型中执行学习和贝叶斯推理,但其生成的样本往往有些模糊。生成对抗网络可以生成更清晰的图像,但由于训练动态不稳定,更难以优化。自回归模型(如 PixelRNN)有简单稳定的训练过程,目前给出了最好的对数似然性(即生成数据的合理性),但其内存消耗大

---

①　GOODFELLOW I, POUGET-ABADIE J, MIRZA M, et al. Generative adversarial nets[C]//Proceedings of the 27th International Conference on Neural Information Processing Systems. Cambridge:MIT Press, 2014:2672 – 2680.

②　KINGMA D P, WELLING M. Auto-encoding variational bayes[EB/OL]. [2023 – 02 – 03]. https://arxiv. org/pdf/1312. 6114v10. pdf.

③　VAN DEN OORD A, KALCHBRENNER N, KAVUKCUOGLU K. Pixel recurrent neural networks[C]//Proceedings of the 33rd International Conference on International Conference on Machine Learning. New York:JMLR. org, 2016:1747 – 1756.

并且难以实现并行化。

生成模型是一个快速发展和热门的研究领域,未来期望生成模型能生成描述完全合理的图像或视频的样本,并在多个场合中得到应用,如按需生成的艺术。目前已知的其他应用包括图像去噪、修复、超分辨率、结构化预测、强化学习中的探索,以及在标记数据昂贵的情况下的神经网络预训练等。最重要的是,在训练生成模型的过程中,将赋予人工智能对世界及其构成的理解。

4.2.3 面向城市数字孪生的人工智能技术

城市数字孪生技术是一项新一代的综合运用信息技术的创新,它可以帮助我们更好地掌握城市的运转规律,构建城市治理的闭环链条,促进城市资源的灵活利用,并体现以人为本的城市治理理念。城市数字孪生技术的应用还可以推动治理协同、服务升级、科学决策和创新实践,从而全面增强城市的"全周期管理"能力。以下将探讨人工智能技术在城市数字孪生方面的应用。

4.2.3.1 虚拟场景按需生成

DALL·E 是 GPT-3 系统的其中一个版本,包含 120 亿参数,经过训练,DALL·E 可以从文本描述中生成图像。它具有多种功能,包括创建动物和物体的拟人化版本、以合理的方式组合不相关的概念、渲染文本,以及对图像进行变换。GPT-3 表明语言可用于训练大型神经网络,从而执行各种文本生成任务,图像 GPT 模型表明同样类型的神经网络也可以用来生成高保真度的图像。而DALL·E 表明可以通过语言操纵视觉概念。如,输入指令"牛油果形状的扶手椅",DALL·E 将会生成如图 4-27 所示的图片。

图 4-27　由 DALL·E 生成的"牛油果形状的扶手椅"
来源:https://openai.com/blog/dall-e/

2022 年,OpenAI 结合 CLIP 模型发布了 DALL·E 2①版本,可以生成更真实和准确的图像,分辨率是 DALL·E 生成图像的 4 倍,可以结合文本描述中的概念、属性、风格等元素。如,当给定文本中分别包含概念"一个宇航员"、属性"和猫在太空打篮球"和风格"作为儿童读物插图"时,DALL·E 2 生成了一些满足给定概念的图片,如图 4-28 所示。

图 4-28　由 DALL·E 2 生成的儿童读物插画

来源: https://openai.com/dall-e-2/

DALL·E 2 可以根据自然语言标题对现有图像进行逼真的编辑,可以在考虑阴影、反射和纹理的同时添加和删除元素。如图 4-29 所示,可以在图片的指定位置加上元素(沙发)。

4.2.3.2　虚拟数字人

数字人最早出现在影视作品中,随着计算机图形学技术、人工智能、动态捕捉等技术的发展,数字人的社交属性越来越强,虚拟和现实之间的界限变得越来越模糊,难以分清。数字人已经应用在社交、游戏、服务、直播电商等各个领域,如虚拟客服、虚拟导游、虚拟导购等。

在直播电商领域,虚拟数字人和人工智能技术等前沿技术将会大有用武之地。流量大的真人主播带货能力强,但是合作成本高,而虚拟数字人成本更低、更可控、更灵活,也是未来多终端用户在元宇宙中的表现形式。孪生主播技术就是虚拟数字人的一种落地应用技术,该技术通过深度学习和计算机图形学技术让虚拟数字人的表情和脸部细节以假乱真,可以实现"多人即是一

---

① RAMESH A, DHARIWAL P, NICHOL A, et al. 2022. Hierarchical text-conditional image generation with CLIP latents[EB/OL]. [2023-02-03]. https://arxiv.org/pdf/2204.06125.pdf.

图 4-29　DALL·E 对图像进行编辑

来源:https://openai.com/dall-e-2/

人",即复制出多个主播;也可以实现"一人即是多人",即拓展每个主播的业务范围。

4.2.3.3　虚拟数据

在数据采集方面,科研学者遵从数字孪生的理论体系,基于开源仿真环境,采集不同光照、天气条件下的仿真数据对算法进行开发与评估验证。其中,面向数字城市孪生的仿真数据采集主要利用 CARLA 模拟器实现。它拥有模块化和灵活的 API,致力于解决涉及数字城市孪生问题的一系列任务。CARLA 基于 Unreal Engine 来运行模拟,并使用 OpenDRIVE 标准(目前为 1.4)来定义道路和城市设置,可以满足一般驾驶问题中不同用例的需求(如学习驾驶策略、训练感知算法等)。CARLA 模拟器由可拓展的客户端-服务器(Client-Server)体系结构组成。服务器负责与模拟本身相关的所有内容:传感器渲染、物理计算、世界状态及其参与者的更新,等等。客户端由一系列自定义模块组成,控制参与者的逻辑并设置情景、天气、光照等条件,这是通过利用 CARLA API(在 Python 或 C++ 中)实现的。CARLA 模拟器的具体操作流程包括:① 根据现实构建城市环境地图;② 设置道路和交通规则;③ 设置车辆和行人以及行为模式;④ 设置车辆的自身运动和车辆搭载的各类传感器参数;⑤ 通过 API 实现客户端与服务器之间的通信,采集各类数据;⑥ 使用所采集的数据进行网络模型的训练和测试。

4.2.3.4　城市路网的交通流量实时预测

准确实时的交通状况预测对于道路的使用者和政府的相关部门来说都是非常重要的。流量控制、路线规划和导航等广泛使用的交通服务也非常依赖于高质量的交通状况评估。一般来说,多尺度的交通流量实时预测是城市交通控制和引导的前提和基础,也是智能交通系统的主要功能之一。

在交通状况的研究中,人们通常选择交通流的基本变量,如速度、流量和密度作为指标来监测交通状况的当前状态并预测未来。根据预测时长,交通预测一般分为短期(5~30 min)、中期和长期(30 min 以上)两个尺度。一些广泛使用的统计方法(如线性回归)能够在短期预测中表现良好。然而,由于交通流量的不确定性和复杂性,这些方法对于相对长期的预测效果较差。

以前的关于中长期交通流量预测的方法大致可以分为两类:动力学建模方法和数据驱动方法。动力学建模方法运用数理工具(如微分方程)和自然科学知识通过计算模拟来表述交通问题。为了实现仿真稳定,仿真过程不仅需要复杂的程序设计,还需要大量的计算资源,建模中脱离实际的假设和简化也会降低预测精度。因此,随着交通数据收集和存储技术的迅速进步,越来越多的科研人员开始关注数据驱动的方法。

经典的统计模型和机器学习模型是数据驱动方法的两大典型代表,在时间序列分析中,自回归综合移动平均(ARIMA)是基于经典统计的综合方法之一。然而,这类模型受限于时间序列的静态假设,没有考虑到时空相关性,在高度非线性交通流的可表示性方面的性能不佳。如今,深度学习方法,特别是结合循环神经网络和图神经网络,已广泛并成功地应用于各种交通方面的任务,循环神经网络可以获得时间维度的相关性,而图神经网络可以提取出空间特征,它们的结合可以获得更精确的预测。

4.2.3.5　语义级三维数字化建模

城市数字孪生需要运用实时三维重建、多模态语义理解等技术,对城市进行逼真的语义级三维数字化建模,建立城市场景物体和规划指标数据之间的联系,为城市的科学规划提供辅助决策工具。

目前主流三维数字化建模方法大多依赖激光雷达(LiDAR)或相机,如图

图 4 - 30　基于激光雷达的三维数字化建模
来源：https://nmgroup.com/en-gb/services/lidar-mapping

4-30 所示。基于激光雷达的三维数字化建模方法通过测量光信号的飞行时间
(Time of Flight, ToF)来获取对环境的三维感知①,LiDAR 传感器的范围要大得
多,可达 100 m,精度达到毫米范围。近年来,由于 LiDAR 传感器在自动驾驶技
术中的广泛应用,受到了很多关注,许多可用的 LiDAR 传感器价格实惠且重量
轻,可以安装在无人机上,用于对基础设施项目进行空中扫描。大多数基于
LiDAR 的三维环境感知技术也采用同步定位与地图构建（Simultaneous
Localization and Mapping, SLAM)②方法将瞬时激光点测量值转换为 2D 或 3D 点
云表示。如 GMapping③ 是一种常见的 SLAM 算法,用于基于 LiDAR 的建图,减
少了 SLAM 算法的计算时间。HectorSLAM④ 也是一种常见的 SLAM 算法,用于

①　WANG R. 3D building modeling using images and LiDAR：A review[J]. International Journal of Image and Data
Fusion, 2013, 4：273 - 292.

②　DURRANT-WHYTE H, BAILEY T. Simultaneous localization and mapping：part I[J]. IEEE Robotics &
Automation Magazine, 2006, 13(02)：99 - 110.

③　YAMAGUCHI Y, KIM H H, KATO K, et al. Proteolytic fragmentation with high specificity of mouse
immunoglobulin G mapping of proteolytic cleavage sites in the hinge region[J]. Journal of Immunological Methods,
1995, 181, (02)：259 - 267.

④　KOHLBRECHER S, VON STRYK O, MEYER J, et al. A flexible and scalable SLAM system with full 3D motion
estimation[C]//2011 IEEE International Symposium on Safety, Security, and Rescue Robotics. Kyoto：IEEE,
2011：155 - 160.

2D 映射评估的内部开发,它最初是为城市搜索和救援(USAR)场景开发的,适用于计算要求低的占用网格图的快速学习。HectorSLAM 在低功耗平台的 2D 地图上同时呈现高更新率,并且产生的结果是足够准确的映射。谷歌也推出的一种名为 Cartographer 的 SLAM 算法。在一项比较研究中,许多基于 LiDAR 的三维 SLAM 框架专门用于三维环境感知,并为大多数可用的商业扫描技术奠定了基础。如 LOAM 是一种广泛使用的实时 LiDAR 里程计估计和映射框架,它使用 LiDAR 传感器和可选的惯性测量单元(IMU),通过将 SLAM 问题分离为里程估计算法和映射优化算法来实现实时性。里程计估计算法以高频率运行,保真度低,而映射优化算法以低一个数量级的频率运行,扫描匹配精度高。自发布以来,LOAM[①] 在各种基准的里程计类别中一直保持领先地位。当前最先进的用于 LiDAR 里程计和映射的三维 SLAM 方法是 LIO-SAM[②],它利用因子图来合并多个测量因子,用于里程计估计和全局地图优化,结合了 IMU 以改进姿态估计,并将 GPS 作为其他关键因素的选项。激光雷达不受光照条件影响,且能提供高精度的三维感知信息。但其分辨率和刷新率低,且成本高昂。

基于相机的三维数字化建模(图 4 - 31)通常利用立体匹配或运动估计实现。立体匹配模拟了人类的双目视觉,它通过比对两个不同位置的相机采集到的图片来推断当前场景的深度信息。这种基于立体相机的稠密三维建模适用于需要更高精度的小型或室内基础设施项目,但计算成本高昂,无法在遮挡和无纹理的环境中可靠地工作,只能推算出两张图片重叠区域的深度,且在实际应用中还需要配合双目相机自标定来确保其可靠性。与双目视觉不同,人类从单眼获取图像并推断深度信息的能力离不开人类长期进化过程中掌握的大量先验知识。近年来,随着深度学习技术的发展,基于单目相机的三维数字化建模已取得了突破性进展,大大降低了机器人对多相机系统的依赖。来自纽约大学和 Facebook 的研究人员 2014 年提出的单目深度估计算法[③]是深度

① ZHANG J, SINGH S. LOAM: lidar odometry and mapping in real-time[J]. Robotics: Science and Systems, 2014, 2(09): 1 - 9.

② SHAN T X, ENGLOT B, MEYERS D, et al. Lio-sam: Tightly-coupled lidar inertial odometry via smoothing and mapping[C]//2020 IEEE/RSJ International Conference on Intelligent Robots and Systems. Las Vegas: IEEE, 2020: 5135 - 5142.

③ EIGEN D, PUHRSCH C, FERGUS R. Depth map prediction from a single image using a multi-scale deep network[C]//Proceedings of the 27th International Conference on Neural Information Processing Systems. Cambridge: MIT Press, 2014: 2366 - 2374.

学习技术在此领域的开山之作。此算法首先利用一个粗粒度网络理解全局场景并推算深度信息,再利用一个细粒度网络对推算出的深度信息进行局部精细化,这两个过程均由全监督学习完成。鉴于场景的全局尺度在单目深度估计中存在不确定性,此算法引入了一个尺度不变误差(Scale-Invariant Error)来衡量场景中各点的相对关系,以确保深度估计的准确性。基于全监督学习的单目深度估计网络在训练时需要深度真值,该真值可通过精密的激光雷达获取,但这种方法成本高昂,范围有限,受制于相机与激光雷达的标定精度,且采集到的点云为稀疏数据,不能与原图的对应像素点很好地匹配。

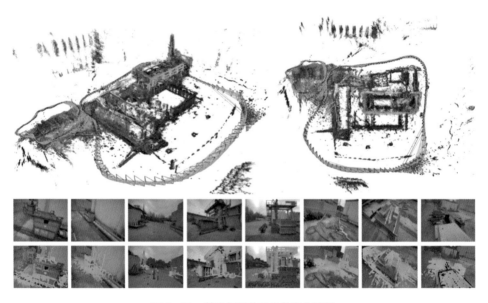

图 4-31　基于相机的三维数字化建模

来源:ENGEL J, SCHÖPS T, CREMERS D. LSD-SLAM: Large-scale direct monocular SLAM [C]// *Computer Vision - ECCV 2014: 13th European Conference*. Berlin: Springer International Publishing, 2014: 834-849.

　　利用激光雷达或相机得到三维模型的几何结构后,还需要利用语义分割方法对当前环境进行定性(语义级)描述(图 4-32)。目前主流的语义分割网络可以分为两大类:单模态网络和数据融合网络。前者只需要输入一种类型视觉信息(通常为彩色图像);后者则需要输入多种类型视觉信息,通过对不同类型的视觉信息进行特征提取与融合,提升语义分割的精度。自 2014 年加州大学伯克利分校的科研学者提出里程碑之作 FCN[①] 之后,U-Net[②]、DeepLab[③] 系列等大量性能优异的单模态语义分割方法层出不穷,推动了该方向的蓬勃发展。但受制于单一编码器,单模态语义分割网络只能从彩色图像中提取出色彩与纹理特征,抑或从深度信息中提取出几何结构特征,无法同时兼顾二者。为解决这个问题,2016 年慕尼黑工业大学的科研学者首创提出 FuseNet[④],用以同时从彩色图像和深度信息中提取特征并进行融合,通过二者的合并互补来提升语义分割网络的性能。加州大学圣地亚哥分校的科研学者 2020 年提出了基于彩色图像与法向量信息的语义场景理解方法 SNE-RoadSeg[⑤],极大地提升了语义识别的精度。

图 4-32　语义级城市三维数字化

来源: JEONG J, YOON T S, PARK J B. Towards a meaningful 3D map using a 3D lidar and a camera[J]. Sensors, 2018, 18(8): 2571.

---

① LONG J, SHELHAMER E, DARRELL T. Fully convolutional networks for semantic segmentation [C]// Proceedings of the 2015 IEEE Conference on Computer Vision and Pattern Recognition. Boston: IEEE, 2015: 3431-3440.

② RONNEBERGER O, FISCHER P, BROX T. U-net: Convolutional networks for biomedical image segmentation [C]//International Conference on Medical Image Computing and Computer-Assisted Intervention. Berlin: Springer, 2015: 234-241.

③ CHEN L C, PAPANDREOU G, KOKKINOS I, et al. Deeplab: Semantic image segmentation with deep convolutional nets, atrous convolution, and fully connected crfs[J]. IEEE Transactions on Pattern Analysis and Machine Intelligence, 2017, 40(04): 834-848.

④ HAZIRBAS C, MA L N, DOMOKOS C, et al. Fusenet: Incorporating depth into semantic segmentation via fusion-based cnn architecture[C]//Asian Conference on Computer Vision. Berlin: Springer, 2016: 213-228.

⑤ FAN R, WANG H L, CAI P, et al. SNE-RoadSeg: Incorporating surface normal information into semantic segmentation for accurate freespace detection [C]//European Conference on Computer Vision (ECCV). Berlin: Springer, 2020: 340-356.

4.2.3.6 智能市民服务热线

12345 热线接收居民和企业的各类一般性需求,例如经济调节、市场监管、社会管理、公共服务、生态环境保护等方面的咨询、投诉、举报、建议等。由于服务的群众基数很大,人工难以胜任。而智能市民服务热线可以通过和群众简短的问答式对话从而把群众的需求进行分类,针对不同的类别,通过自然语言处理技术,解决群众的各种诉求。如果诉求很复杂,智能系统无法给出令群众满意的回答,智能市民服务热线将转接有很大概率解决问题的人工客服,从而达到低成本、高效率、高质量地与群众进行沟通的目的。

智能市民服务热线背后的技术主要是自然语言处理的对话交互技术。常见的对话任务分为闲聊型、任务型和问答型。闲聊型指的是和用户进行开放领域的对话,任务型指的是响应用户的指令,而问答型指的是回答用户的问题。根据技术实现的方式进行划分,可以分为检索式、生成式和任务式。检索式指的是从语料库中搜索出与用户言语最匹配的语句。生成式指的是生成一句和用户言语最匹配的语句,而不是在知识库中搜索。任务式指的是任务型对话,需要根据对话的状态决策下一步的动作。

4.2.3.7 违停机动车辆识别

随着机动车数量的增加,违章停车现象屡见不鲜。主流的自动违章违停机动检测系统通常利用 2D 或 3D 目标检测算法或视频监控分析算法对闭路电视(CCTV)拍摄到的视频进行分析,进而识别出违停车辆。然而这类方法的有效性取决于闭路电视摄影机的位置,当它们距离目标较远时,往往无法探测到违停的机动车辆。虽然部署更多的闭路电视可以显著减少误检测,但这也会带来高昂的成本。利用移动机器人、无人机等平台进行违章机动车巡检更为高效且经济。

2020 年欧洲计算机视觉国际会议上,香港科技大学与加州大学圣地亚哥分校的科研学者联合提出了一个全自动违停机动车辆巡检网络架构[1](图 4-33)。这个网络架构模拟了交警巡检违停机动车的工作过程,主要由两部分构成:怀疑(Suspension)与调查(Investigation)。在怀疑阶段,一个名为 SwiftFlow 的无监

---

[1] WANG H L, LIU Y X, HUANG H Y, et al. ATG-PVD: Ticketing parking violations on a drone [C]//European Conference on Computer Vision (ECCV). Berlin: Springer, 2020: 541-557.

督光流估计网络首先对无人机拍摄的城市道路场景视频流进行处理,得到当前场景的稠密光流信息。由于动态机动车一定不为违停车辆,通过分割光流图像去除当前场景的动态物体后,目标识别网络 Faster R-CNN[①] 的误识别率显著降低。利用 ORB-SLAM[②] 算法进行无人机定位与城市场景 3D 地图构建,即可同时确定可疑违停机动车的位置。在调查阶段,当无人机飞回同一位置后,如果在前一阶段识别出的某辆可疑的违停机动车仍然存在,其将被认定为违停机动车。

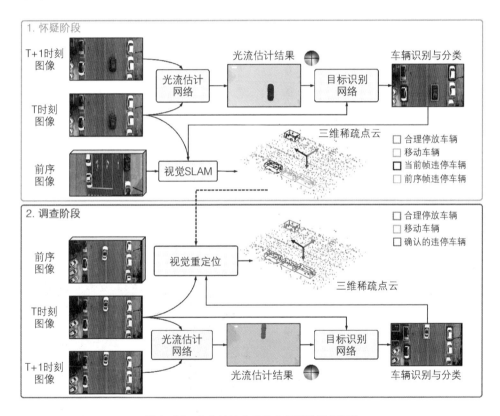

图 4-33　全自动违停机动车辆巡检网络架构

来源:WANG H, LIU Y, HUANG H, et al. ATG-PVD:Ticketing parking violations on a drone[C]// *Computer Vision - ECCV 2020 Workshops*. Berlin:Springer International Publishing, 2020:541-557.

① REN S Q, HE K M, Girshick R, et al. Faster R-CNN:Towards real-time object detection with region proposal networks[J]. IEEE Trans Pattern Anal Mach Intell, 2017, 39(06):1137-1149.

② MUR-ARTAL R, MONTIEL J M M, TARDOS J D. ORB-SLAM:a versatile and accurate monocular SLAM system [J]. IEEE Transactions on Robotics, 2015, 31(05):1147-1163.

4.2.3.8　违停单车识别

传统城市网格化管理模式中,违停单车管理依赖网格员巡查发现问题,人力成本高。商汤科技利用人工智能技术在上海市江苏路街道进行了违停单车识别的试点应用。首先将区域内 620 个摄像头转化成为智能感知神经元,以此解决摄像头"看得见"图像但"看不到"问题的弊端,能够迅速发现问题并及时推送给网格员的政务微信进行下一步立案处理。利用人工智能技术,城市管理者不仅可以自动发现问题,还可以在案件被处置后进行自动核查。摄像头会在规定时间内再次检测发生地点,若无问题即可上报平台完成结案。这种方式可以替代原有的人工复核,缩短结案流程并减少人力成本。商汤科技通过场景分割等新技术手段,在街道试点应用中利用局部与全局信息进行多尺度融合优化学习,解决了边界模糊判定等问题,从而提高了对非机动车违规停放事件的准确率。违停单车识别结果如图 4-34 所示,其中蓝色区域表示违停单车,绿色区域表示合理停放的单车。在这项试点应用中,城市网格员的日常工作从不断上街巡查的"人海战",向"人"与"机"的交互转变。这项基于人工智能技术的城市治理解决方案将逐步扩展到包括街面违规经营、机动车违规停放、乱晾晒、道路积水等 10 个场景,实现"全业务、全覆盖、秒发现"。

 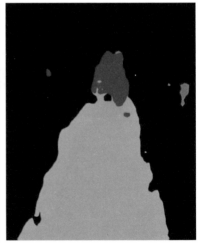

图 4-34　商汤科技提出的违停单车识别技术

来源:https://cn.technode.com/post/2020-05-29/sensetime-ai-sensefoundry/

4.2.3.9　生活垃圾分类

在各城市生活垃圾分类实践中,以智能科技为支撑的生活垃圾分类方案被证明能够引导居民自主分类投放,养成生活垃圾分类投放习惯,加强生活垃圾分类源头规范管理。这种方案为完善生活垃圾分类全过程监管提供了精准的数据支持,实现了全流程监管。现今,我国很多区域已经采用高智能的垃圾分类管理系统,利用大数据、人工智能和物联网等先进技术,运用智慧垃圾分类管理平台、智能分类设备和居民智能分类积分卡等工具,实现了准确的大数据统计和分析,概括不同时间段的投放量,以及精准记录垃圾分类工作的全流程数据信息。同时,这种方案还能够实现垃圾分类全过程监管,让生活垃圾分类更加智能、精准、精细、高效。

目前上海至少出现了 4 种智能垃圾回收箱,如"小黄狗""别扔了""阿拉环保""桑德回收"等(图 4-35),这些箱子通过依托云计算、大数据和人工智能等技术,潜移默化地培养用户垃圾分类的习惯。用户可以通过微信公众号或者自主研发的 App 进行信息管理,并对投放的垃圾进行数据分析和流向检测。为了更好地管理城市垃圾分类,杭州市正在推行"一户一桶一卡一芯片"的智能垃圾分类系统,利用智慧垃圾分类管理平台建立起精准的垃圾分类溯源机制。每户居民都有一个专属的分类二维码,每次投放的时间、垃圾分类准确性以及垃圾重量等基本数据都可以实时上传到智能账户中。大数据智能监管平台操作系统能够实时统计每个小区、每户居民的垃圾分类投放情况,通过数据汇总、分析,能够第一时间完成对居民参与率、分类准确度的统计和评判,为垃圾分类工作提供了技术支撑、数据支撑和管理支撑。北京市通过建立综合性、高智能的垃圾分类管理体系,实现了全地区垃圾分类全程智能化管理。居民在家分类,有垃圾分类小程序提供指导,带有芯片的智能垃圾桶能够自动称重并上传信息。垃圾桶和运输车辆都有唯一的身份识别芯片,从哪个小区出来、垃圾分得准不准、装了多少、走了哪条路,在这个地区的城市大脑指挥平台上一目了然。在终端处理厂,车辆的入场时间、运输量等内容也能够被全部记录下来①。

① 中国建设报社. 智能科技助力垃圾分类[EB/OL]. http://www.chinajsb.cn/html/202108/29/22700.html, 2021-08-29/2023-04-23.

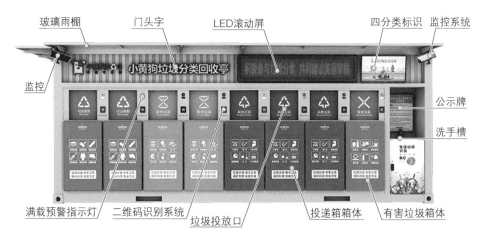

图 4 - 35 "小黄狗"智能垃圾回收房

来源: https://www.xhg.com/hardware/reclaimerf4.html

当前,生活垃圾智能分类仍然是整个生活垃圾分类管理中的辅助环节,受到许多场景限制和成本困境的制约。但随着信息技术和智能技术的不断发展,生活垃圾智能分类必将发挥更大的作用。住房和城乡建设部等部门组织编制的《"十四五"城镇生活垃圾分类和处理设施发展规划》也提出,要完善全过程监测监管能力建设,重点关注生活垃圾分类投放、分类运输、填埋处理、厨余处理等关键节点,进一步摸清生活垃圾分类和处理监管全过程,构建健全的监测监管网络体系。依托新兴技术,如大数据、物联网、云计算等,加速建设全过程管理信息共享平台,通过智能终端感知设备进行数据采集,进一步提高垃圾分类处理全过程的监控、预警和溯源能力[1]。

4.2.3.10 烟火检测

烟火检测识别预警方案能实现在数秒内完成火灾的探测及报警,大大缩短了火灾报警时间,为工作人员的及时处理提供了充足的空间,及时将火患消除以免引起更大的损失。该方案可应用在工地、煤矿、石油化工、水利水电、森林防火、仓储物流、秸秆焚烧等场景中,能弥补传统视频监控的不足,减少人工监控的工作强度,以及发现人眼难以察觉的细节,提高消防安全监管的工作效率及质

---

[1] 国家发展改革委办公厅 住房城乡建设部办公厅关于成都市长安静脉产业园等50家单位资源循环利用基地实施方案的复函[J].再生资源与循环经济,2018,11(11):8-9.

量,降低火灾隐患。传统的视频监控方式仅仅依赖监控中心的操作人员进行画面监控,而随着监控内容的日益增多,以及监控人员责任心和工作状态等各种因素的影响,视频监控系统的有效性无法保证。此外,受各种客观条件的限制,一个监视器必须分时显示多个监控现场的画面,对于大型系统,每个监控点实际上只有很少的时间被监控人员注视,漏报的概率非常高。在事后回顾时,必须依靠人工检索,这既费时费力,而且可靠性也较低[①]。通常情况下,当告警触发时,监控人员会对情况进行评估并采取相应的措施。然而,当监控系统的规模变得越来越庞大时,完全依赖人工处理往往会浪费很多时间,甚至可能导致更大规模的损失。

基于计算机视觉算法设计的烟火检测系统可在监控视频和图像中进行烟火定位或者烟火图像分类,在消防安全领域具有独特的意义。这类方法可通过已经训练好的烟火检测模型,识别出图片中的烟雾和火焰,并标记出目标的具体位置。烟火检测识别预警方案融合了计算机视频图像分析技术、视频传输技术、智能预警、消息通知、语音广播、消防联动等技术,基于部署在室内、室外的安全生产摄像机,可进行 7×24 h 不间断的实时视频监控与识别分析。一旦摄像机侦测到疑似烟火的情景,系统会自动发出预警提示,并进行现场图像的抓拍、保存和上传至平台。同时,系统会向企业管理人员发送预警信息。同时还可联动现场警灯、语音广播设备等,进行声光告警提示。与消防设施进行联动控制的连接,可实现现场喷淋灭火等操作。

烟火识别系统通常包括两个功能:① 烟雾检测,对燃烧过程中烟雾形成的不规则运动特征,如呈现出不同的颜色,烟雾从无到有的形状、面积、反射频率等持续性变化进行辨识和分析判断,从而形成对烟雾的判断并触发报警;② 火焰检测,对燃烧过程中火焰的图像特征,如呈现出不同的颜色,火焰从无到有的形状、面积、闪烁频率、强度等增长性和持续性变化进行辨识和分析判断,从而形成对火焰的判断并触发报警(图 4 - 36)。

4.2.3.11　人群密度估计

近年来,随着人口的快速增长,群体计数在视频监控、交通管制和体育赛事等方面得到了广泛应用。早期的研究工作通过检测身体或头部来估计人群数

① 李哲.智能视频监控在库区安防中的应用[J].石油化工自动化,2014,50(06):27-30.

图4-36　烟雾识别系统

来源：https://aistudio.baidu.com/aistudio/projectdetail/250330

量,而其他一些方法则学习从局部或全局的特征到实际数量的映射关系来估计数量。最近,群体计数问题被公式化为人群密度图的回归,然后通过对密度图的值进行求和以得到图像中人群的数量。随着深度学习技术的发展,研究人员采用卷积神经网络生成准确的群体密度图,并能获得比传统方法更好的表现。

中国科学院计算所与北京邮电大学近期提出了人群密度估计网络 DSNet[①](图4-37)。DSNet 由密集连接的扩张卷积块(DDCB)组成,它可以输出具有不

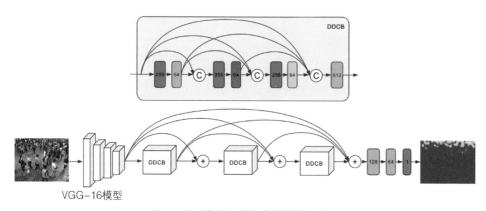

图4-37　用于人群密度估计的 DSNet

来源：DAI F, LIU H, MA Y, et al. Dense scale network for crowd counting[C]//Proceedings of the 2021 international conference on multimedia retrieval. Taipei：ICMR, 2021：64-72.

---

① 　DAI F, LIU H, MA Y, et al. Dense scale network for crowd counting[C]//Proceedings of the 2021 International Conference on Multimedia Retrieval. Taipei：ICMR, 2021：64-72.

同感受野的特征,并且捕获不同尺度的人群信息。DSNet 的卷积块与语义分割网络中常用的 DenseASPP[①]结构相似,但具有不同的扩张率组合。为块内的层仔细选择这些比率,每个块对连续变化的尺度进行更密集地采样。同时,所选择的扩张率组合可以利用感受野的所有像素进行特征计算,防止网格化效果。为了进一步提高 DSNet 捕获的尺度多样性,还堆叠了三个密集扩张卷积块,并利用残差连接(Residual Connection)进行密集连接。最终的网络采用更密集的采样方式,能够有效处理尺度变化范围非常大的群体计数问题。DSNet 能够有效地克服尺度变化问题,能够感知不同大小的人群(图 4 - 38)。

图 4 - 38　人群密度估计结果

来源:DAI F,LIU H,MA Y,et al. Dense scale network for crowd counting[C]//Proceedings of the 2021 International Conference on Multimedia Retrieval. Taipei:ICMR,2021:64 - 72.

4.2.3.12　安全帽识别

近年来,国家越来越重视安全生产,各个企业也都采取各种措施保障员工的

① YANG M K,YU K,ZHANG C,et al. DenseASPP for semantic segmentation in street scenes[C]//Proceedings of the 2018 IEEE/CVF Conference on Computer Vision and Pattern Recognition. Salt Lake City:IEEE,2018:3684 - 3692.

安全生产。在各行各业,由于未佩戴安全帽而造成的伤亡时有发生,安全帽佩戴管理成为一大难点。为了简化管理,并提高在岗人员的安全意识,可在各种生产现场部署安全帽识别仪进行实时视频检测,以预警在岗工人是否按照要求做好安全防范措施作业[①]。这样可以真正做到安全生产信息化管理,实现事前预防、事中常态监测和事后规范管理。

通过智能视频分析,安全帽识别技术可以及时检测监控区域内的违规行为,例如未佩戴安全帽等,并发出预警,实现事前预警、事中检测和事后规范管理。这种技术的应用能够减轻安防操作人员的"盯屏幕"任务,使他们能够更加高效地处理紧急事件和重要任务。国内多个科技公司基于深度学习中的目标识别网络开发了安全帽佩戴检测算法,重点关注视野里的人是否按照规定佩戴,对常见违规佩戴有很好的检测能力,并且可以区分安全帽的颜色。这些算法可以应用在施工工地、仓库等大型场景,检测是否有工人没有按照规定佩戴安全帽。如果有人没有按照规定佩戴安全帽,则向服务器提供报警信息以供后期处理。这些算法还支持正脸、侧脸,还可以识别蹲下等各种人体动作,对于没人佩戴的单独摆放的安全帽自动过滤(可以区分较多种类的帽子,但无法区分戴帽兜的人是否佩戴安全帽)。如图4-39所示,这些算法支持识别红色、黄色、白色、黑色、蓝

图 4-39　安全帽识别算法

来源: https://www.huaweicloud.com/zhishi/marketplace _ product _ 27b18157-87a4-4c61-912f-a99debad3804.html

① 严冬云.基于AI技术的EHS人体行为识别系统在制造型企业中的应用探析[C]//中国管理科学研究院科技管理研究所.中国科技成果荟萃(2022卷),2022:111-131.

色安全帽,并能在强光与弱光下区分是否正确佩戴安全帽(但暂不支持橘色,可能会根据光线识别成红色或者黄色)。

4.2.3.13　智能公路巡检

道路养护的重要性不亚于新建公路,潜在的道路病害若不能够及时处理,不仅会埋下巨大的行车安全隐患,还会缩短道路寿命。各地公路养护部门需要定期对道路进行检查。然而,人工实地检测工作量大、效率低,道路信息更新周期长;检测结果易受到检测员经验影响,不易对道路病害进行客观准确的评估;人工检测时影响正常交通,检测员存在安全风险。随着大数据时代的到来,使用先进的三维成像技术采集道路的几何信息,再利用人工智能方法对采集到的数据进行分析,就能够全自动地获取高精度、客观的道路质量评估结果。目前主流的道路三维重建系统大多采用高精度激光扫描设备来获取路面的几何信息,这类设备往往需要架设在特定的道路巡检车辆上,功耗大、售价和维护成本极高。来自香港科技大学的科研团队创新地提出了一套完整的高精度道路质量评估系统[1]。该系统首先利用低成本双目相机实时进行高精度路面三维模型重建,其精度可达 2.23 mm[2],完全可以与激光扫描仪媲美。其获取到的路面三维信息经过视差变换与图像分割处理后可实时输出道路的破损区域[3],通过语义分割网络[4]、三维点云建模与分割算法或经典图像处理方法即可识别出道路坑洞。整套系统被成功嵌入式应用在一台无人机上(图4-40),可全自动完成城市道路智能巡检。

[1] FAN R, JIAO J H, PAN J, et al. Real-time dense stereo embedded in a uav for road inspection[C]//Proceedings of the 2019 IEEE/CVF Conference on Computer Vision and Pattern Recognition Workshops. Long Beach: IEEE, 2019: 535-543.

[2] FAN R, OZGUNALP U, WANG Y, et al. Rethinking road surface 3-d reconstruction and pothole detection: From perspective transformation to disparity map segmentation[J]. IEEE Transactions on Cybernetics, 2022, 52(07): 5799-5808.

[3] FAN R, OZGUNALP U, HOSKING B, et al. Pothole detection based on disparity transformation and road surface modeling[J]. IEEE Transactions on Image Processing, 2019, 29: 897-908.

[4] FAN R, WANG H, BOCUS M J, et al. We learn better road pothole detection: from attention aggregation to adversarial domain adaptation[C]//European Conference on Computer Vision (ECCV). Berlin: Springer, 2020: 285-300.

嵌入式城市道路隐患巡检系统

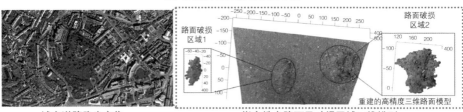

城市道路隐患定位　　　　　　　　　　指定地点路面及破损区域三维模型

图 4-40　智能公路巡检系统

来源：范睿绘制

4.3　全要素多粒度时空模型

4.3.1　时空模型发展历程

城市数字孪生时空模型是一种基于数字技术和数据科学的城市模拟和预测模型,其主要目的是将城市中各个方面的数据进行数字化和模拟,进而实现城市的智能管理和规划。

数学建模在城市数字孪生时空模型中具有重要的应用价值。数学建模可以为城市数字孪生时空模型提供各种方法和工具,从而更好地理解和掌握城市的特征和规律,为城市管理和规划提供支持和指导。数学建模是指将实际问题抽象化、建立数学模型并进行计算机仿真和实验分析的过程,其目的是通过数学手段揭示实际问题的本质和规律,并给出合理的解决方案。数学建模起源于 20 世纪中期,随着计算机技术的发展和应用需求的增加,得到了迅速发展。

早期的发展过程中,数学建模主要以数理方程为工具,主要研究线性问题,如线性规划、最小二乘法等。随后,由于计算机技术的普及,数学建模逐渐从线性问题向非线性问题转变。数学建模的应用领域开始拓展,主要涉及物理、化学、生物、建筑等领域。

数字城市的时空模型最初来源于地理信息系统(GIS)中的时空模型,通过 GIS 可以将地理信息进行数字化和可视化展示,实现对地理信息的统一管理和查询分析。GIS 模型是基于空间信息的,其空间数据处理和分析能力比较强,但对于时间信息的处理能力较弱。

20 世纪 60—80 年代中期,GIS 技术处于初期阶段,主要用于地图制作和土地利用规划等领域。这个阶段为城市数字孪生的发展提供了基础,如地图制作和空间分析等技术手段。

20 世纪 80 年代中期—90 年代,GIS 技术逐渐成熟,开始应用于城市规划、交通规划等领域。这个阶段为城市数字孪生的发展提供了实践基础,为城市数字孪生技术的开发奠定了基础。

20 世纪 90 年代—2000 年,GIS 技术开始涉及 WebGIS、移动 GIS、3D GIS 等领域,同时,GIS 应用也逐渐向政府、企业和公众等方向扩展。这个阶段为城市数字孪生的发展提供了更加广阔的应用场景和更加完善的技术手段。

21 世纪至今,GIS 技术不断创新发展,结合人工智能、大数据等技术,使得城市数字孪生的发展步入了快速发展阶段。GIS 技术的不断进步为城市数字孪生的实现提供了更加强大的支持,而城市数字孪生的应用也对 GIS 技术的发展提出了更高的要求和挑战。

城市数字孪生时空模型和建筑信息模型(BIM)是两个不同的概念,但它们存在交叉点。BIM 是一种数字化建筑信息管理的方法,而城市数字孪生时空模型则是将城市的各个方面,包括建筑、交通、人口等数字化,并进行模拟和预测,实现城市的智能管理和规划。BIM 技术可以为城市数字孪生时空模型提供建筑物的三维几何形态和属性信息。城市数字孪生时空模型可以将这些数据与其他城市数据整合在一起,形成完整的城市模型。同时,城市数字孪生时空模型可以利用 BIM 模型的数据来辅助城市数字孪生时空模型的建模和预测。总的来说,城市数字孪生时空模型和 BIM 技术可以相互补充和支持,共同为城市的数字化和智能化发展提供支持。

BIM 的发展可以追溯到 1975 年,当时伊斯特曼提出了 BIM 的基本概念。在 1986 年,罗伯特·艾什首次提出"Building Modeling"(建筑模型)一词。由于受到计算机硬件和软件水平的限制,21 世纪前的 BIM 研究只是学术研究的对象,难以在实际工程应用中发挥作用。但是,随着计算机软硬件水平的迅速提高和人们对建筑全生命周期的深入理解,21世纪以来,BIM技术得到了快速的发展。

现在,BIM技术已经广泛应用于建筑和工程领域中,成为建筑和工程管理的重要工具。BIM技术的应用不仅能够提高建筑和工程项目的效率和质量,还能够节约成本和提高安全性。随着现代技术的不断发展,BIM技术的应用也将不断扩展和深化。

城市数字孪生时空模型和CIM(城市信息模型)都是数字技术和数据科学在城市管理和规划中的应用。CIM可以应用于城市数字孪生时空模型中,为城市数字孪生时空模型提供更加综合和精确的数据基础,并为城市数字孪生时空模型提供一个可持续性的数据管理平台,从而更好地实现城市智能管理和规划。

CIM最初被简单地理解为BIM在城市范围内的应用,随后通过集成BIM、GIS、IoT技术由概念阶段进入建设阶段,在逐渐融入人工智能、云计算、大数据等技术后加速发展。CIM的概念由2010年上海世博会的世博园区智能模型发展而来。2014年,通过集成BIM与GIS来建立CIM成为重要趋势。2015年,物联网、人工智能、云计算、大数据、虚拟现实等技术逐渐应用在CIM当中。2018年,CIM在中国由概念阶段正式进入建设阶段。2020年,CIM在中国面临空前的发展机遇并加速发展。作为智慧城市以及数字孪生城市的重要模型基础,CIM的重要性日益突出。

4.3.2　时空模型关键技术

4.3.2.1　时空模型建模基础方法论

1. 模型构建基本流程

构建面向数字城市的时空模型,主要分为模型准备、模型假设、模型建立、模型求解、模型分析与检验、模型应用共六个阶段。时空模型建模流程如图4-41所示。

1)模型调研准备

当要建立一个与数字城市实际问题相关的时空模型时,第一步要深入地了解所需解决问题的实际背景和内在原理,并通过调研明确所要解决的问题和所要达到的主要目的。在该过程中,需要深入实际进行调查和研究,收集和掌握与研究问题相关的信息、资料,并查阅文献资料,与熟悉情况的相关人员进行讨论,

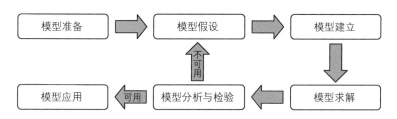

图4-41　时空模型建模流程图

来源：改绘自潘斌，于晶贤，衣娜.数学建模教程[M].北京：化学工业出版社，2017.

弄清实际问题的特征，并按照解决问题的目的更合理地收集数据，初步确定建立模型的类型。

2）模型假设

面向数字城市的实际问题往往错综复杂，涉及面广泛。需要对问题进行抽象简化，以准确把握问题的本质属性。在建立全要素多粒度时空模型时，需要对所研究的问题和收集到的全要素信息进行分析。之后对问题进行抽象化，简化不必要的因素，从而构建对建立模型有用的信息资源和前提条件[①]。在进行条件假设时，既要运用与数字城市问题相关的物理、化学、生物、经济等方面的知识，又要充分发挥洞察力和判断力。然而，对实际问题的抽象和简化必须按照一定的合理性原则进行，不合理的假设或过于简单的假设会导致模型的失败。一般而言，条件假设的合理性原则包括：

（1）目的性原则。根据研究问题的特征提取出与建模目的相关的因素，去除掉与建立模型无关或关系不大的因素。

（2）简洁性原则。假设条件要简单明了且准确，有利于构造模型。

（3）真实性原则。提出的假设要符合情理、实事求是，造成的简化误差应在实际问题所允许的误差范围内。

（4）全面性原则。针对问题提出假设的同时，还要考虑实际问题所处的环境条件等。

总而言之，根据数字城市实际对象的特征和建模目的，时空模型的条件假设基于对必要资料的掌握，并对问题进行合理抽象和必要简化，最终提出精确的语言来表达适当的假设。这一过程是建模过程中十分关键的一步，往往不能一次

---

① 宋瑞萍.浅析数学模型的构建方法及应用[J].青海师范大学学报（自然科学版），2011，27（03）：16-18.

完成,而需要经过多次反复才能完成。

3）模型建立

在模型合理假设的基础上,首先需要对不同的量进行区分,如常量、变量等问题所需要的因素;之后分析它们所处的地位、作用及关系,通过合适的数学方法刻画各种量之间的关系(等式或不等式),并建立相应的数学结构(数学关系式、数学命题、表格、图形等),从而构造出所研究数字城市问题的时空模型。

在构造时空模型时,要根据数字城市问题的特征、建模的目标等选择相应的数学方法。由于同一实际问题可采用不同的数学方法构造出不同的模型,因此,在能够达到预期目标的前提下,尽量采用简单的数学方法,以便构建的模型具有更广泛的应用。另外,数学方法的选择,也要根据问题的性质和模型假设所提供的信息而定。随着现代技术的不断发展,建模的方法层出不穷,它们各有所长。在建立模型时,可以同时采用,以取长补短,最终达到建模的目标。

在初步建立时空模型之后,一般还要进行必要的分析和简化,使其达到便于求解的形式,并根据研究问题的目的和要求,对其进行检查,主要看它是否能代表所研究的问题。

4）模型计算与求解

对于已建立的时空模型,需要进一步分析模型的相关特征和特点,在已有条件下,设计计算求解模型的算法,主要包括解方程、画图形、逻辑运算、数值计算等各种传统的和现代的数学方法[1],特别是现代计算机技术和数学软件的使用,可以快速、准确地进行模型的计算求解。

5）模型分析与检验

根据建模的目的和要求,分析模型求解计算的数值结果是否符合要求,如果不符合,则进行模型假设的修改或增减,并重新建立模型,直至符合要求[2];如果符合,需要在实际的问题中对模型进行验证,根据实际现象、数据等进一步检验模型的合理性和适用性,即模型正确性检验[3]。模型成功的标准是理论数值与

---

[1] 张英,安占军.基于 NX 草图建立数学模型进行产品设计研究[J].CAD/CAM 与制造业信息化,2012(03):46-48.

[2] 沈有辉.基于仿真的龙开口水电站碾压混凝土坝施工进度研究[D].长沙:国防科学技术大学,2010.

[3] 张英,安占军.基于 NX 草图建立数学模型进行产品设计研究[J].CAD/CAM 与制造业信息化,2012(03):46-48.

实际数值在误差允许的范围内相似;反之,模型则是失败的。

若能肯定建模和求解过程准确无误,一般来说,问题往往出在模型假设上。因此需要进一步分析模型假设涉及的实际问题,考虑对模型涉及的变量进行修改或增删;或者调整部分参数,或者改换其他数学方法,通常来说,一个模型需要在反复修改后才能成功。因此,模型的检验对于模型的成败至关重要,必不可少。

6）模型应用

时空模型的应用是建模的宗旨,也是对模型的最客观、最公正的校验。成功的时空模型,必须按照其建模的目的,将其用于分析、研究和解决实际问题,充分发挥时空模型在数字城市建设中的重要作用①。

2. 模型构建基本策略

1）模型要素分析

面对数字城市中的某个问题如何下手往往是最困难的事。时空模型建模的一个基本原则是认真分析所给的问题,找出所有相关的要素。

在数字城市全要素多粒度时空模型中,要素分为定量要素和定性要素,定量要素可以由数量来描述。要素与要素之间可能存在关联关系,并可用简单的关系式描述。定量要素被细粒度划分为变量、参量、常量。按连续性的角度,变量分为离散变量与连续变量;按确定性的角度,变量分为确定变量与随机变量。参量是一种特殊的变量,它对于一个特定的问题可以认为是常量,但对不同的问题这个常量也不同。

在一个实际问题中,往往会有很多要素与之有关,在收集好这些相关要素之后,先考虑主要的要素,简化与问题关系不太大的次要的要素。同时,区分出哪些要素是输入变量,即可以影响模型但其性状不是该模型所要研究的那些要素;哪些是输出变量,即性状是模型打算研究的那些要素,并给出适当的符号与单位。要做到这点有时是很困难的,这不仅需要对问题有深刻的认识,而且还需要有丰富的建模经验。对于一些要素虽然并非认为是无足轻重的,但还是简化了,其原因在于建模者不能处理这些要素,只能寄希望于简化之后不会使结果有

---

① 张英,安占军.基于 NX 草图建立数学模型进行产品设计研究[J]. CAD/CAM 与制造业信息化,2012(03):46-48.

太大的影响。

2）模型条件假设

为使建模得以进行,必须作一些合理的条件假设,假设的目的在于给出变量的取舍,即选出主要的要素,简化次要的要素,使问题不仅能进行数学描述,又能抓住问题的本质。

一般来说,模型的条件假设可以分为两类：一类是为简化问题的需要而作的假设；另一类是为了沿用某种数学方法的需要而作的假设。通过采用或建立某种数学方法来解决具体问题,每种理论的应用都必须满足一定的条件,能否应用所需的数学方法的关键在于所研究的对象是否大体满足相应的条件。必须指出的是,一个假设是否合理,最重要的是它是否符合所考虑的实际问题,而不是为了处理问题的方便而扭曲了问题。

在初次建模时,要选择使模型尽可能简单的假设,把所有的假设记录下来,以便能确切地知道是在怎样的假设下完成模型的。由于不同的假设可能得到不同的模型,描述一种情况的最佳模型通常不止一个。在一个模型中不可能同时使普遍性、现实性、精确性都很佳,在建模时要根据不同情况作出合理的取舍。

建好了第一个模型后,就要着手考虑问题中其他要素的影响,并对模型进行修正。一个良好的模型不但要刻画出问题的本质要素,而且还要使得模型不至于太复杂而导致无法求解,这需要处理好简单与复杂、精确与普适之间的矛盾。

在对模型做条件假设时,不能为了处理问题的方便而忽视与所给问题的相符性。实际上,与所给问题的相符性才是最重要的条件假设准则。

3. 模型分类与数据支撑

1）模型分类

面向数字城市的模型分类方法有多种,下面介绍常用的几种分类。

根据所建立模型的应用领域的不同,可以分为金融模型、交通模型、企业管理模型、经济预测模型、人口模型、环境模型、生态模型、城镇规划模型等。

按照建立模型所用的数学方法不同,可分为初等模型、几何模型、运筹学模型、微分方程模型、概率统计模型,层次分析法模型、控制论模型、灰色系统模型等。

按照建立模型的目的不同,可以大致分为优化模型、分析模型、决策模型、预测模型、控制模型等。

根据模型的表现特性,可分为确定性模型与随机性模型(前者不考虑随机因素的影响,后者考虑了随机因素的影响);离散模型与连续模型(区别在于描述系统状态的变量是离散的还是连续的);静态模型与动态模型(区别在于是否考虑时间因素引起的变化)。

2)数据的作用与收集

数据在数字城市建设过程中,起着举足轻重的作用。无论是数字城市的宏观决策问题,还是微观流程问题,都离不开数据的支撑。数据作为考察数字城市问题中所收集的重要量化材料,能反映出客观实际存在的规律,在建模中有以下几个方面的作用:① 能帮助形成建模的思想;② 能确定所建模型中的参数的值,即能辨识参数;③ 能检验模型。

在建模时有些数据是已经存在的,也有些数据需要重新收集,在数据的收集与分析中要注意以下几个方面:① 要分清什么数据是所需要的。在建模之前要分清哪些数据与问题是相关的,哪些又是多余的,同时要考虑是否欠缺某些数据。② 收集所需要的数据。收集的办法有两种:一是获取已有的数据,这部分数据可以现成取到;二是通过采集获取,还有的可能通过实验等手段获得。③ 处理数据。先将数据处理成所需要的形式,方法可以通过统计、平均等,要建好一个时空模型关键往往还体现在对时空数据的处理上,特别是对一些不规则数据的处理尤为重要。数据处理得好坏也是能否建立一个创造性时空模型的关键。

4.3.2.2　数字城市全要素时间序列模型

1. 时间序列模型分析

城市在发展过程中产生了大量的时间序列数据,这些数据对评估城市的当前发展状态和预测城市的未来发展,提供了重要的数据支撑。

在面向数字城市的全要素多粒度时空模型中,通过引入时间序列模型,对城市计算中的多粒度时间序列数据进行分析,并进行事物发展的预测。预测过程中,按时间顺序排列预测对象,形成时间序列,通过分析时间序列的历史变化规律,推断未来变化的可能性、趋势和规律。时间序列模型作为一种回归模型,认为事物发展具有延续性,利用历史时间序列数据进行统计分析并推测未来的发展趋势,同时充分考虑偶然因素的随机性影响,采用适当的处理方法消除随机波动的影响,并进行趋势预测。时间序列模型能够充分利用原始时间序列的数据,计算速度快、精度较高,并具有动态确定模型参数的能力。通过组合不同的时间序列或将时间序列与其他模型组合,可以提高预测效果。

数字城市中的时间序列模型通常包括四种变化形式,即长期趋势变动、季节变动、环变动和不规则变动。长期趋势变动反映客观事物主要变化趋势,表现为时间序列朝着一定方向持续上升或下降,或停留在某一水平上。季节变动是由季节因素引起的周期性波动。环变动通常是指周期为一年以上,由非季节因素引起的波动,具有涨落起伏相似的特点。不规则变动通常包括突然变动和随机变动。突然变动是由某种特殊事件引起的,而随机变动则是由不可预见因素的影响所导致的波动①。

2. 时间序列预测策略

如果预测的时间段内没有出现过突发事件或随机波动较小,并且有充分的理由认为过去和现在的趋势会延续到未来,那么可以使用时间序列模型进行预测。时间序列模型采用的预测方法主要包括移动平均法、指数平滑法、差分指数平滑法、季节系数法等。

使用一次移动平均方法可以建立基于历史序列的预测模型,适用于预测目标在某一水平上波动的情况。当预测未来各期的结果时,需要在此之前最近 N 期的平均值,并且 N 值要根据随机波动大小进行选择。对于具有季节性周期的数据,移动平均的项数应该等于一个周期的长度。可以使用多个模型的预测结果进行比较,选择误差最小的模型所取的 N 值。

如果预测目标的基本趋势与某一线性模型相符,则可以使用二次移动平均法建立预测模型。但是,如果序列中同时存在线性趋势和周期波动,则趋势移动平均法是更适合的选择。而一次移动平均方法以及二次及更高次移动平均方法所需要的权重是不同的,需要针对具体情况选择最适合的方法来建立预测模型。

通常来说,历史数据对未来值的影响会随着时间间隔的增加而逐渐减弱。指数平滑法是一种更加贴近实际的方法,它对各个时期的观测值按照时间顺序进行加权平均以得出预测值。指数平滑法分为一次、二次和三次指数平滑法等。

当时间序列具有线性趋势时,一次指数平滑法可能出现滞后偏差,这是因为数据不符合该模型的假设,因此需要对输入数据和输出结果进行处理。差分方

---

① 梁汉华.中小型电站水库日常发电调度的优化研究[D].杭州:浙江大学,2005.

法是一种简单的数据变换方法,可以改变数据的变动趋势。

差分指数平滑法是将上述两种方法结合起来使用,解决滞后偏差问题,并改进初始值。通过差分处理,新序列基本上是平稳的,因此可以取新序列的第一期数据作为初始值,从而提高了预测的准确性。但该方法在选择加权系数时存在问题,并且只能逐期预测。

在城市计算中,很多预测对象都表现出季节性时间序列的特征。这里的季节包括自然季节,也包括某些特殊事件的季节周期,例如产品的销售季节等。季节系数法是一种主要的季节性时间序列的预测方法,其计算步骤包括:① 收集 m 年的每年各季度(每年 n 个季度)的时间序列样本数据;② 计算每年所有季度数据的算术平均值;③ 计算同季度数据的算术平均值;④ 计算季度系数;⑤ 计算预测年份各季度的预测值。

3. 时间序列模型在城市计算中的应用

1) 预测城市税收收入

作为政府财政收入的主要来源,税收在保证地区经济稳定增长、实现宏观调控方面具有重要作用。因此,各级政府需要预测每年的税收收入,提前制定好相应的预算规划,这是一项十分重要的工作。然而,在短期内,由于宏观政策、市场需求等不确定因素的影响,税收收入预测存在一定的难度。

作为经济运行的关键指标之一,税收收入具有稳定性和增长性,并与前几年的税收收入相关联,因此时间序列方法可以用于建立税收收入增长的预测模型。在经济预测方面,有许多经典的理论方法可供选择,如生长曲线和指数平滑法。此外,自回归模型能够考虑经济现象在时间序列上的依存性和随机波动的干扰性,因此对于短期经济趋势的预测有较高的准确性,是一种广泛应用的方法。

在预测税收收入时,未来一年的税收值通常与过去多年的税收值高度相关。因此,为了提高预测的准确性,可以采用自回归模型。在其他情况下,移动平均模型或自回归滑动平均模型等其他时间序列方法也可用于预测。

此外,可以综合考虑多种因素对税收收入的影响,如投资、生产、分配结构和税收政策等,采用多元时间序列分析方法来建立相关性模型,以改善税收预测模型并提高其预测质量。

2) 企业产品销售预测

销售预测是指根据以往的销售情况对未来的销售情况进行预测。销售预测可以直接生成同类型的销售计划,企业的销售预测会对销售管理的各方面工作产生影响,比如销售计划与销售预算的制定等。

指数平滑模型是一种有效的销售时间序列数据分析和预测模型。在使用指数平滑时,首先需要选取适当的加权系数,并根据销售时间序列数据的特点在 0—1 的范围内确定加权系数。如果销售数据波动不大,相对平稳,则可以选择较小的加权系数,使新数据所占比重较小,原预测值所占比重较大;如果销售时间序列数据出现了迅速且明显的变动趋势,则可以选择较大的加权系数,使新数据所占比重较大,原预测值所占比重较小。通过调整加权系数,可以平衡新数据和原预测值的影响,提高预测精度。

在使用指数平滑模型进行销售预测时,需要选择合适的初始值,可以自行设定。当时间序列的历史数据较多时,初始值对后续预测值的影响较小,此时可以选择第一期销售数据作为初始值。但当时间序列的数据较少时,初始值的选择对预测值的影响将更加显著,因此初始值的选择变得更加重要。通常情况下,可以使用最初几期实际销售数据的平均值作为初始值。

当销售数据的时间序列变动呈现直线趋势变化时,需要采用二次指数平滑法,并建立直线趋势模型,以利用滞后偏差的规律。三次指数平滑法用来处理时间序列的变动为二次曲线的情况,其原理是在二次指数平滑法的基础上再进行一次平滑。

总之,销售预测十分重要,但进行高质量的销售预测却并非易事。结合企业的历史销售时间序列数据,采用指数平滑模型预测企业产品的未来销售数量和销售金额。根据实践经验,加权系数的取值范围一般以 0.1—0.3 为宜,初始值一般取前 3—5 个销售数据的算术平均值。

3)城市交通状态预测

交通流问题是考察在高速公路上行驶的车辆流动问题,可以用 x 轴表示此公路,x 轴正向表示车辆前进方向,研究何时可能发生交通阻塞以及如何避免的问题[1]。

如果采用连续模型[2],设 $u(t,x)$ 为时刻 t 时交通车辆按 x 方向分布的密度,

---

① 梁小磊.非线性偏微分方程及其数值计算[D].合肥:合肥工业大学,2010.

② 梁小磊.非线性偏微分方程及其数值计算[D].合肥:合肥工业大学,2010.

即设在时刻 t,在 $[x,x|dx]$ 中的车辆数为 $u(t,x)dx$,再设 $q(t,x)$ 为车辆通过 x 点的流通率,则在时段 $[t,t+dt]$ 中,通过点 x 的车辆流量为 $q(t,x)dt$。

而红绿灯下的交通流问题则需要特殊对待。为了方便起见,将交通信号灯设置在 $x=0$ 处,如果原道路交通处于稳定状态,即初始密度 $f(x)$ 为常数,则在某一时刻交通灯突然亮起红灯,则位于交通灯前面 $(x>0)$ 的车辆不受影响正常行驶,而后面 $(x<0)$ 的车辆便堵塞起来,直到交通灯转为绿色,被堵塞的车流得以正常流动,针对这一状况应该如何使用车流密度函数的变化来描述呢[①]?

显然红绿灯的变化必然引起密度函数 $u(t,x)$ 的间断,因此可通过研究函数的间断来讨论密度函数的演变过程。设 $t=0^+$ 时,交通灯突然由绿变红,$t=\tau$ 时又由红变绿。下面将对于该过程中的不同情况进行简单的介绍说明。

(1) $t=0^-$ 时,设 $u(t,x)=f(x)=u_0$ (常数),即初始密度小于使流量达到最大的密度 u_m,此时交通畅通,这种情况称为稀疏流。

(2) $0^+\leqslant t<\tau$ 时,红灯亮。该情况存在两个间断点,分别是红灯后面 $(x<0)$ 车辆堵塞导致最大密度 u_m 与初始密度 u_0 形成间断线 $x=x_{sl}(t)$,即被堵塞车队的队伍尾部随时间向后延伸的过程[②];且在红灯之前 $(x>0)$ 的车辆开始行驶,此时路段空出的部分使得 $u=0$ 与 $u=u_0$ 形成间断线 $x=x_{sr}(t)$,即已远离的车队队尾向前延伸的过程。

(3) $t=\tau$ 时,交通绿灯亮起,此时滞留在 $x<0$ 处即交通红灯后面的车队开始向前行驶。

(4) $t>\tau$ 时,可以使用 $x_1(t)$ 代表被堵的车辆队伍在行驶时队头车辆的位置,即由 $u=0$ 变为 $u>0$ 的位置,$x_2(t)$ 表示堵塞车队行驶时最后面那辆车的位置,即由 $u<u_j$ (交通堵塞时的车流密度)变为 $u=u_j$ 的位置,x 在该范围内,密度 $u(t,x)$ 是连续的,并可由 x 与 u、t 的关系推导可得 $u(t,x)$ 是线性的,在 x_1 与 x_2 之间的那些车辆是一辆辆逐渐开动起来的,由于初始密度均匀,x_1 与 x_2 又是 t 的线性函数,所以 $u(t,x)$ 与 x 之间的线性关系是可以预料的。

(5) $t=t_d$ 时堵塞消失,即堵塞车队尾部也行驶起来,由于 $x_2(t)$ 与 $x_{sl}(t)$ 均为向后移动,当 $x_2(t)$ 赶上 $x_{sl}(t)$ 时,即 $x_{sl}(t_d)=x_2(t_d)$,堵塞消失,用 t_d 表示。

①　杨开春,段胜军.交通流的红绿灯模型[J].西安联合大学学报,2004(05):41-45.
②　赖兴珲,陈以平.色灯下的交通流模型与特征线的研究[J].湖北民族学院学报(自然科学版),2006(01):23-27.

（6）$t = t_u$ 时追上车队。即堵塞车队的队头追赶上了远离的车队①，即 $x_{sr}(t_u) = x_1(t_u)$，将该时刻记作 t_u。

（7）$t > t_u$ 时，(2)中的两个间断点 $x_{sl}(t)$、$x_{sr}(t)$ 继续分别向后、向前移动，其中 $u(t, x)$ 在间断点处的跳跃值逐渐减小，当 t 足够大以后，$x_{sl}(t)$ 和 $x_{sr}(t)$ 以相同的速度向前移动。

（8）$t = t^*$ 时在 $x = 0$ 处交通恢复，即 $x_{sl}(t)$ 向前移至 $x = 0$ 的时刻记作 t^*，此时 $x = 0$ 处的车流密度 $u(t, x)$ 减少到初始密度 u_0，可以认为 $x = 0$ 处的交通恢复正常，且红灯时间 τ 越短，交通恢复得越快。

（9）当 $t > t^*$ 后，$x_{sl}(t)$、$x_{sr}(t)$ 都在 $x > 0$ 处向前移动，并且 u 的跳跃值逐渐减小，当 $t \to \infty$ 时，全线（$-\infty < x < +\infty$）的交通才能恢复如初 $u = u_0$。

4) 城市人口预测

人口增长问题是当前全球面临的重要问题之一。如果一个国家或地区的人口出生率过高或偏低，都会对人们的正常生活造成严重威胁，一些发达国家的自然增长率已趋近于零甚至变为负值，导致劳动力短缺。在我国，人口老龄化问题十分严峻，一些省份的人口自然增长率已经变为负值。因此，除了保证人口有限增长，适当控制人口老龄化并调整年龄结构到合适的水平，是一项长期而又艰巨的任务。

建立数学模型来描述、分析和预测人口发展过程，研究控制人口增长和老龄化的生育策略，是数学在社会发展中的一个重要应用领域，吸引了各个领域学者的广泛关注和兴趣。Malthus 模型是一种人口预测模型，该模型在客观上提醒了人们注意人口与生活资料比例协调，防止人口的过速增长，成为现代理论的开端。

4.3.2.3 数字城市多元时空模型

城市是复杂的系统，涉及人口、土地、基础设施等多种元素，构建数字城市多元时空模型，主要用于对城市空间全要素细粒度的表达，以及城市级别海量多源数据的汇聚和融合分析。数字城市多元时空模型的本质是实现"大场景 GIS 数据+小场景 BIM 数据+微观物联网 IoT 数据"的结合。从模型层次上看，数字城市多元时空模型共包括三个维度：空间维度、时间维度、感知维度。其中，空间

① 龙小强,晏启鹏.信号灯控制下的交通流模型[J].西南交通大学学报,2000(03)：301-305.

维度是三类维度中最重要的维度。图 4-42 展示了数字城市多元时空模型的层次结构。

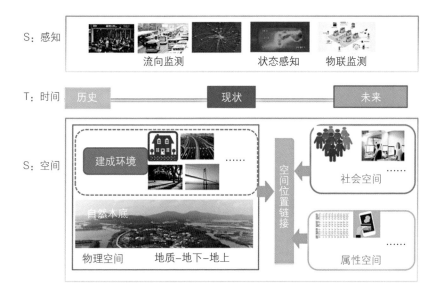

图 4-42　数字城市多元时空模型层次结构图

来源：季珏,汪科,王梓豪,等.赋能智慧城市建设的城市信息模型(CIM)的内涵及关键技术探究[J].城市发展研究,2021,28(03):65-69.

1. 空间维度

空间维度是一个耦合的系统,包括物理空间、社会空间和属性空间三个部分。

物理空间由城市时空位置和城市要素构成,其中时空位置包括城市实体之间的时间和坐标信息,城市要素则包括地下空间要素、地表覆盖要素和城市运行要素等。

社会空间描述城市社会中个体和群体之间的关系和活动,由人员、企业等社会主体组成的组织、活动、关系和逻辑构成。其中,城市发展过程中多元参与主体构成组织要素,活动要素则是围绕城市生活和生产所开展的各种活动,关系要素则是多元参与主体之间相互作用所产生的多维层次关系,而逻辑要素则是描述社会关系变化的过程所遵循的规律。

属性空间是城市数字化的重要组成部分,它是物理空间和社会空间的补充,并且通过与这两个空间的互动而形成。属性空间作为城市数字化的载体,采集、融合和分析城市物理空间和社会空间中的数据和信息,从而实现对城市要素和活动的实时反馈。属性空间能够实现城市多维仿真、智能预测、虚实交互和精准控制等功能,为城市数字化发展提供了强大的支持。

这三类空间需要在统一的空间位置上相互链接才能形成一个有机的空间维度。这种链接可以实现城市物理空间和社会空间中物理实体对象及其关系、活动等在属性空间中的多维映射和连接,进而实现城市的智能化和数字化管理。

2. 时间维度

数字城市多元时空模型能够综合考虑城市历史、现状、未来等方面的信息,展示城市演进和发展的过程,同时包括城市实体的状态和未来规划。通过时空数据的汇聚,为城市规划、管理和决策提供更加全面、准确和可靠的支持。这将使得数字城市的建设和发展更加符合城市的实际需要和未来发展趋势。

3. 感知维度

随着新一代信息技术的发展,数字城市建设正在经历从低频向高频转变的变革。与传统信息数据环境相比,高频信息数据具有多维、异质和实时等特性,能够更加精准、实时和丰富地感知传统城市空间和时间维度。为了更好地实现对城市的感知,数字城市多元时空模型考虑了物流、信息流等表达物理空间与社会空间耦合轨迹的感知监测数据和模型,同时也包含了新一代传感器监测城市各种实时状态的数据和模型,如温度、能耗等。这些数据和模型实现了对城市全方位的感知,为城市智能化发展提供了有力的支持。

4.3.2.4 建筑信息模型

建筑信息模型(BIM)是一种集成数字化技术的过程,用于创造、整合、共享和管理建筑信息[①]。这个过程从 BIM 模型的创建开始,一直延伸到建设项目的全生命周期,包括设计、施工、运营等各个阶段的服务。BIM 模型本身是一个综合的"时空模型",可以为建筑项目提供全面的时空视图和管理支持。

BIM 技术是一种通过参数化的三维建模过程来数字化建筑、工程和其他设施的方法。在这个过程中,BIM 将所有的尺寸、位置和其他几何数据、物理属性和关系信息以数字形式保存在一个综合的数据库中。根据不同的用途,BIM 模型可以分为三种类型的设施或建筑物:建筑、构筑物和基础设施。

---

① 王雪青,张康照,谢银.BIM 模型的创建和来源选择[J].建筑经济,2011(09):90-92.

在实际工作中,一个建设项目通常需要多个 BIM 模型来完成不同目的的时空建模。这些模型之间通常具有不同程度的互相关联。从逻辑上来说,一个设施相关的所有信息都可以放在一个模型里。BIM 模型的生成方式根据其用途和项目的交付模式而异。常见的生成方式包括:依据图样建模、三维设计建模、实体生成模型等。

1. 依据图样建模

依据图样建模,即"翻模",是生成 BIM 模型的主要技术手段之一。依据图样建模与传统设计和施工过程、交付形式结合较为紧密。BIM 实施的核心流程包括利用 BIM 建模软件对设计单位提供的设计图和施工单位提供的深化设计图进行建模。这个过程要求精准的建模技能和深入的建筑领域知识,以创建高度可视化、互操作性强且可持续的"时空模型",为建设项目的全生命周期服务。

依据图样建模在 BIM 建模中发挥了重要的作用。然而,面对数字城市建设的新需求时,这种模型生成方式存在不足。首先,重复工作多。在原本的设计流程中,由于插入了"翻模"的工作步骤,用三维的方式将设计师的设计成果又重复输出一次,这个过程必须配备相应的人员专门进行该项工作,增加了工作量。其次,沟通效率低下。在该方式中,二维设计师和 BIM 工程师是两个相对独立的团队,无论是 BIM 工程师在模型应用中发现设计错漏需要修改或者优化方案,还是设计师需要主动对二维图样进行修改时,都需要与对方团队进行沟通,这种单线程沟通方式效率低下。最后,准确性下降。以"翻模"的形式介入的 BIM,增加了工作流程和沟通协调的复杂性,增加了设计成果出错的概率,使其准确性下降。

2. 三维设计建模

三维设计建模是 BIM 建模中常用的设计方式,具有高度可视化和形象直观的特点。其流程包括使用 BIM 建模软件进行三维建模,生成三维 BIM 模型①。这种方式生成原始数据,可用于有限元分析。同时,三维设计建模还可通过着色和渲染功能呈现设计方案的三维效果图,方便计算模型的体积、质量、重心、转动惯量等参数,并进行成本预算。省去了制作样机和模型的步骤,让设计和决策人

①　高霞.试论 BIM 在建筑工程造价全过程控制的应用[J].建材与装饰,2020(11):163-164.

员在产品投产和项目投标前全面准确地了解其外观①。这种设计方式推动了设计和制造一体化的发展。

通过对三维设计建模与依据图样建模两种模型生成方式的比较,可以明显发现三维设计建模的优势。首先,由设计人员直接进行三维设计建模,省去了二维图样转化成三维模型的过程,简化工作流程,减少人力资源投入和软硬件投入,减轻工作量。其次,当设计建模的过程中出现错漏问题需要修改和优化方案时,设计师可以直接在三维模型上进行修改,由于不存在设计师与BIM"翻模"工程师之间的沟通问题,效率大大提高。最后,工作流程简化,参与人员数量减少,有助于提高成果准确性。

3. 实体生成模型

虽然BIM技术在近年来得到了飞速发展并被广泛应用,但目前BIM应用往往仅限于各个建设项目阶段的局部应用,缺少一个贯穿全生命周期的BIM工作作为支持。例如,当业主在建筑施工竣工后需要一个完整的竣工BIM模型以便后期的运营开发利用时,常常需要通过"后补"的方式来满足需求。为了实现这种"后补"需求,实体生成模型应运而生。这种方法适用于已完成的建筑物,利用三维扫描、全景摄像等技术采集建筑物的几何信息,再通过专业软件进行转换和修改,最终形成BIM模型。实体生成模型的工作流程一般包括方案设计、初步设计、施工设计、深化设计、施工实施和运营六个阶段。

4.3.2.5　城市信息模型

城市信息模型(CIM)是通过建模、模拟和分析城市信息的方式,为城市管理和规划提供决策支持。CIM不仅仅是一个数据模型,也是一个综合信息系统,包括了城市地理、地形、建筑、交通、环境等多方面信息。通过将这些信息进行整合和分析,CIM能够模拟城市的运行机制,预测未来城市的发展趋势。

CIM的核心优势在于,它能够为城市管理者提供更精细化、科学化的决策支持。例如,在城市规划中,CIM可以根据城市的历史数据和未来趋势,预测人口增长和迁移的趋势,进而为城市规划者提供更加准确的人口分布和用地规划建议。在城市交通管理方面,CIM可以分析城市交通流量,并优化交通系统的设计和运作,从而减少交通拥堵和环境污染。

---

① 顾岩.三维设计在水利水电行业中的应用探讨[D].天津:天津大学,2007.

为了更好地支持城市管理和规划,CIM 需要不断更新和完善。当前,CIM 的发展面临着数据融合、模型建立和算法设计等方面的挑战。需要采用先进的技术手段,如人工智能、机器学习等,来提高模型的精度和可靠性,为城市管理者提供更好的决策支持。

4.3.2.6　城市地理信息的时空特性

城市地理信息是指以城市及其周边环境为研究对象的地理信息。它包括城市地理位置、地形地貌、土地利用、城市交通、建筑物分布、自然资源分布、城市环境质量、人口分布、社会经济发展水平等方面的信息。这些信息可以通过各种技术手段获取、加工、分析和应用,以支持城市规划、管理和决策。

城市地理信息是城市数字孪生的基础,它是数字孪生模型中的原始数据和基础地图数据,也是数字孪生模型的时空基准。在城市数字孪生中,城市地理信息可以用于三维建模、可视化、分析和预测等方面,帮助我们更好地理解和管理城市。例如,通过城市地理信息,可以构建城市的三维数字孪生模型,对城市的交通拥堵、空气质量、绿化覆盖等进行模拟和预测,为城市规划和决策提供依据。

1. 地理信息空间特性

作为信息的一种,地理信息具备信息的基本特征,即信息的客观性、信息的适用性、信息的可传输性和信息的共享性[①]。此外,地理信息还具有一些独特的特性,包括:

(1)空间分布特性。城市地理信息的空间分布特性是指它们在城市空间中的分布规律。这种规律可以是集聚、分散或均匀分布等。例如,城市建筑物的空间分布特性通常呈现出聚集的状态,而道路和交通设施则呈现出分散和穿插的状态。

(2)空间结构特性。城市地理信息的空间结构特性是指它们之间相互关联、相互作用的空间关系。例如,城市建筑物之间的空间关系可以是接壤、相邻、遥远等,而交通设施则可以是连接、穿越等。

(3)空间分辨率特性。城市地理信息的空间分辨率特性是指它们在空间上表达的精度和细节程度。例如,建筑物的空间分辨率可以是具体到每个建筑物的轮廓,也可以是整幢建筑的外形。而地形地貌则可以是精细到每个细节的地

---

① 　黄杏元.地理信息系统概论(修订版)[M].北京:高等教育出版社,2001.

形高度模型,也可以是粗略的地形等高线图。

(4)空间演变特性。城市地理信息的空间演变特性是指它们在时间上的变化和演化过程。例如,城市建筑物的空间演变特性可以是建筑物的增长和减少、改建、拆除等,而城市道路的空间演变特性则可以是道路的修建、拓宽、变更等。

这些空间特性对于城市地理信息的采集、处理、存储和应用都具有重要的影响,因此在城市地理信息系统的设计和应用过程中需要充分考虑它们的影响。

2. 地理信息时空特性

城市地理信息的时空特性指的是城市空间与时间上的特征和变化,其时空特性主要包括以下方面:

(1)时空参考系统。时空参考系统是指用于描述和表示城市地理信息的时间和空间基准系统,它是将地理信息定位到地球表面的基础。常用的时空参考系统包括经纬度坐标系、UTM 坐标系等。

(2)时空分辨率。时空分辨率是指城市地理信息在时间和空间上的分辨率,它决定了数据的精度和分辨率。时空分辨率通常由数据源、数据类型和应用需求等因素决定。

(3)时空数据模型。时空数据模型是指用于描述和管理城市地理信息的数据结构和数据模型,它是将地理信息转化为计算机可处理的数据形式的基础。常用的时空数据模型包括矢量数据模型、栅格数据模型、TIN 数据模型等。

(4)时空数据质量。时空数据质量是指城市地理信息在时间和空间上的准确度、精度、完整度、一致性等方面的质量特征。时空数据质量的高低直接影响到数字孪生城市模型的精度和可信度。

(5)时空数据挖掘。时空数据挖掘是指对城市地理信息中的时空关系、规律和趋势进行发现、提取和分析的过程。时空数据挖掘可以帮助人们深入理解城市地理信息的时空特性和变化规律,为数字孪生城市模型的建立和应用提供支持。

4.3.3 面向城市数字孪生的时空模型关键技术

4.3.3.1 建筑信息模型应用于城市数字孪生

数字孪生空间模型将真实世界的建筑结构元数据完整地映射到计算机模型中,利用图形数据库形成一种类似图谱的关系管理,将每个建筑结构元数据作为一个节点,节点之间根据真实世界的建筑结构产生关联,同时叠加描述性的标签集,这样真实世界中建筑的层次结构及空间关系就可以在计算机模型中被完整定义。

借助物联网技术,采集传感器、弱电系统的时序数据并叠加,使 BIM 模型与数据完成连接。连接数据的 BIM 模型元素一般称为 BIM 模型的信息集成元素,BIM 模型的信息集成元素通常分为两类:一类是空间元素,另一类是设备元素。通过 OpenAPI 服务,将标准化的空间元素输出至数字孪生空间模型,根据输出数据中每个空间元素的唯一标识符生成虚拟世界中映射的空间节点,并通过人工手段对空间节点进行修正,从而建立符合用户实际应用场景的标准数字孪生空间模型。

在获得元数据后,需要建立数字孪生空间模型层次结构,数字孪生空间模型层次结构应按照真实世界中建筑的实际结构建立。常用的数字孪生空间模型层次结构如下:项目—项目分区—楼栋—楼层—楼层区域—空间。

4.3.3.2　城市信息模型应用于城市数字孪生

近年来,在城市建设的过程中,采用了先进数字技术如 BIM、三维 GIS、大数据、云计算、物联网和智能化等技术,以形成数字城市与实体城市"孪生",实现了城市规划、建设和管理全过程、全要素、全方位的数字化、在线化和智能化。

这种数字孪生城市技术的构成可以从以下三个方面进行理解:首先,BIM 数据是城市单一实体的数据,类似于城市的细胞。其次,GIS 作为所有数据的承载,将数据进行融合。最后,通过 IoT,数字孪生城市平台能够实时呈现客观世界的所有状态,从而形成数字孪生城市的概念。

CIM 是数字孪生城市的基础核心,同时也是可扩展的。它可以接入各种城市公共系统的信息资源,例如人口、房屋、住户水电燃气信息、安防警务数据、交通信息、旅游资源信息、公共医疗等。这些信息资源的跨系统应用集成和跨部门信息共享,都可以通过 CIM 实现,为数字孪生城市的决策分析提供支撑。

数字孪生城市技术通过在虚拟空间中再现城市,生成实际城市的一个拷贝,从而为智慧城市规划、建设和运营管理提供统一的基础支撑。这个拷贝可以作为现实城市的镜像、映射、仿真和辅助,为城市管理和决策制定提供了更精确和可靠的数据支持。

数字孪生城市以 CIM 为核心技术,是新型智慧城市建设的一种新理念和新模式。它吸引了大量产业资源和智力资源,成为城市级创新平台的重要推动力量。在智慧城市建设的浪潮中,抢占 CIM 技术高地不仅有助于推动空间信息服务和智慧建造服务的发展,也为周边行业和基础性、应用型技术指明了新的发展方向。数字孪生城市虚实融合、精准映射的特征对技术提出了新的要求,例如缩短地理测绘周期、提高信息采集更新频次、提升数据加载与图形渲染速率、规范数据采集和融合标准、增强实时数据的分析挖掘能力等。

在构建城市信息模型时,需要尽可能地与真实城市保持一致,使人们能够参与到虚拟城市信息模型本身的演进中,帮助人们作出及时的决策。因此,从城市规划、建设、管理、治理的全生命周期动态闭环来看,CIM 平台不是一张表达性的静态地图,而是一个系统性平台,能够提供信息共享、分析可视、监督预警、模拟仿真、辅助决策、联动处置等核心功能[①]。

随着智能技术的快速发展,新型智慧城市的建设已成为必然趋势。CIM 模型在智慧城市建设中被广泛应用,具有实时、动态、精准等能力,可实现城市"规建管用"的全生命周期协同管理,并在城市规划、建设和运行管理各个阶段发挥作用。城市规划阶段应协同完成各项规划评估并得出最佳结果。城市建设阶段应进行规划评估、实施情况体检和全周期监控。城市运行管理阶段应实现对各类智能感知设备监测数据的实时感知,深度挖掘城市运行规律并实现风险预测预警和高效处置[②]。

CIM 模型是实现智慧城市建设的重要基础,其中所包含的数据是城市发展所需的必要信息。利用 CIM 模型的数据进行智慧规划设计可以实现城市的智慧化管理,包括基础设施建设、经济和人文信息的整合。CIM 平台能够将城市的社会、自然、人文资源整合在一起,使政府能够高效地完成日常工作,同时为居民和城市产业提供智慧服务。政府可以通过 CIM 平台为居民提供更好的服务和生活环境,促进城市经济发展,同时也能够为城市的智慧服务和智慧产业的目标提供支持[③]。在 CIM 平台上,政府可以更好地了解城市运行情况,发现问题并及

---

① 于静,杨滔.城市动态运行骨架:城市信息模型(CIM)平台[J].中国建设信息化,2022(06):8-13.

② 段志军.基于城市信息模型的新型智慧城市平台建设探讨[J].测绘与空间地理信息,2020,43(08):138-139+142.

③ 包胜,杨淏钦,欧阳笛帆.基于城市信息模型的新型智慧城市管理平台[J].城市发展研究,2018,25(11):50-57+72.

时处理,从而使城市更加具有竞争力和吸引力。CIM 模型和平台的应用不仅可以提升城市的管理效率和居民的生活质量,还能够为城市的可持续发展打下坚实的基础。

4.3.3.3　数字孪生城市空间智能

数字孪生城市空间智能是指将智能化技术与数字孪生城市的建模、仿真、可视化等技术相结合,实现城市空间的智能化管理、运营和服务。数字孪生城市空间智能的实现需要依托于大数据、云计算、人工智能等技术手段,建立城市空间数据的规范化和标准化体系,实现数据的互联互通和共享,提升数字孪生模型的质量和精度,从而为城市空间智能化发展提供有力支撑。其主要内容包括:

(1)智能模型。基于数字孪生技术,将城市的现实环境数字化,构建数字孪生模型,并在其基础上进行空间智能模型的构建。这些智能模型可以包括城市设施、交通网络、人口分布、气象数据等多种数据,以及通过算法和机器学习技术实现的预测和优化模型。

(2)智能感知。数字孪生城市空间智能需要获取和感知城市的实时数据,以及从历史数据中发现和分析城市的发展趋势。通过感知城市的实时数据和历史数据,可以实现城市的自适应调控和优化。

(3)智能决策。基于数字孪生城市的空间智能模型和感知数据,进行智能决策,实现城市规划、设计、运营和管理的智能化。这些决策可以涵盖城市的发展策略、规划、交通管制、能源管理等多个领域。

(4)智能交互。数字孪生城市空间智能需要实现与用户之间的智能交互。通过智能化的界面和交互方式,可以让用户更加便捷地获取城市的信息和服务,同时也可以通过用户的反馈信息,不断完善数字孪生城市的空间智能模型。

(5)面向数字城市空间的大数据。数字城市大数据中大部分数据都与空间位置相关。对于数字城市空间而言,数据的出现在空间数据管理、空间数据分析等方面带来了极大的挑战和机遇。传统的数据管理和分析技术已经不能满足当下的需要,多源、异构、海量和实时动态的数字城市时空大数据,必须有与之相匹配的处理、管理、分析技术应对。传统的空间数据以静态数据为主,而时空大数据由于其动态性和流动性等特征,现有的空间数据结构也已不能满足实时空间大数据的需要,数据结构不利于时空大数据的分析,需要结合数字城市时空大数据的主要特征开发全新的时空数据结构。

4.3.3.4 数字孪生城市时空数据可视化

数字孪生城市时空数据可视化是指将城市现实环境的数字孪生重建数据通过可视化技术进行表达和展示,实现对城市空间和时间的直观呈现和可视化分析。在数字孪生城市中,三维立体空间框架是重要的基础,因此,数字孪生城市时空数据可视化要在信息空间建立与现实世界一致的三维立体空间框架,实现对整个城市三维立体空间的统一描述。数字孪生城市需要将多种要素的三维数据进行集成融合,并在一体化的三维模型显示环境中进行可视化表达,以实现全空间的城市多尺度表达。通过这样的全空间可视化表达,可以在数字孪生城市中实现对复杂城市环境的全面透彻的高逼真可视化表达,从而更好地重建现实空间中的城市环境在信息空间中的数字孪生[①]。

数字孪生城市时空数据可视化需要解决的主要问题包括:

(1)数据质量问题。数字孪生城市时空数据的质量对可视化效果有着重要的影响。数据质量问题主要包括数据的完整性、准确性和时效性等。因此,需要对数据进行严格的质量控制和处理,以确保数据的可靠性和准确性。

(2)大规模数据可视化问题。数字孪生城市时空数据通常包含大量的数据,如何在可视化中高效地呈现这些数据是一个挑战。需要使用高效的渲染算法和数据处理技术,以确保可视化的实时性和流畅性。

(3)多源异构数据集成问题。数字孪生城市时空数据通常来自不同的数据源,包括传感器数据、地理信息数据、卫星数据等。这些数据集成起来形成的数据集是异构的,如何将这些数据整合起来,并将其可视化成一张综合的地图是一个挑战。需要使用数据融合和集成技术,以确保数据的一致性和可靠性。

(4)用户需求问题。数字孪生城市时空数据的可视化需要根据不同用户的需求来进行定制。不同的用户可能需要不同的数据展示方式和交互方式。因此,需要通过用户研究和需求调查,了解不同用户的需求,并根据需求设计相应的可视化方案。

(5)安全和隐私问题。数字孪生城市时空数据涉及大量的个人和敏感信息,如何在可视化中保护数据的安全和隐私是一个重要的问题。需要使用加密

---

① 郭仁忠,林浩嘉,贺彪,等.面向智慧城市的 GIS 框架[J].武汉大学学报(信息科学版),2020,45(12):1829-1835.

和权限管理等技术,以确保数据的安全性和隐私性。

数字孪生城市时空数据可视化的应用范围广泛,包括城市规划、城市管理、交通运输、环境保护、旅游等领域。通过数字孪生城市时空数据可视化,可以更加直观、高效地进行城市规划和管理,优化城市资源利用和交通流动,提升城市环境保护和旅游服务水平,实现城市数字化转型和智能化发展。

4.4　隐私与网络安全

随着城市数字孪生概念的逐步兴起,其虚实交互、智能干预、泛在互联、开源共享等特征成为构建数字孪生城市的强大技术模型,同时也使其成为网络安全攻击的重点目标。由于其在社会生产生活中的巨大支撑作用,相关网络安全保障体系急需建立[①]。下面将从信息物理系统隐私与网络安全问题的由来、城市数字孪生的隐私与网络安全两个方面进行介绍。

4.4.1　隐私与网络安全问题的发展历程

信息物理系统(Cyber Physical Systems, CPS)被指定为工业物联网(Industrial Internet of Things, IIoT)的重要组件,它们应该在工业 4.0 中发挥关键作用。CPS 使智能应用程序和服务能够准确、实时地运行。目前,CPS 的开发正在由研究人员和制造商进行。鉴于 CPS 和工业 4.0 提供了巨大的经济潜力,到2025 年,预计德国的总价值将增加 2 670 亿欧元,将 CPS 引入工业 4.0[②]。

CPS 被标识为与物理输入和输出交互的嵌入式系统网络。换句话说,CPS由各种互连系统的组合组成,能够监控和操作与物联网相关的实际对象和过程。CPS 包括三个主要的核心组件:传感器、聚合器和执行器。此外,CPS 系统可以感知周围环境,具有适应和控制物理世界的能力,这主要归因于它们通过使用实时计算来改变系统进程运行时的灵活性和能力。实际上,CPS 系统被用于多个领域(表 4 - 1),并嵌入不同的系统中,如动力传输系统、通信系统、农业/生态系

---

① 李欣,刘秀,万欣欣.数字孪生应用及安全发展综述[J].系统仿真学报,2019,31(03):385 - 392.

② LU Y. Industry 4.0:A survey on technologies, applications and open research issues[J]. Journal of Industrial Information Integration, 2017, 6:1 - 10.

统、军事系统①和自主系统②(无人机、机器人、自动驾驶汽车等)。除了医疗领域之外,CPS还应用于加强医疗服务③。此外,CPS可用于供应链管理,以实现友好、瞬态、经济高效和安全的制造过程。

表4-1 CPS描述与分类

名　称	类　别	应用描述
智能住宅	工业用户物联网	智能控制设备 房主安全和舒适
炼油厂	工业运输物联网	汽油、柴油 沥青、石油、燃料、油
智慧电网	工业物联网	智能高效能源 能源控制与管理
水处理	工业用户物联网	改善水质 克服污染、不良成分
医疗设备	穿戴式医疗物联网	改善病人的生活 增强医疗 远程病人监护
监控系统	工业物联网	监控通信 监控工业
智能汽车	工业运输物联网	经济友好 提高驾驶体验 先进安全功能
供应链	工业运输物联网	实时交货源/目的 更少延迟、经济友好

来源:YAACOUB J P A, SALMAN O, NOURA H N, et al. Cyber-physical systems security:Limitations, issues and future trends[J]. Microprocessors and microsystems, 2020, 77:103201.

尽管CPS系统具有众多优势,但容易受到各种信息和物理安全威胁、攻击

---

① RAD C R, HANCU O, TAKACS I A, et al. Smart monitoring of potato crop:a cyber-physical system architecture model in the field of precision agriculture[J]. Agriculture and Agricultural Science Procedia, 2015, 6:73-79.

② SIDDAPPAJI B, AKHILESH K B. Role of cyber security in drone technology[J]. Smart Technologies:Scope and Applications, 2020:169-178.

③ YAACOUB J P A, NOURA M, NOURA H N, et al. Securing internet of medical things systems:Limitations, issues and recommendations[J]. Future Generation Computer Systems, 2020, 105:581-606.

和挑战[1],这是由于它们的异构性质,对私有、敏感数据依赖,并有大规模部署的需求。系统故意或意外暴露可能导致灾难性影响,采取强有力的安全措施至关重要,但这可能会导致不可接受的网络开销,尤其是在延迟方面。零漏洞最小化必须通过不断的软件、应用程序和操作系统更新实现。然而,现有文献[2]没有从威胁、漏洞和基于目标域(信息、物理或混合)的攻击的角度全面阐述 CPS 信息安全问题[3]。

4.4.1.1　CPS 隐私威胁

与大多数信息系统类似,当信息安全服务在设计上没有整合到 CPS 系统时,为攻击者利用各种漏洞和威胁来发起安全攻击敞开了大门。这也是由于 CPS 设备的异构性质,它们在不同的物联网领域运行,并使用不同的技术和协议进行通信。由于隐私威胁不仅限于单一方面,可以从不同的角度进行考虑,如中心化信息(需要在存储阶段、传输阶段甚至处理阶段保护数据流),定向功能(需要将网络物理组件集成到整个 CPS 系统),以及面向数据的威胁(影响数据机密性、完整性、可用性和问责制)。上述问题使得 CPS 系统容易出现以下情况:

(1)无线中断。它需要了解系统的结构,利用其无线功能来获得对系统的远程访问或控制,或者可能中断系统的运行,这会导致碰撞或失控。

(2)信息干扰。在这种情况下,攻击者通常旨在通过发射一波又一波的去认证或无线干扰信号来更改设备的状态和预期的操作以造成损害,这会导致拒绝设备和系统服务。

(3)信息侦查。这种威胁的一个例子是,情报机构主要通过恶意软件传播,不断针对一个国家的计算智能(Computational Intelligence, CI)和工业控制系统(Industrial Control System, ICS)执行行动。由于传统防御的限制,这会导致违反数据机密性。

(4)远程访问。主要是通过尝试远程访问 CPS 基础设施来完成的,引发干扰、经济损失、停电、工业数据盗窃和工业间谍活动。如 Havex 特洛伊木马是针

---

① MILLER C, VALASEK C. A survey of remote automotive attack surfaces[J]. Black Hat USA, 2014, 2014: 94.

② KUMAR J S, PATEL D R. A survey on internet of things: Security and privacy issues[J]. International Journal of Computer Applications, 2014, 90(11).

③ 刘邦,饶志波,姜双林.工业信息物理系统安全解决方案综述[J].新型工业化,2021,11(10): 62-68.

对 ICS 的最危险的恶意软件之一,可以被武器化并用作针对一个国家的 CPS 的网络战活动管理的一部分。

(5)信息泄露。黑客可以使用无线黑客工具拦截通信流量来披露任何私人/个人信息,从而侵犯隐私和机密性。

(6)未经授权访问。攻击者试图通过逻辑或物理信息漏洞获得未经授权的访问,并检索重要数据,从而导致隐私泄漏。

(7)信息拦截。黑客可以通过利用现有或新的漏洞来拦截私人对话,从而导致另一种类型的隐私和机密性泄露。

(8)GPS 侵犯。黑客可以通过利用 GPS 来跟踪设备甚至汽车,从而导致位置隐私侵犯。

(9)信息收集。软件制造商秘密收集存储在任何给定设备上的文件和审核日志,以非法方式将大量个人信息出售。

4.4.1.2 CPS 系统漏洞

系统漏洞被识别为安全漏洞,可用于工业间谍活动(侦查或主动攻击)。系统漏洞评估包括识别和分析可用的 CPS 弱点,同时确定适当的纠正和预防措施,用以减少、减轻甚至消除系统漏洞。实际上,CPS 漏洞分为三大类:网络漏洞、平台漏洞、管理漏洞。其中,网络漏洞除了损害开放的有线/无线通信和连接外,还包括保护性安全措施的弱点,包括中间人、窃听、重放、嗅探、欺骗和通信堆栈、后门、DoS/DDoS 和数据包操纵攻击;平台漏洞包括硬件、软件、配置和数据库漏洞;管理漏洞包括缺乏安全准则、程序和策略。由于多种原因,会发生漏洞。但是,有以下主要原因导致漏洞:

(1)设定与隔离。它基于大多数 CPS 设计中的"模糊安全"趋势。这里的重点是设计一个可靠和安全的系统,同时考虑到必要的安全服务的实施,而不假设系统与外界隔离。

(2)增加连通性。更多的连通性增加了黏合表面,由于 CPS 系统现在连接性更强,制造商通过实施和使用开放网络和开放式无线技术改进了 CPS。直到 2001 年,大多数 ICS 攻击都是基于内部攻击。

(3)异构性。CPS 系统包括异构的第三方组件,这些组件集成在一起以构建 CPS 应用程序。这导致 CPS 成为一个多供应商系统,其中每个产品都容易出现不同的安全问题。

（4）USB 使用。这是 CPS 漏洞的主要原因,如针对伊朗发电厂的 Stuxnet 攻击,因为恶意软件位于 USB 内部,插入后,恶意软件通过利用和复制在多个设备上传播。

（5）不良习惯。主要与糟糕的编码/弱技能有关,这些技能导致代码执行无限循环,或者变得太容易被给定的攻击者修改。

（6）间谍软件。CPS 系统也容易受到间谍/监视攻击,主要是通过使用间谍软件（恶意软件）类型,这些间谍软件（恶意软件）类型可以获得隐身访问权限并且多年来一直未被发现,其主要任务是窃听,窃取和收集敏感/机密数据和信息。

（7）同质性。类似的网络物理系统类型遭受相同的漏洞,一旦被利用,可能会影响其附近的所有设备。

（8）可疑员工。通过破坏和修改编码语言,或通过打开封闭端口或插入受感染的 USB/设备向黑客授予远程访问权限,有意或无意地损坏或伤害 CPS 设备。

4.4.1.3　CPS 网络攻击

近年来,针对 CPS 系统的网络攻击率上升,造成了严重后果。根据目前进行的研究,CPS 极易受到恶意代码注入攻击、代码重用攻击、虚假数据注入攻击、零控制数据攻击、终端控制流证明（Control-Flow Attestation, C-FLAT）攻击,此类攻击可能导致针对 CPS 工业设备和系统的全面停电。常见的 CPS 网络攻击有以下几种形式:

（1）窃听。窃听包括拦截不安全的 CPS 网络流量以获取敏感信息（密码、用户名或任何其他 CPS 信息）。

（2）跨站脚本攻击（Cross-Site Scripting, XSS）。当第三方网络资源被用于通过将恶意编码脚本注入网站的数据库中,在目标受害者的网络浏览器（主要针对 CPS 工程师、承包商、工人等）中运行恶意脚本时会发生跨站脚本攻击,可以实现会话劫持,在某些情况下,可以记录击键并远程访问受害者的机器。

（3）结构化查询语言（Structured Query Language, SQL）注入。以 CPS 数据库驱动的网站为目标,读取和修改敏感数据,同时可能执行数据库关闭等管理操作,尤其是在 CPS 系统仍依赖结构化查询语言进行数据管理的情况。

（4）密码破解。旨在针对 CPS 用户（主要是工程师和经理）,尝试使用暴力破解、字典（通过密钥交换缓解）、彩虹表、生日（通过哈希缓解）或在线/离线破解密码,以获取对密码数据库或传入/传出网络流量的访问权限。

(5)网络钓鱼。有多种类型,如电子邮件网络钓鱼、网络钓鱼、鱼叉式网络钓鱼,或针对部分或所有 CPS 用户(如工程师、专家、商人、首席执行官、首席运营官、首席财务官等),通过冒充业务同事或服务提供商。

(6)重放攻击。包括通过模拟截取 ICS、RTU 和 PLC 之间发送/接收的数据包,以造成影响 CPS 实时操作并影响其可用性的延迟。在某些情况下,这些截获的数据包可以被修改,将严重妨碍正常操作。

(7)DoS/DdoS 攻击。DoS 攻击针对信息物理系统资源,从大量本地受感染设备发起,DDoS 攻击通常被僵尸网络利用,大量受感染的设备同时从不同的地理位置发起 DDoS 攻击。

(8)恶意第三方。包括秘密利用数据聚合网络并对其进行破坏的软件,主要是利用僵尸网络、木马或蠕虫,通过依赖可信第三方的内部系统(PLC、ICS 或RTU)通过 CPS 加密通道渗透信息伪装成僵尸网络命令和控制服务器。

(9)"水坑"攻击。攻击者扫描任何信息物理安全漏洞,一旦发现漏洞,选定的 CPS 网站将被"水坑"操纵,恶意软件将通过主要通过后门、rootkit 或零日漏洞等,利用目标 CPS 系统来传递恶意软件。

(10)恶意软件。用于破坏 CPS 设备以窃取/泄露数据、损害设备或绕过访问控制系统,如僵尸网络、特洛伊木马、病毒代码、网虫、木马程序、多态流氓软件、间谍软件、勒索软件等。

(11)旁路攻击。基于从已实施的 CPS 系统中获得的信息,如可以利用的时序信息、功耗和电磁泄漏等。

4.4.2　信息物理系统隐私与网络安全关键技术

由于挑战、集成问题和现有解决方案的局限性(包括缺乏安全性、隐私性和准确性)的不断增加,维护安全的 CPS 环境并非易事。尽管如此,也可以通过不同的方式来缓解,包括加密和非加密解决方案。

4.4.2.1　加密解决方案

加密措施主要用于保护通信通道免受主动/被动攻击,以及任何未经授权的访问和拦截,特别是在 SCADA 系统中。实际上,由于功率和大小的限制,基于利用密码和散列函数的传统密码学方法不容易应用于包括 IoCPT 在内的 CPS。主要关注点应该仅限于数据安全,而应该保持和确保整个系统过程的效率。现有研究提出了许多解决方案来通过实现其主要安全目标来维护 CPS 环境,主要包括:

(1)机密性。保护 CPS 通信线路至关重要,研究提出相关各种密码解决方案,如压缩技术、加密-解密模块、AGA－12 标准、分层加密、WSO2－CEP、LABE、SPS 等。

(2)完整性。维护 CPS 设备的完整性需要防止对传入/传出的实时数据进行任何物理或逻辑修改,相关研究提出了不同的解决方案,如 TAIGA、SSU、层次化密钥管理等。

(3)身份验证。身份验证是应精心构建、设计和维护的第一道防线,现有主流技术有公钥交换认证机制、物理层认证技术、分层高级特征分类、AIBCwKE、ICS 特指的密钥管理解决方案等。

(4)隐私保护。保护用户大数据的隐私并非易事,提出了各种隐私保护技术来解决这个问题,包括差分隐私和同态加密。其中,差分隐私用于限制私人实时大数据和信息在传输过程中的泄露,主要方法有独立成分分析、轻量级隐私保护高阶 Bi-Lanczos 方案、安全高效的外包差分隐私方案、基于 ID 面向代理的外包与公共审计方案等。相比之下,同态加密则为了更好的数据机密性和隐私保护,采用了同态加密技术,主要方法包括基于卡尔曼滤波的安全估计、完全同态加密方案、并行全同态加密算法等。

4.4.2.2　非加密解决方案

现有研究还提出了许多非加密解决方案来减轻和消除任何可能的网络攻击或恶意事件,是通过实施入侵检测系统(IDS)、防火墙和蜜罐来完成的。

入侵检测系统方面,由于不同网络配置的可用性,可以使用各种 IDS 方法类型。在检测、配置、成本及其在网络中的位置方面,每种 IDS 方法都有其自身的优点和缺点。这些攻击分为两个主要模型:一是基于物理的模型,通过异常检测定义 CPS 中的正常 CPS 操作;二是基于网络的模型,用于识别潜在的攻击。实际上,现有方法主要用于检测针对特定应用的特定攻击,包括无人机、工业控制过程和智能电网等领域。

入侵检测系统布局方面,IDS 可以布局在任何给定物联网网络的边界路由器、一个或多个给定主机或每个物理对象中,以确保对攻击进行所需的检测。同时,由于 IDS 能够频繁查询网络状态,IDS 可能会在低功耗网络(LLN)节点和边界路由器之间产生过多通信开销。目前,三种主要的 IDS 布局策略描述如下:

(1)分布式 IDS。每个物理 LLN 对象都使用分布式 IDS,同时在每个资源受限的节点中进行优化,提出了一种轻量级的分布式 IDS,如与攻击签名和数据包有效负载匹配的轻量级算法、6LoWPAN、信任声誉与看门狗节点相结合的方法等。

(2)集中式 IDS。集中式 IDS 主要部署在集中式组件中,这允许 LLN 收集所有数据并将其传输到跨境互联网,集中式 IDS 可以分析 LLN 和互联网之间的所有交换流量。实际上,仅检测涉及 LLN 内节点的攻击是不够的,因为在发生攻击期间很难监控每个节点。主要方法有:数据包分析、中心化布局。

(3)混合式 IDS。混合式 IDS 结合了集中式 IDS 和分布式 IDS 的概念,结合了它们的优点并克服了它们的缺点。最初的方法允许将网络组织成集群,每个集群的主节点能够在负责监控其他相邻节点之前托管一个 IDS 实例,可以设计混合 IDS 布局以消耗比分布式 IDS 布局更多的资源。

目前,入侵检测方法和技术根据其检测机制分为五个主要类别。

(1)基于签名的检测。这种检测技术非常快速且易于配置,但它仅对检测已知威胁有效,对未知威胁(主要是多态恶意软件和加密服务)表现弱。尽管功能有限,但基于签名的 IDS 非常准确,并且在检测已知威胁方面也非常有效,并且具有易于理解的机制。然而,这种方法对于检测已知攻击的新的和变种都是无效的,它们的匹配签名仍然未知,并且依赖不断更新其签名补丁。

(2)基于异常的检测。这种类型会立即将系统的活动与检测到偏离正常行为时生成警报的能力进行比较,但这种检测方法存在较高的误报率。如,可以通过计算构成正常行为配置文件的每三个指标的平均值,使用基于异常的方法的僵尸网络检测方案;通过使用执行特征选择的位模式匹配技术,开发深度数据包异常检测方法,减少资源受限物联网设备上的运行,对抗包括 SQLi、蠕虫等多种主要攻击类型。

(3)基于行为的检测。基于行为可以分类为一组规则和阈值,用于定义网络组件(包括节点和协议)的预期行为。一旦网络行为偏离其原始行为,这种方法就能够检测到任何入侵。基于行为的检测与基于异常的检测方式相同,但与需要人类专家手动定义每个规范规则的基于规范的系统略有不同,可提供比基于异常的检测更低的误报率。因为不需要任何培训阶段,它们可以立即运行。但这种方法并不适合所有场景,并且可能会变得耗时且容易出错。

(4)基于射频的检测。如采用一种基于射频的异常检测方法,应用于关键基础设施中的可编程逻辑控制器;利用一种基于射频的方法来检测异常可编程逻辑控制器行为,提高时域射频发射性能;提出一种基于时序的边信道分析技术,帮助控制系统操作员检测任何固件和梯形逻辑程序对可编程逻辑控制器进行修改等。

(5)混合检测。最大限度地发挥不同检测类型的优势,同时最大限度地减少它们的缺点。如采用 SVELTE 混合 IDS 技术,权衡基于签名的方法的存储成本和基于异常的方法的计算成本;使用 IDS 评估框架测试了异常和基于签名的IDS;针对 6LoWPAN 攻击的入侵检测,通过结合基于异常的方法来检测和隔离漏洞攻击,确保这些节点之间的数据包交换。

由于 IDS 和人工智能技术的进步,防火墙技术在 CPS 领域被使用,现有研究提出了一些基于防火墙的解决方案。如,在企业和制造区域之间使用配对防火墙来增强服务器的网络安全,选择配对防火墙是由于严格的安全性和明确的管理分离;使用开源网络级防火墙,用于检查和过滤 SCADA 协议消息的 SCADA系统;将 Argus 介绍为保护公用事业免受网络物理攻击的框架;使用事件数据预测网络设备(包括负载平衡器和防火墙)对 CPS 进行实时异常检测。

蜜罐和欺骗技术是另一种关键防御性安全措施,CPS 依靠诱饵来隐藏和保护系统,主要通过使用蜜罐来完成。如,利用虚拟、高交互、基于服务器的 ICS 蜜罐设计,以确保捕获攻击者活动的真实、经济高效且可维护的 ICS 蜜罐;采用基于 HoneyPhy-CPS 蜜罐物理感知框架,用于监控来自 CPS 进程和控制 CPS 本身的设备的原始行为;基于 HoneyPhy 框架创建 HoneyBot,形成专属联网机器人系统设计的软件混合交互蜜罐;针对具体 CPS 建立中等交互蜜罐,提供远程登录和安全外壳(SSH)服务,同时从攻击会话中捕获数据,分析这些数据以分别对攻击者类型和会话进行分类。

4.4.2.3　隐私与网络安全新兴技术

1. 区块链技术

区块链是一种点对点的分布式、集中式和公共去中心化的技术,用于存储跨多台计算机的交易、销售、协议和合同。区块链本质上是一连串的区块,数字信息存储在一个公共数据库中,是专门为比特币和莱特币等加密货币开发的。

区块链技术近年来越来越有吸引力,康斯坦蒂诺斯·科斯塔斯(Konstantinos Christidis)的综述验证了该技术在物联网环境中应用的可靠性,揭示了其在物联网生态系统发展中的意义①。区块链技术在物联网应用中取得成功的主要原因是其分散的特性,它使各种应用能够以分布式的方式工作。如,卡明斯卡斯·比斯瓦斯(Kamanashis Biswas)等人提出了一个基于区块链技术的安全框架,可以保护智能城市中不同设备的通信,提高系统的有效性和可靠性②。此外,通过将区块链技术集成到智能家居中,开发了一个新的安全框架,以提高完整性、机密性和可用性。同样,在雷奥(Lei Ao)等人的工作中,使用区块链技术解决了车辆通信中的安全和隐私问题③。在泽斯金德(Guy Zyskind)等人的工作中,提出了一个集成区块链技术与非区块链存储解决方案的个人数据管理系统,使用户了解提供商收集的数据④。在付(Fu)等人的工作中,提出了一种基于区块链的共享数据审计系统⑤,他们提出了一种方法,让许多实体协作,以获得恶意用户的身份,基于所提出的基于区块链的架构,可以跟踪数据变化,并在数据损坏时恢复正确的数据块。此外,在尼斯(Neisse)等人的工作中,还讨论了基于区块链技术的数据来源跟踪解决方案的各种设计要求⑥,对其实施结果进行了评估,从而提供了各种指定方法的完整概述。在洛伦特(Lornent)等人的工作中,提出了一种基于区块链的访问控制,该控制允许数据所有者为远程服务器上的数据源指定访问权限,并在需要时更改权限⑦。这种方法提供了一个由区块

① CHRISTIDIS K, DEVETSIKIOTIS M. Blockchains and smart contracts for the internet of things[J]. IEEE Access, 2016, 4: 2292 – 2303.

② BISWAS K, MUTHUKKUMARASAMY V. Securing smart cities using blockchain technology[C]. IEEE, 2016: 1392 – 1393.

③ LEI A, CRUICKSHANK H, CAO Y, et al. Blockchain-based dynamic key management for heterogeneous intelligent transportation systems[J]. IEEE Internet of Things Journal, 2017, 4(06): 1832 – 1843.

④ ZYSKIND G, NATHAN O. Decentralizing privacy: Using blockchain to protect personal data[C]. IEEE, 2015: 180 – 184.

⑤ FU A, YU S, ZHANG Y, et al. NPP: a new privacy-aware public auditing scheme for cloud data sharing with group users[J]. IEEE Transactions on Big Data, 2017.

⑥ NEISSE R, STERI G, NAI-FOVINO I. A blockchain-based approach for data accountability and provenance tracking[C]. Proceedings of the 12th International Conference on Availability, Reliability and Security, 2017: 1 – 10.

⑦ LAURENT M, KAANICHE N, LE C, et al. A blockchain-based access control scheme[J]. Scitepress, 2018, 2: 168 – 176.

链技术管理的认证访问控制,以确保保护用户的隐私。区块链技术还可以提供鲁棒的解决方案,并保护智能城市免受网络攻击。如,基于区块链的数字智能 ID 可以分配给所有人和所有事物,为智能城市网络中的人和联网设备提供认证和授权。

2. 量子加密通信技术

量子加密通信,是指在多个通信节点间,利用量子密钥分发进行安全通信的网络。各节点间产生的量子密钥可以对传统的语音、图像以及数字多媒体等通信数据进行加密和解密。由于量子通信线路无法通过挂接旁路窃听或拦截窃听,只要被窃听就会让量子态发生变化从而改变通信内容,防止原文被侦听,以此实现安全的通信。

量子通信融合了现代物理学和光通信技术研究的成果,用物理学基本原理来保证密钥分配过程的无条件安全性。量子密钥分发根据所利用量子状态特性的不同,可以分为基于测量和基于纠缠态两种。基于纠缠态的量子通信在传递信息的时候利用了量子纠缠效应,即两个经过耦合的微观粒子,在一个粒子状态被测量时,同时会得到另一个粒子的状态。

3. 生物识别技术

生物识别技术被广泛用于基于物联网基础设施中的身份验证。这项技术广泛地依赖于人类的行为,并通过从面部、指纹、手写签名、声音等信息中获得的生物数据自动识别一个人。如果上述生物方法没有正确使用,隐私泄露的风险会增加。如,在纳瓦塔纳瓦尼(Natgunanathan)等人的工作中[1],提出需要开发类似于王(Wang)等人提出的隐私保护生物识别方案[2]。此外,他们还发现,这些生物识别技术在未来的电子商务等各种应用中具备着很好的前景。生物识别技术也可以用于加密无人机(UAV)和基站之间的通信。如,辛甘普(Singandhupe)等人的研究提出了一种基于生物识别的低成本资源无人机安全机制,该方法可以

---

[1] NATGUNANATHAN I, MEHMOOD A, XIANG Y, et al. Protection of privacy in biometric data [J]. IEEE Access, 2016, 4: 880-892.

[2] WANG Y, WAN J, GUO J, et al. Inference-based similarity search in randomized Montgomery domains for privacy-preserving biometric identification[J]. IEEE Transactions on Pattern Analysis and Machine Intelligence, 2017, 40 (07): 1611-1624.

应用于任何一个面对网络安全攻击的无人机场景①。

4. 机器学习和数据挖掘驱动的信息安全技术

机器学习是人工智能的一部分,其目标是开发能够从过去的经验中学习的系统。根据目前的情况,利用机器学习技术可以提高物联网环境中入侵检测系统的效率。如,阿尔-谢赫(Al-sheikh)等人的研究显示了使用机器学习技术在无线传感网络中提供安全性的优势②。类似地,罗(Luo)等人开发了一种基于机器学习的方法来提高无线传感网络中数据感知的安全性③。此外,在米纳托(Aminato)等人的工作中,开发了一个利用机器学习算法的新模型来发现Wi-Fi网络中的攻击④。也有一些研究使用机器学习技术来加强与防御相关的策略。如,在沙姆班德(Shamshirband)等人的工作中,开发了一个基于博弈论和机器学习技术的模型来发现和防止无线传感网络的入侵⑤。然而,对于基于机器学习的检测技术,仍然需要解决一些问题,如实时监控和对新攻击的适应性。

数据挖掘是另一种可以用于处理智能城市环境中的安全和隐私技术。如,蔡(Tsai)等人的研究表明,智能城市中各种传感器收集到的大量数据被用来挖掘新的信息和法规,从而为用户提供更好的服务⑥。然而,使用数据挖掘技术可能会导致对用户披露敏感信息,如其位置的一些安全和隐私问题。在这方面,可以应用隐私保护的数据挖掘技术来克服这个问题⑦。

---

① SINGANDHUPE A, LA H M, FEIL-SEIFER D. Reliable security algorithm for drones using individual characteristics from an EEG signal[J]. IEEE Access, 2018, 6: 22976 - 22986.

② AL-SHEIKH M A, LIN S, NIYATO D, et al. Machine learning in wireless sensor networks: Algorithms, strategies, and applications[J]. IEEE Communications Surveys & Tutorials, 2014, 16(04): 1996 - 2018.

③ LUO X, ZHANG D, YANG L T, et al. A kernel machine-based secure data sensing and fusion scheme in wireless sensor networks for the cyber-physical systems[J]. Future Generation Computer Systems, 2016, 61: 85 - 96.

④ AMINANTO M E, CHOI R, TANUWIDJAJA H C, et al. Deep abstraction and weighted feature selection for Wi-Fi impersonation detection[J]. IEEE Transactions on Information Forensics and Security, 2017, 13(03): 621 - 636.

⑤ SHAMSHIRBAND S, PATEL A, ANUAR N B, et al. Cooperative game theoretic approach using fuzzy Q-learning for detecting and preventing intrusions in wireless sensor networks[J]. Engineering Applications of Artificial Intelligence, 2014, 32: 228 - 241.

⑥ TSAI C W, LAI C F, CHIANG M C, et al. Data mining for internet of things: A survey[J]. IEEE Communications Surveys & Tutorials, 2013, 16(01): 77 - 97.

⑦ XING K, HU C, YU J, et al. Mutual privacy preserving k: Means clustering in social participatory sensing[J]. IEEE Transactions on Industrial Informatics, 2017, 13(04): 2066 - 2076.

4.4.3 面向城市数字孪生的关键技术

城市数字孪生融合了物理世界与虚拟世界,是一个超级大数据的信息物理系统,网络威胁在"物理域""信息域"和"网络域"多领域全面铺开,存在于物理域城市和数字孪生体的智能感知、边缘计算、智能传输等多个层面。城市数字孪生的信息域安全(隐私保护),不仅涉及个体公民隐私,也涉及城市经济、治理、运营等多领域全方位的信息安全。城市数字孪生的虚实交互、智能干预、泛在互联、开源共享等特征使其成为网络攻击的重点目标,而物理世界数字化以及与虚拟孪生体的动态互动,使得城市运行高度依赖数据的运行,一旦被入侵,可能导致对整个城市的毁灭性打击,保证信息域-网络域-物理域安全,对于城市和国家安全具有重大意义。

4.4.3.1 城市数字孪生隐私安全关键技术

在城市数字孪生中,虚拟数字城市模型依托于复杂先进的信息技术架构,从城市居民角度,个人信息与隐私侵害问题日益严峻。从城市整体运行情况考虑,孪生模型能感知城市实时运行状况,并存储着城市的长期核心数据。一旦信息系统被突破或入侵,数据被盗取将对城市安全产生巨大威胁。同时,庞大的技术孪生城市架构中,海量城市数据的存储和多层次技术体系的维护也是不可忽视的问题[1]。

1. 个人信息与隐私安全

数字孪生在逐步打造一个透明社会,个人信息越来越多地被数字化,这也带来了如何控制个人信息的隐私问题[2]。很多视频数据采集、轨迹分析等涉及部分公民隐私,如果不能有效脱敏处理,设立合理权限管控数据,容易造成个人隐私滥用[3]。解决个人隐私问题是必要任务,城市居民需要信任孪生系统是安全的。否则将会引起社会争议,发生围绕城市数字孪生建设的"数据邻避运动"——因担忧项目建设导致个人隐私数据安全问题的集体抗议。

在城市数字孪生构建过程中,必须提前设计个人隐私风险防控机构。要解

---

① 亿欧智库.中国数字孪生城市研究报告[R/OL]. (2021-12-09)[2023-05-15]. https://www.iyiou.com/research/20211209936.

② 王锋.私密还是透明:智慧社会的隐私困境及其治理[J].行政论坛,2021,28(01):98-104.

③ 中国信息通信研究院.数字孪生城市白皮书[R/OL].北京:中国信息通信研究院,2021.

决这一问题,一方面需要通过技术上的设定来防范个人信息与隐私被侵害,设计有效且可靠的安全技术,如防火墙技术、虚拟专用网技术等。虽然技术不能完全保障个人隐私安全,但至少可以把隐私被侵犯的可能性降到最低,为个人隐私构建防御屏障。另一方面需要随着构建进程更新信息安全法规,健全个人隐私安全保护机制,规范个人信息的访问权限、访问流程等,非必要情况不调用个人敏感数据,防止隐私泄露。

2. 数据存储与处理

城市数字孪生通过多元渠道覆盖了多个领域的数据汇聚,孪生体与实体社会在交互中不断改变和完善,治理全过程都反映在虚拟空间中而且实现高度仿真①。在建立与治理过程中,数据在构建虚拟模型、建立网络和执行智能操作方面等发挥着关键作用,针对交互数据的存储、治理与大规模分析是即将面临的重大挑战之一②。

城市数字孪生的数据来源点多面广,由于当前社会治理问题具有高度复杂性和不确定性的特征,与社会治理问题相关的数据信息散布于不同的领域和空间,并且处于高速流动和变化之中,具有多源异构、异地分散等特征。多源异构数据集中汇聚和处理在城市治理中带来了一定的安全风险。数据存储与处理高度集中于城市智能中枢等中心化机构,可能在黑客入侵、安全攻击等网络风险下导致城市运行瘫痪。需要在数据存储中充分利用去中心化的数据存储结构,并且制定和完善面向数据篡改攻击的数据信息安全防御机制,从而避免数据系统受到入侵或篡改,使得数字孪生体能够全面监测社会问题的现实发展动态,数据价值得到最大化的体现。

3. 信息安全保障系统的维护

健全的信息安全保障系统是建设城市数字孪生并保障其安全运行的基础,在信息安全方面面临的问题有:信息安全顶层设计规划能力有待提高、信息安全标准规范不完善、自主可控的信息安全技术产品支撑能力欠缺、信息安全应急响应能力有待提高、信息安全法律法规不健全等。智慧城市信息安全风险来源

---

① 向玉琼,谢新水.数字孪生城市治理:变革、困境与对策[J].电子政务,2021,2021(10):69-80.
② ZHANG M, TAO F, HUANG B, et al. Digital twin data: methods and key technologies[J]. Digital Twin, 2022, 1(02):2.

的多样性及复杂性造成了信息安全风险具有明显的不确定性[1]。建立健全城市信息安全保障体系,需要针对主要的信息安全风险,从产品设备、法律法规、核心技术以及管理制度等层面进行相应的安全保障体系设计,进一步完善城市信息安全保障体系[2]。

4.4.3.2　城市数字孪生网络安全关键技术

如果说城市数字孪生是物理世界向虚拟的延伸和融合,那么网络安全面临的挑战则是从虚拟向物理的渗透。由于具有庞大的数据量和网络体系,孪生系统网络安全涉及物联网安全、市政工控系统安全、5G/太空互联网安全、人工智能安全、数据安全、云安全、区块链安全等。下面将介绍城市数字孪生的原生和伴生安全问题[3]。

城市数字孪生建设依托以云、网、端为主要构成的技术生态体系:端侧形成城市全域感知,深度刻画城市运行体征状态;网侧形成泛在高速网络,提供毫秒级时延的双向数据传输,奠定智能交互基础;云侧则形成普惠智能计算,以大范围、多尺度、长周期、智能化地实现城市的决策和操控[4]。在这样的架构中,网络安全面临新的挑战:① 云、网、端整个技术生态体系不但要解决自身固有的安全问题,并且每一种技术所应用的数据规模、用户规模、传输速度、处理速度等都会依托城市达到更高的数量级,使得网络安全问题难度更大;② 城市数字孪生将集成更多的前沿新技术,如大数据、人工智能、5G 通信、区块链、物联网等,而这些新技术的网络安全研究尚处于初期阶段;③ 数字孪生的整体架构还需要在开放性、经济性、可控性和安全性之间取得平衡,安全问题的解决要充分照顾到极其复杂的牵制条件,挑战巨大。由于"万物生数"与"数生万物"的特点,而孪生系统是为智慧城市服务的,城市数字孪生的伴生安全问题可以按照智慧城市的框架分为以下几类:智能感知层的终端安全问题、边缘计算层的边界安全问题、智能传输层(5G)的网络安全问题、数据使能层的大数据与 AI 安全问题、各类智

① 毛子骏,梅宏,肖一鸣,等.基于贝叶斯网络的智慧城市信息安全风险评估研究[J].现代情报,2020,40(05): 19-40.

② 王银,李丽,余海.智慧城市信息安全风险及保障体系构建研究[J].电视技术,2021,45(05):148-151.

③ 高升.大决战:数字孪生城市的安全之道[EB/OL].(2020-05-22)[2023-05-15].https://www.sohu.com/a/396910804_490113.

④ 王文跃,李婷婷,刘晓娟,等.数字孪生城市全域感知体系研究[J].信息通信技术与政策,2020(03):20-23.

慧应用的业务安全问题等。

4.4.3.3　基于数字孪生的隐私与网络安全技术

1. 数字孪生与增强现实技术的结合

在综合考虑数字孪生的隐私性与网络安全性的视角下,将数字孪生技术和增强现实技术相结合,可以使用户与网络安全相关流程的交互进程更加直接,通过更直观的交互来增强网络态势的感知能力。如在数字世界和物理世界之间边界模糊的网络物理系统中,相比较于纯粹的数字安全用例,这种方法所采用的态势感知显得至关重要。

关于隐私和安全问题需要从两个方面来看待数字孪生。一方面,需要确保数字孪生技术本身的安全性,而另一方面,数字孪生技术也可以用于提高网络安全。数字孪生需要确保其技术本身的机密性、可用性和完整性,近期的研究重点是如何在数字和物理孪生之间提供安全性同步以及如何保护数字孪生的数据[1]。同时,数字孪生技术也可以从增强网络安全性的方面进行讨论,因而引入了用于安全的数字孪生技术(DT4Sec),通过与增强现实的结合,可以使用户更直观地观察数字孪生界面。

在实际应用中可以从以下角度分析该技术的先进性和可行性:

(1) 将物理环境情景化。使用增强现实对来自数字孪生的数据进行处理并检查物理系统,从而实现与物理环境的直观交互。由于数据是通过增强现实加给物理对象的,操作人员可以在得到数据的同时,得到具有数据上下文的可视化表示。进而可以直接将数据与数据逻辑在实际的物理对象上相关联,在以 CPS 为主导的环境中处理安全网络时,该方法提供了巨大的优势[2]。当物理系统看起来在正常工作时,网络物理系统中的网络安全漏洞和威胁通常难以识别。对于运营商来说,没有直接的迹象可以表明漏洞存在,进而相应的工业过程也可能会受到影响。

(2) 提高网络态势的感知能力。通过结合增强现实和数字孪生技术有助于提高网络态势的感知能力,进而为网络安全提供保障。随着 CPS 成为组织信息

① ECKHART M, EKELHART A. Digital twins for cyber-physical systems security: State of the art and outlook[J]. Security and quality in cyber-physical systems engineering, 2019: 383－412.

② BÖHM F, DIETZ M, PREINDL T, et al. Augmented reality and the digital twin: State-of-the-Art and perspectives for cybersecurity[J]. Journal of Cybersecurity and Privacy, 2021, 1(03): 519－538.

技术基础框架中越来越重要的一部分,对其的安全检测的需求也逐渐增大,在这种情况下,将增强现实和数字孪生相结合的方法可以使态势感知不再是一个通过监控仪表所实现的模糊概念。相反,数据的实际物理关系可以变得更加直观并且其相关的数据都交织在同一个部分。数字孪生可以对现有的数据进行深入的分析和模拟,其结果可以通过增强现实技术将仪表上的相关信息或警报直接施加到相关的物理量上,从而通过增强现实技术直观地呈现给相关的操作人员。

(3)整合领域知识。当增强现实和数字孪生一起应用时,对于网络安全来说一个最关键的优势是领域知识的集成,增强现实和数字孪生允许将专家及其领域知识直接且有效地集成到安全流程中。虽然长期以来人为因素一直被认为是网络安全中最薄弱的环节,但相关专家的知识对于保护现代信息技术架构和基础设施是必不可少的,安全专家可以将他们用于安全监测和分析的信息直接与数字孪生所收集的相应数据相关联。此外,由于数字孪生本身执行的安全分析所生成的结果和警告可以在其上下文中显示,这种基于增强现实的安全相关数据的可视化操作可以结合相应数据的物理环境进行更深层次的安全分析。

从制造方面来说,制造领域可能是使用基于增强现实的数字孪生进行网络安全维护的主要应用领域。在过去的几十年里,制造业没有强调其行业的机密性和完整性,而是只关注其系统的可用性。自从基于行业的攻击出现以来,制造业和关键基础设施的运营商已经意识到其系统的安全问题。此外,在迈向工业4.0 的过程中,工业控制系统与信息技术融合在一起也进一步增加了工业环境的攻击面[1]。虽然数字孪生的主要应用领域是工业[2],但最近的工作也讨论了将数字孪生应用于工业环境中的安全问题[3],增强现实支持的数字孪生也可以使工业安全受益。如,虽然现场操作员可能无法看到系统因攻击而即将发生的故障,但通过增强现实设备从数字孪生添加其他信息可能会揭示以前看不见的误

---

① RUBIO J E, ROMAN R, LOPEZ J. Analysis of cybersecurity threats in industry 4.0: the case of intrusion detection [C]//International Conference on Critical Information Infrastructures Security. Springer, Cham, 2017: 119-130.

② NEGRI E, FUMAGALLI L, MACCHI M. A review of the roles of digital twin in CPS-based production systems[J]. Procedia Manufacturing, 2017, 11: 939-948.

③ DIETZ M, PERNUL G. Unleashing the digital twin's potential for ICS security[J]. IEEE Security & Privacy, 2020, 18(04): 20-27.

操作。增强现实与数字孪生交织在一起的设备可能会显示系统日志的可视化表示或施加在物理设备上的系统之间的网络流量,从而在物理系统旁边实现视觉和上下文入侵检测,并允许直接干预它们。此外,可以发出及时缓解程序的指示,即使安全知识不足的人员也可以在操作现场执行。

将增强现实技术与数字孪生结合使用可以为安全学习提供动手和视觉效果①。这种组合可以为网络安全提供高效的虚拟培训环境、成熟的训练方法,网络范围可以通过虚拟现实进行扩展,从而实现更加直观的训练体验。

对于城市、交通运输和能源部门,其基本思想是用数字孪生来表示所考虑的系统(如能源网、智慧城市),并将增强现实的表示可视化为真实系统或其部分之上的表示②。因此,应提供交互功能以识别攻击,如可以实施事件检测,并且可以提供适当的响应来处理问题。就与制造业领域的差异而言,智慧城市、能源网和交通领域呈现出具有多个子系统的更大的异构系统。一方面,交互层上的安全性方面可以提供协同工作的子系统的整体视图。另一方面,每个子系统可能需要不同的安全应用程序,具体取决于其使用情况和攻击面。

2. 数字孪生隐私与网络安全技术应用实例

随着机械、电气和信息技术以及虚拟仿真和数据采集技术的快速发展,数字孪生概念已成为自主和智能制造领域中最令人感兴趣的研发领域之一③。制造业正在从基于传统知识的智能制造转向数据驱动和知识型智能制造,这得到了物联网、数字孪生、大数据和网络物理系统(CPS)等智能技术的支持④。

数字孪生体可以用于整个产品生命周期管理(设计、生产、运营、测试到维护)⑤。

① MANDL B, STEHLING M, SCHMIEDINGER T, et al. Enhancing workplace learning by augmented reality[C]// Proceedings of the Seventh International Conference on the Internet of Things. 2017: 1 - 2.

② ZHENG Y, YANG S, CHENG H. An application framework of digital twin and its case study[J]. Journal of Ambient Intelligence and Humanized Computing, 2019, 10(3): 1141 - 1153.

③ TAO F, QI Q, WANG L, et al. Digital twins and cyber: physical systems toward smart manufacturing and industry 4.0: Correlation and comparison[J]. Engineering, 2019, 5(04): 653 - 661.

④ POKHREL A, KATTA V, COLOMO-PALACIOS R. Digital twin for cybersecurity incident prediction: A multivocal literature review[C]//Proceedings of the IEEE/ACM 42nd International Conference on Software Engineering Workshops. 2020: 671 - 678.

⑤ QIAO Q, WANG J, YE L, et al. Digital twin for machining tool condition prediction[J]. Procedia CIRP, 2019, 81: 1388 - 1393.

在产品设计阶段,数字孪生体可用于以响应更快、更高效、更明智的方式设计新产品。相关研究指出,如何使用系统级数字孪生体缩短设计周期,大大改进流程,并降低时间和成本的方法①。另一些研究则提出工具系统数字孪生模型,并指出去反馈机制如何有效地纠正工具系统设计阶段的错误②。数字孪生取代了传统的设计流程和实践,相比较于传统方法,它使用了"构建+调整"的机制,这一概念的提出,使得在流程的早期阶段就需要有验证设计。目前的几家公司(如美国航空航天局和美国空军)在产品设计阶段就应用了数字孪生技术来预测其所构建系统的性能和状态。

在产品制造阶段,通过使用数字孪生体,可以高度增强制造系统。系统的数字孪生体可以将工业 4.0 与 CPS、物联网和云计算等信息技术结合在一起,这些进步不仅有助于开发和设计阶段,而且有助于在生产阶段检查生产是否平稳运行,检测磨损,而无须停止生产或预测组件故障和其他中断③。

全球趋势往往集中在培养未来的纯机器到机器制造环境,从而忽视了人为因素对生产和业务绩效的影响。如工业 4.0 中以人为本的模式,可以利用数字孪生技术实现智能工厂④,其主要目标是在智能工厂的所有元素(包括员工)内部和之间提供无处不在的宝贵知识,以实现完全的信息对称。为此,定义了面向服务的数字孪生的架构,其中使用应用程序和服务,可以通过云随时随地访问这些应用程序和服务,从而实现现场和远程监控。

在产品运维阶段,可以实施数字孪生,以提高任何系统的安全性和可靠性。基于故障预测的数字孪生体如果在系统的生命周期中使用,对于提高设备或机器的可靠性、可用性和安全性具有重要意义。使用数字孪生体,可以处理来自复杂或不同来源的信息并监控实际工作条件。预测结果可以放置在数字模型中,以显示精度,在让系统达到更高精度的同时,也使系统达到一定程度上的自动

① TAO F, QI Q, WANG L, et al. Digital twins and cyber: physical systems toward smart manufacturing and industry 4.0: Correlation and comparison[J]. Engineering, 2019, 5(04): 653-661.

② QIAO Q, WANG J, YE L, et al. Digital twin for machining tool condition prediction[J]. Procedia CIRP, 2019, 81: 1388-1393.

③ ROSEN R, VON WICHERT G, LO G, et al. About the importance of autonomy and digital twins for the future of manufacturing[J]. Ifac-papersonline, 2015, 48(03): 567-572.

④ LONGO F, NICOLETTI L, PADOVANO A. Ubiquitous knowledge empowers the Smart Factory: The impacts of a Service-oriented Digital Twin on enterprises' performance[J]. Annual Reviews in Control, 2019, 47: 221-236.

化。如特斯拉为其生产的每辆汽车开发一个数字孪生体，允许汽车与其工厂之间的同步数据传输，以提高车辆的安全性和可靠性。再如在重新设计结构寿命预测和管理过程，为飞机提供现实生活场景，其中每种类型的物理都有其独立的模型①。

3. 其他数字孪生在网络安全中的应用

从数字孪生本身的角度出发，对网络安全问题进行描述，许多的运营技术在补丁管理方面都存在着问题。造成这些问题的原因主要是由于企业缺乏完善的资产管理系统和在系统设计时的考虑不足。然而允许完全集成的数字孪生的复杂构架解决了这些问题，使用数字孪生体来模拟运营技术的系统，可以在不影响已经部署的基础构架的情况下来探索应用并且修补程序，同时不需要仅从出于测试目的的角度维护昂贵的辅助系统，这也是数字孪生在安全方面的一个主要优势②。

系统主要依靠系统测试来判断其功能的整体性和正确性，工业 4.0 时代所设想的运营技术设计中使用的数字孪生体可以持续验证系统的安全性和其他传统上仅在后期开发阶段进行测试的属性。这也就使得运营技术的开发生命周期成为更严格的回归测试制度的一部分，也就更有效地实现了安全测试的自动化。网络安全风险是动态的，并且基于各种因素（如漏洞发现、漏洞利用可用性和网络威胁情报）而快速演变。这意味着重大网络威胁可能会在非常短的时间内出现，需要立即作出反应。数字孪生技术可以达到对潜在的系统漏洞作出详细评估，以预测对系统关键组件的攻击，并且调查和评估潜在的攻击媒介③。通过使用数字孪生自动分析系统组件的过程来进行评估，进而减少对安全设施或环境安全的潜在威胁。此外，利用数字孪生技术的大数据分析功能实现快速的缓解响应。

① TUEGEL E J, INGRAFFEA A R, EASON T G, et al. Reengineering aircraft structural life prediction using a digital twin[J]. International Journal of Aerospace Engineering, 2011, 2011.
② SSIN S, CHO H, WOO W. GeoVCM: virtual urban digital twin system augmenting virtual and real geo-spacial data [C]//2021 IEEE International Conference on Consumer Electronics (ICCE). IEEE, 2021: 1-5.
③ HOLMES D, PAPATHANASAKI M, MAGLARAS L, et al. Digital Twins and Cyber Security: solution or challenge? [C]//2021 6th South-East Europe Design Automation, Computer Engineering, Computer Networks and Social Media Conference (SEEDA-CECNSM). IEEE, 2021: 1-8.

4.5　云网融合

4.5.1　云网融合技术发展历程

城市数字孪生是各类综合性信息技术的融合,其创新的阶段性、长期性和艰巨性的特征催生了云网融合技术的演进,构筑出"人-机-物"之间实时、动态、交互的数字孪生体,以数字孪生空间来支撑和扩展物理世界的动态可持续发展。

从信息承载需求看,城市数字孪生在传统智慧城市建设所必需的万物互联、非结构化海量数据处理、异构算力统一调度等基础设施支撑上,面对应用开发运营一体化对数据的实时性响应大大增强,在云网融合理念赋能下,与数字孪生相关的场景服务服务能级将持续迭代提升。

城市数字孪生与新兴信息技术的突破发展息息相关,新技术的应用通常属于"无人区",需要以改革创新精神不断试错,当前支撑数字孪生应用的云网融合场景下,因为业务处理节点的下沉并没有解决网络层面的问题,实际流量仍然需要先经过业务网关再到处理节点,由此导致的流量绕转问题难以实现边缘算力的低时延效果。同时,IP 网络自身"尽力而为"问题以及对承载业务缺乏感知手段,导致业务表现依赖于所部署的云环境,缺少云网统一调度,性能差异问题难以保障业务服务级别协议(SLA)。

云网融合并不是简单地将服务器、存储设备放到小型边缘机房,更重要的是对底层网络基础设施进行重构,让业务能够获得更短距离所带来的优势。网络是算力中心的核心能力之一,算力系统的部署也会对相关网络的响应能力与扁平化架构产生重要影响。因而需要跳出传统网络模式从顶层设计重新考虑网络体系,在不同类型的网络之间进行优化与联动。以云网为中心的架构设计能够重新审视和划分对应的网络基础设施,促进新的解决方案与关键技术的研究和开发,从而满足边缘计算对网络的各类诉求。算力网络能够利用成熟可靠、超大规模的网络控制面(分布式路由协议、集中式控制器等)来实现计算、存储、传送等资源的分发、关联、交易与调配,其出现也催生了一批技术创新契机。

在业务能力层面,数字孪生业务对算力的需求日益增长,算力分布式调度、网络切片隔离及资源可动态开放成为业务发展新需求。在管控体系层面,跨域编排、分层管控、全网业务调度、边缘算力和芯片技术的发展,促进形成多种类型的算力提供者,大量过剩算力需要寻找合适的用户。此外,在网络架构层面,转控分离、控制面网元集中化、5G、SDN/NFV等网络技术的发展为多方资源的按需灵活共享提供了可能。

随着数字孪生新型业务应用的快速发展,以及网络基础设施自身价值定位要求的提高,边缘计算将推动网络向智能化、低时延、大带宽、海量接入等方向发展,将会在终端侧引入AI技术融合实现智能物联网应用,在接入侧开源平台推动RAN技术向开放式接入网(Open Radio Access Network, O-RAN)架构演进,传统基于专用ASIC的网元设备通过SDN/NFV等虚拟化技术得以实现更好的扩展性;承载网以确定性网络技术解决传统IP网络"尽力而为"的可靠性问题,最终以云边协同为特质的算力中心为核心必将重构属地化数字孪生基础设施服务平台(图4-43)。

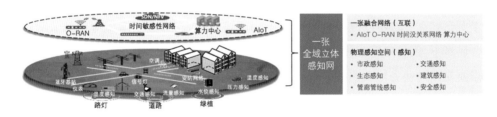

图4-43 数字孪生基础设施服务平台
来源:中国电信集团公司提供

4.5.2 云网融合关键技术

4.5.2.1 智能物联网

城市数字孪生系统中海量设备互联以及频繁的交互操作,将造成系统复杂性不断提升,而万物互联将制造海量数据,如何在低时延的前提下,对这些体量巨大但价值密度分布不均的数据进行合理筛选、挖掘和处理,进而确保决策的有效性和可靠性是一个复杂性难题。在通信技术升级的推动下,数字孪生海量设备在万物互联层面的问题在一定程度上得到解决。然而,这种技术的普及和推广应用仍然面临着巨大的挑战,如,物联网需突破设备智能控制和数据价值深度挖掘处理等方面的瓶颈性难题,人工智能在实现信息技术高层次智能化应用上展出了巨大的潜力。因此,人工智能和物联网的深度融合是未来数字孪生巨系统发展的重要驱动力①。

智能物联网（Artificial Intelligence of Things，AIoT）是研究者在 2017 年"万物智能新纪元 AIoT 未来峰会"上提出的概念。该技术主要通过不同传感器实时采集各种信息，并利用机器学习等方法在终端设备、边缘或云中心对采集数据进行智能化分析处理。智能物联网将人工智能和物联网融合应用起来，两种技术通过融合实现了互惠互利②。由于数字孪生系统的 IoT 应用通常要求物联网设备具备一定的算力，因此智能物联网需要利用云网融合技术实现与云计算、边缘计算等算力平台的融合，提高系统对巨量数据的价值挖掘和分析处理能力。此外，数字孪生平台可以利用智能物联网技术，通过更友好的人机交互界面，实现对物联网信息进行深度语义理解和价值提取等高层衍生应用。智能物联网是一个涉及边缘计算、云计算、人工智能、物联网等多种技术的产物，是多学科交叉融合的结果。与传统 IoT 相比，其在模型和架构等方面具有以下特色③。

1. 智能物联网模型

智能物联网的基础设施是 IoT，其由大量广泛存在的传感器和智能终端组成，实现了"人-机-物"互联，能够实时获取大量应用数据，是系统运行的基石。AI 是智能物联网的智慧化手段和工具，通过帮助 IoT 实现智慧互联，提升连接的广度和深度，实现智能数据分析，增强 IoT 系统的感知、鉴别和决策能力。简而言之，AI 让 IoT 拥有了"大脑"，使"物联"提升为"智联"，而 IoT 则为 AI 提供更广阔的应用"舞台"，促使"人工智能"迈向"应用智能"，二者相辅相成，共同推动着智能物联网的发展。

2. 云边端融合架构

智能物联网技术架构一方面要考虑传统物联网的技术模型，另一方面还需要解决融入 AI 后如何及时处理海量数据，以满足语义理解、人机交互和智能控制等操作需求。这是一个非常复杂的生态系统，将催生新的混合计算服务，从边缘到云端都将得到发展和应用。为了适配城市数字孪生中不同应用对实时性和精度的要求，智能物联网架构需具备自适应智能选择的能力。如，在实时性和低

① 李天慈，赖贞，陈立群，等.2020 年中国智能物联网（AIoT）白皮书[J].互联网经济，2020(03)：90-97.
② 吴吉义，李文娟，曹健，等.AIoT 智能物联网研究综述.电信科学，2021，8：1-17.
③ 中国联合网络通信有限公司研究院.中国联通 CUBE-Net 3.0 网络创新体系白皮书[R/OL].（2021-03-23）[2023-05-15].https://www.digitalelite.cn/h-nd-5120.html.

时延为首要指标的应用环境中,数字孪生系统主要依赖靠近用户的边缘计算架构,以实现快速智能服务响应和面向用户的海量数据价值挖掘。当系统更关注计算决策的精确性时,主要依赖以云服务器为核心提供的计算服务。通过 AI 在混合计算架构中的逐级布局,能够合理平衡大量泛在感知的智能 IoT 设备间的需求,实现复杂数据计算。这种架构能够更加精确地处理海量数据,实现高效的智能服务响应和复杂决策。

4.5.2.2　O-RAN 架构

城市数字孪生的各类新兴应用通常具有各不相同的通信服务质量要求。如,物联网感知设备对传输速率的要求低,但需要低功耗的良好覆盖;而实时监控等应用需要极低时延的实时数据处理。面向各类应用的多样性需求,通信网络正在向更加软件化、虚拟化、灵活化、智能化和绿色节能的方向发展[①]。

开放式接入网(Open Radio Access Network, O-RAN)是一种通过将 RAN 分成不同的部分来满足各类通信需求的新型接入网体系架构,其通用性更好,更易智能化。O-RAN 技术使得网络能够根据应用程序的服务质量要求提供差异化的通信服务,也使得构成城市数字孪生中的各个数字孪生模块可以通过小型供应商和运营商建造自己的传输网络,是自主化构造分布式城市数字孪生底座的关键技术之一。

O-RAN 架构由 O-RAN 联盟开发,是一个开源平台,用于体系结构管理和接入网控制,具有通用的硬件和标准化接口,旨在通过标准化,实现软硬件统一互连,促进接入网接口的互操作性[②]。基于 O-RAN 架构,可根据应用程序的需要进行无线资源管理,包括准入控制、移动性管理、无线链路管理、高级子功能等。由于收集了有关用户和网络的监测数据,该概念也可应用于预测用户服务体验、移动模式、网络流量和人流分布等[③]。

---

① SINGH K, SINGH R, KUMBHANI B. The evolution of radio access network towards Open-RAN: Challenges and opportunities[C]//2020 IEEE Wireless Communications and Networking Conference Workshops (WCNCW). IEEE, 2020.

② WANG T, CHEN Y, HUANG S, et al. Design of a network management system for 5G Open RAN[C]//22nd Asia-Pacific Network Operations and Management Symposium (APNOMS). IEEE, 2021.

③ O-RAN Alliance. O-RAN use cases and deployment scenarios[R/OL]. (2020 - 02 - 23) [2023 - 05 - 15]. https://assets-global.website-files.com/60b4ffd4ca081979751b5ed2/60e5aff9fc5c8d496515d7fe _ O-RAN%2BUse% 2BCases%2Band%2BDeployment%2BScenarios%2BWhitepaper%2BFebruary%2B2020.pdf.

随着硬件和软件的分布式聚合,O-RAN 这一统一的体系架构具有诸多优势,主要包括:软件架构的统一使网络具有更高的兼容性;分布式聚合和软件关联使得网络的部署和升级/扩展更加灵活;软件驱动的面向服务的网络更适用于需要非常低延迟的实时服务;即插即用特性和现代学习方法可有效降低运营商的维护成本。

O-RAN 可通过与物联网、人工智能、移动边缘计算等技术相融合,支撑建设城市数字孪生底座。O-RAN 的推出将消除物联网连接的限制,它将提供灵活的体系结构,支持低吞吐量、大覆盖、低功耗设备的大规模物联网连接。多种物联感知设备可通过运行数字锁、电子健康等应用程序服务于医疗保健、零售、安全等各类应用。由于城市数字孪生系统中连接设备的数量呈指数级增长,在距离终端用户较远的云端完成数据存储及计算对通信网络及云计算中心造成了极大的负担。O-RAN 支持启用移动边缘计算,通过边缘设备(如基站)执行计算任务,使计算任务更接近终端用户,有助于减少移动网络的传输负载和时延,缓解计算拥塞。另外,通过在 O-RAN 融入人工智能技术,利用机器学习增强无线框架,包括基于机器学习的资源管理、移动性管理和网络优化等,支撑移动通信网络更好地适应动态环境,进而支撑建设城市数字孪生复杂巨系统。

O-RAN 虽具有诸多优势,但当前版本的 O-RAN 侧重于识别接入网的无线功能,仅提供了所需程度的互操作性,完全统一的标准化操作和管理仍是 O-RAN 急需解决的关键技术问题。

4.5.2.3 SDN/NFV

随着云网融合技术的发展,城市数字孪生系统将是多网互联、多场景并存的网络,其在促进万物互联、海量 IoT 设备接入的同时也给传统网络带来了极大的挑战。当前,互联网用户数量迅速增加,且多种需求各异、能力各异,这使得网络中出现了海量需及时处理和传输的数据。因此,数字孪生对网络服务设备处理能力以及传输网络的传输能力提出了更高的要求[1],这给传统的封闭刚性网络造成了巨大的压力。

在传统网络环境下,首先,各种网络功能需要专用的物理设备来实现,传统的通过增加专用物理硬件设备来提高网络服务容量的方式给运营商带来了较大

---

[1] 王迪.基于 SDN 的时延敏感网络若干问题研究[D].桂林:桂林电子科技大学,2020.

的成本开销①②。其次,在面对多种可能的突发故障时,这种传统部署方式也不能快速发现和有效的解决故障。最后,传统网络的分布式架构,给网络流量传输的动态调控造成了很大困难,采用传统架构降低了服务的可扩展性,难以满足不同网络传输的 QoS 需求③④。

为适应互联网和云业务发展的需求,传统网络进一步从硬件为主体向虚拟化、云化方向发展,以期实现弹性资源分配、敏感灵活组网以及智能化运行的目标。软件定义网络(SDN)/网络功能虚拟化(NFV)技术⑤是云网融合发展的重要助推力,该技术不仅可以提高物理计算资源的利用率,而且能够使网络功能的实现从专用设备转移到专业虚拟网元,使得网络功能的部署更加灵活与高效,同时进一步降低了成本,提高了网络服务的可扩展性。

具体来说,SDN 是一种新型的网络架构,由美国斯坦福大学最早提出。它将网络的控制平面与数据转发平面进行分离,采用集中控制替代原有的分布式控制。通过开放和可编程接口,实现了"软件定义"的网络架构,进而实现了网络虚拟化。SDN 在传统的三层网络架构的基础上,通过分离网络的角色,将转发层和控制器在逻辑上解耦,控制器与转发平面之间使用开放接口进行通信,可以动态地配置网络设备的转发规则和策略,从而实现网络功能虚拟化⑥。

SDN 在抽象网络功能方面迈出了关键一步,打破了传统的控制器和交换机一一对应的模式,使得控制器可以实时掌握全网动态并对所有节点进行统一的管理。基于 SDN 的新型网络架构具有以下优点:① SDN 网络架构中,其控制平面与数据转发平面进行了分离,SD 控制器可以实时获得所有节点的网络状态,在此基础上,由其进行统一的路由决策,进一步提高了路由效率;② 由于网络中

---

① ORDONEZ-LUCENA J, AMEIGEIRAS P, LOPEZ D, et al. Network slicing for SG with SDN/NFV: Concepts, architectures and challenges[J]. IEEE Communications Magazine, 2017, 55(05): 80 – 87.

② SEZER S, SCOTT-HAYWARD S, CHOUHAN P, et al. Are we ready for SDN? Implementation challenges for software-defined networks[J]. IEEE Communications Magazine, 2013, 51(07): 36 – 43.

③ ORDONEZ-LUCENA J, AMEIGEIRAS P, LOPEZ D, et al. Network slicing for SG with SDN/NFV: Concepts, architectures and challenges[J]. IEEE Communications Magazine, 2017, 55(05): 80 – 87.

④ 王悦,王权,张德鹏,等.低轨卫星通信系统与5G通信融合的应用设想[J].卫星应,2019,85(01): 56 – 61.

⑤ MAINE K, DEVIEUX C, SWAN P. Overview of IRIDIUM satellite network[C]//Wescon/95 Conference Record Microelectronics Communications Technology Producing Quality Products Mobile&Portable Power Emerging Technologies. IEEE, 2002: 483 – 490.

⑥ 徐媚琳.SDN/NFV 架构下的空间网络资源调度技术研究[D].哈尔滨:哈尔滨工业大学,2020.

的带宽和存储资源都非常有限,通过 SDN 的控制器实时获取整个网络的状态信息,可以基于全局信息计算获取最佳路由,避免拥塞和通信中断,从而最大化空间网络的资源利用率;③ SDN 网络的应用层可以通过相关接口实时对控制器进行管控,实现对网络功能的灵活管理。

NFV 是指利用虚拟化技术,将物理硬件网络功能转化为由软件实现的虚拟网络功能,进一步替代传统网络中各类的网元,实现硬件平台和业务软件统一的新型架构。采用 NFV 技术后,一方面,网络设备功能不再依赖于昂贵的专用硬件,基于 X86 标准的信息技术设备成本低廉,有望降低设备成本;另一方面,通过软硬件解耦及功能抽象,资源可以实现灵活分配,进一步促进新业务的开发,为网络资源弹性分配和虚拟化服务发展带来了更大的自由度。具体来说,基于 NFV 的网络架构具有以下优点:① 在云网融合过程中,NFV 技术有望从根本上将基础设施转变成统一的软件架构,可提供更加高效的可重配置的网络服务,进而满足海量数据的处理和传输需求。NFV 技术利用通用化网络、存储以及计算设施取代专用型的网络设备,能够实现网络覆盖与承载分离,进一步提升了网络整体容量。② 在基于 NFV 的网络整体架构中,经由虚拟化网络可建立集中式的协议以及资源调度策略,通过有效配置虚拟资源,可进一步使得所配置节点脱离实际物理位置限制,进而为定制化网络切片提供更好的服务。

SDN 和 NFV 技术的组合将物理硬件实现的网络功能设备转化为由软件实现的虚拟设备,能够动态地添加、部署和转移虚拟网络功能设备,使得网络功能的部署更加灵活与高效。此外,基于 SDN 的新型网络架构更加便于监控网络资源和配置网络流量,提高网络传输效率,进一步增强网络资源分配和任务调度的灵活性。

4.5.2.4　确定性网络

数字孪生系统将基于数据驱动实现真正的全场景万物互联,数字世界与物理世界的深度融合也会加速多样化商业模式的爆发式增长。然而,激增的数据业务将造成网络出现了大量的拥塞崩溃、数据分组延迟和远程传输抖动等。此外,数字孪生网络的沉浸式云 XR、全息通信、感官互联、智慧交互、通信感知等全新业务对时延、抖动和可靠性提出了极高的要求,如端到端时延从微秒降低到毫秒级、时延抖动为微秒级、可靠性达 99.999% 以上。因此,面对网络“准时、准确”数据传输服务质量的需求,迫切需要建立一种能够提供差异化、多维度、确定性服务的网络①。

针对垂直行业应用对网络的差异化需求,确定性网络技术可提供端到端的确定性服务,进一步满足多种场景下对确定性服务质量的要求。确定性网络是相对于传统以太网在传输时存在通信时间不确定而诞生的,是指在一个网络域内为承载的业务提供确定性的服务质量保证。以未来无线通信 6G 为例②,6G 中的确定性网络需要终端、基站、承载网、核心网到应用均具备确定性网络传输的能力。具体来说,6G 网络根据应用和业务的时延、抖动等确定性需求,通过在网络设备和链路上预留资源,以保证数据传输的确定性。总体来说,6G 确定性网络将具备广域高精度时钟同步、端到端确定性时延、零拥塞丢包、超高可靠的数据交付、资源弹性共享以及与"尽力而为"的网络共存等特点。

确定性网络通过在原生报文转发机制中加入周期排队和转发技术,利用资源预留、周期映射、路径绑定和聚合调度等手段实现确定性的端到端服务③。该技术可为城市数字孪生提供"准时、准确"的数据传输业务体验,满足时延敏感型业务的需求,其关键技术主要如下。

1. 确定性网络资源分配

确定性网络需要端到端提供确定性服务,其主要由应用层、管控层和转发层构成。具体来说,确定性网络应用层基于业务的通信特征和要求进行输入和建模,计算出网络传输的确定性要求。确定性网络的管控层通过获取应用层的确定性要求信息,沿着数据流经过的路径逐跳分配资源,消除网络中数据争用导致的丢包,实现对数据流的智能管控。在此基础上,确定性网络通过预调度、优化调度流程,进一步降低调度时延和开销,以满足应用的确定性需求。

2. 确定性网络服务保护机制

确定性网络管控层根据确定性应用层计算的确定性要求,智能决策网络传输机制。一方面,确定性管控层利用转发层的接口,实时精确地感知和测量用户面设备的能力、工作状态等信息,并根据这些信息生成或更新网络拓扑,同时,通

---

① IMT-2030(6G)推进组.6G 总体愿景与潜在关键技术白皮书[R/OL].(2021-06-04)[2023-05-15]. http://www.caict.ac.cn/kxyj/qwfb/ztbg/202106/P020210604552572072895.pdf

② 中信科移动通信技术股份有限公司.6G 场景、能力与技术引擎白皮书(V.2021)[R].北京:无线移动通信国家重点实验室(中国信科),2021.

③ 周旭,李琢,覃毅芳.面向5G/B5G 的智能云化网络架构[J].电信科学,2019,35(10):21-30.

过转发设备收集的可用资源实时更新可用物理资源,并根据业务需求设计合理数据包编码策略,进一步降低随机介质错误造成的丢包。另一方面,确定性网络通过设计数据链路冗余机制防止设备故障丢包,并根据空口在不同状态时的业务需求以及用户面设备可用资源等综合信息设计相应的服务保护方案。

3. 多维度 QoS 度量体系和多网络跨域协同

在 QoS 度量体系方面,确定性网络通过增加 QoS 定义的维度,如吞吐量、时延、抖动、丢包率以及乱序上限等,合理建模适用于确定性网络的 QoS 参数,研究多维度度量方法,建立相应的 QoS 保障体系,以满足每个数据流的确定性服务需求。在此基础上,确定性网络利用多维度 QoS 度量准则,进一步设计多目标路由选路算法,智能优化分配与业务需求适配的资源,以减少因拥塞造成的丢包。在多网络跨域协同方面,针对端到端跨越空口、核心网、传输网、边缘云、数据中心等不同网络拓扑结构,确定性网络进一步研究设计有效的跨域融合控制方法和确定性达成技术,以满足确定性服务需求。

4.5.2.5　"云边协同"算力中心

1. 算力中心在数字孪生应用中定位

算力中心是根据数字孪生业务需求,通过信息化技术手段与方法,充分利用现有信息资源,分析挖掘非结构数据中所蕴含的人、车、物、场景、事件等目标及相互关联特征,满足智慧城市管理需求的相应场景系统。

算力中心是城市数字化转型"数字基座"的关键组成部分。算力中心依托"云边协同"的云网端等基础设施,依托大数据和 AI 两大引擎,通过解析物联网终端侧采集的信息并将其归集进数据湖,进而实现 AI 感知与认知、为上层应用提供 AI 决策能力。以场景化应用驱动,实现更精细智能的城市治理,如城市部件资产可视可管、城市管理态势感知、监测预警,辅助精准决策、联动指挥。

2. "云边协同"算力资源池运营价值

传统的算力资源池建设方式一般是用户在自有数据中心部署运营,不仅要投资购买相关的软硬件产品与服务,还要创建系统运营的空间物理电力空调运行环境;为确保资源池的日常运行,还要配备开发、运营与管理团队。自建运营方式或产品与服务提供存在以下挑战性难题:一是投资与运营相关成本都比较高;二是算力服务支撑的生产流程、业务流程、管理流程与数据都是动态变化的,需要不断地开发、扩容与优化,这种方式下,数字孪生系统及开发运营的相关资源也是动态变化的;三是算力池长年运营积累数据资产有历史价值,而其他软件硬件都会随着技术的发展而资产快速贬值。用户为了拥有被算力池支持的生产、生活、管理等相关的服务与产品,除了固定场点,用户还要考虑建设、交付、运营场景下绝大多数的系统所涉及的物理空间环境、软硬件的投入方式与投入量、运维人员的配置以及前后端系统的现场运营方式等诸多问题。

基础设施服务商一直在探究,可否如电网、自来水特别是如电信运营商长久运营的在语音电话网/移动网/互联网等公共服务基础设施一般,构建可以承载政府、社区、商圈、企业、社区各类智能应用场景下的云变协同的新一代的算力公共基础设施平台。即"以算力中心为核心,重构属地化数字孪生基础设施服务平台",部署可综合承载数字化转型智能应用系统与服务的新一代云网融合的"云边协同"算力中心。

3. "云边协同"算力资源池部署

云边端的算力部署是伴随大带宽、低时延5G业务和边缘计算发展而来,算力从云和端向网络边缘进行扩散。从人工智能角度来看,云侧一般实现训练和一些复杂的协同工作;边缘实现推理工作;终端实现采集、执行工作。

合理部署边缘节点/分支云,是建设城市数字孪生系统的关键技术之一。针对特定的感知场景与数字孪生应用需求,定制化边缘节点的优化部署方案可在保证感知设备覆盖和服务质量要求的前提下尽可能少地部署边缘节点以减少能耗、降低部署成本。通过算力中心建设云边端统筹、算法算力合理布局的AI基础设施,AI解析与AI存储采用边缘计算方案,其他AI能力云化集中部署,将AI能力赋能原有信息化系统,夯实数字基座。实现视频图像全时段高效调阅、多要素一次解析比对、多方位智能关联、多维度预测分析。

将智能化技术与传统业务系统积累的数据湖实现信息共享联动,充分利用AI解析能力一次性提取各类数据,数据归集入数据湖,根据各部门职责分类分权使用数据,如通过智能发现、智能研判、智能复核等方式打造城市数字孪生闭环应用,全面提升数字孪生多维应用与实战应用能力,真正实现信息化基础设施共建共享。

以云端和边端两类算力中心为核心,在边端实现算力池与终端的大二层互联,终结就近区域用户的接入汇聚,并通过数据中心互联(DCI)等本地核心网实现与云端的互联。即智能终端通过运营商新型城域网等多段二层桥接技术,边端和云端算力池中创建了客户 vDC 内虚拟网络之间的专属资源模型,实现了客户业务场景的物理到虚拟的映射。

4.5.3 面向城市数字孪生的云网融合关键技术

4.5.3.1 组态式新型城域网

1. 组态式新型城域网算力资源池在数字孪生应用中定位

以云网一体为最终目标,持续推进城市数字化转型基础设施"组态式"云化重构,实现云网融合,面向数字孪生应用场景和业务承载,以"一网多平面、异网少层级"扁平化架构,结合流量调度 SDN 化,打造泛在、高速、敏捷的新型城域网络,构建网随云动,面向数字孪生业务可提供差异化服务的新型城域网络(图4-44)。

2. 数字孪生网络需求

面向 5G 和云网融合等数字孪生信息基础设施数字化底座,由于业务网关持续下沉接入侧,客户侧对终端服务一致性质量保障,实现多业务融合承载,对高带宽、广连接、高并发、低时延等方面提出了需求,重构传统城域网提出了新技术架构要求。

3. 新型城域网关键技术点

Flex 切片技术可以为数字孪生应用场景,定制出一个逻辑上独立的虚拟专用网络,不同切片之间租户级隔离,需要在物理层切片分层差异化服务等级的租户虚拟网络。每个系统终端网络切片都可以提供一套完整网络的功能,满足行业客户定制组网、资源弹性分配和灵活调度、网络故障隔离等技术要求。

Vxlan 组网技术是一种叠加网络技术,是对传统虚拟局域网(vlan)的一种扩展,可以跨越三层 IP 网络实现二层报文的封装和转发,使得通信两端的网络即使跨越了三层连接也能处于同一个局域网之中。如图4-44所示,Vxlan 主要基于 UDP 进行封装,采用 Mac-in-UDP 封装二层网络,并通过一个 24 的 ID——VNI 进行标识[①]。相比传统网络最多支持 4 096 个 vlan,Vxlan 最多可以支持 16M 个 VNI。采用 Vxlan 大二层技术,确保智能终端二层以上的网络参数均可以通过 overlay 传送到应用平台。

---

① 华静,王华.一种面向云网融合场景的车载系统智能组网模型设计[J].电信科学,2020,36(S1):107-111.

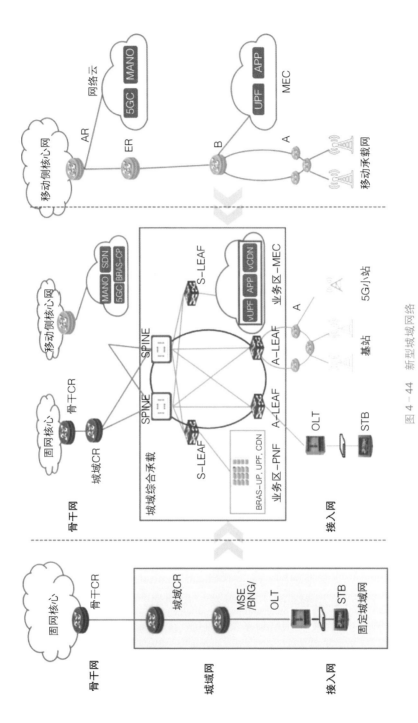

图 4 - 44　新型城域网络

来源：中国电信集团公司提供

NFV 技术实现了网络功能实体的虚拟化。鉴于数字孪生系统应用规模化特性,传统物理网络路由器无法兼顾组网性能和组网成本,特别在数字孪生应用平台建设初期,很难对今后的发展规模作出精确的预估,导致一次性投入成本过高。同时,应用平台需要大规模的计算资源,主要部署于主流云服务提供商的云计算服务节点,一般不允许用户自带物理网络设备。为了确保组网的灵活性、项目的可实施性,需要通过采用 NFV 网络功能虚拟化技术为应用平台部署支持 Vxlan 技术的虚拟网络路由器,使用基于行业标准的云计算服务器、存储和虚拟交换设备取代传统的硬件网络网元,并实现网络功能模块间的分权分域隔离,为客户提供电信级的端到端管理。同时,随着数字孪生系统规模的逐步增长,通过按需弹性部署策略可以有效实现成本的节省和控制。

4. 组态式新型城域网架构

为满足超大规模城市数字孪生建设需求,新型城域网要实现规模化承载物联感知、高清监控、VoIP、移动、政企专线、组网专线、入云专线等业务流量。

基于 SRv6+EVPN 构建组态式新型城域网架构,符合技术演进趋势,采用 FlexE 实现硬切片,为统一承载、差别服务提供基础,采用标准 SDN 架构,满足未来服务多类业务的能力并实现云内的通信网元部署自动化。通过编排器间协同、编排器和控制器间协同,实现网元、算力中心内网络、承载网络的自动化打通。

通过开展新型城域网架构部署,以打造一体化安全可信智能云网为目标,采用"组态式"架构、模块化组件,构建虚拟网络可弹性扩展、云网南北向接口可标准化对接,面向租户业务可快速部署的新型城域网络,系统性解决了城市数字孪生在基础设施方面存在的挑战性难题。

4.5.3.2　边缘计算

通过将数字孪生技术与先进的数据分析和信息通信技术相结合,对物理设备或系统进行实时模拟、优化和预测[1],保障高效的双向数据交换,是实现城市数字孪生的基础。然而,面向城市数字孪生大规模部署物联感知设备与通信网络,导致数据流量和处理需求大幅增加,仅仅依赖云计算无法满足越来越多的大

---

① GRIEVES M, VICKERS J. Digital twin: Mitigating unpredictable, undesirable emergent behavior in complex systems[J]. Transdisciplinary Perspectives on Complex Systems: New Findings and Approaches, 2017: 85 - 113.

量数据在任何时间、任何地点的访问需求,易造成网络拥塞,服务质量恶化,限制了城市数字孪生中物理世界与虚拟世界的实时联动与控制。边缘计算可将云计算下沉至网络边缘,具有开放的分布式架构及计算处理能力,可减少通信时延,避免暴露敏感数据,适合于城市数字孪生的应用服务。

1. 基于边缘计算的数据清洗

数字孪生技术通常需要部署大量传感器进行数据采集。但实际场景中采集的数据的质量无法保证,可能会影响后续的数据分析结果。通过数据清洗可以对采集的数据进行评估、验证和校准,还可以进行异常数据检测,具有重要的应用价值。将数据清洗的功能部署在边缘端能有效缓解原始数据过大的压力,减少网络传输到云的资源消耗。此外,边缘设备更接近底层网络,更容易收集数据。

2. 基于边缘计算的目标检测

主流目标检测模型由深度神经网络构成,完成模型推理,其推理过程大都是将图片数据输入到集中式计算中心,再利用高算力的 GPU 完成目标检测任务[①]。但网络边缘设备数量的爆炸式增长,数据量急剧增加,网络传输负载增加,基于集中式计算的目标检测任务推理时延高,无法满足实时检测需求。将目标检测模型部署在边缘设备,利用边缘计算完成本地模型推理,是实现实时目标检测的关键技术。

3. 基于边缘计算的数据同步

数字孪生中的数据映射主要包括两个数据模型之间的数据关联和数据同步两部分。准确地描述模型有助于数字孪生更好地反映物理实体。数据同步分为实时同步和非实时同步。数字孪生与物理实体实时同步的核心是将数字模型控制器与物理逻辑控制器连接起来。对于非实时同步,可以通过一个中间数据库来实现。边缘计算能够很好地为实时同步提供足够的计算资源,为非实时同步提供足够的本地数据库,适用于实时和非实时数据同步。

4.5.3.3 多源异构的资源管理体系

城市数字孪生需建立空天地海一体化的泛在连接体制,并实现多种连接方式的端到端协同,如将无线网络、物联网、卫星网络以及光纤固定网络结合起来,

---

① 陈爱方.面向目标检测执行效率优化的边缘计算技术研究[D].北京:北京交通大学,2021.

实现空天地海一体化覆盖,以适应跨地域、空域、海域等多种业务场景需求,使得用户能够随时随地按需接入。此外,空基、天基和地基接入在不同业务场景下各具优势。将空基、天基和地基接入进行一体化融合,可以综合利用固网和卫星资源,进一步扩展移动网络的覆盖范围。同时,通过这种多接入方式的融合,可以为用户提供极致可靠的高质量服务,从而满足不同应用场景对网络的需求[1]。

空天地海一体化网络的资源部分包括云资源、网络资源、数据资源和算力资源等多种形式,不同种类的资源架构形成了多源异构的资源体系[2][3]。同时,泛在连接要求网络全面实现虚拟化和云化部署,从而能够将不同的网络能力通过统一的基础设施呈现出来,实现空天地海一体化的网络供给和多种连接方式的端到端协同。为了统一管控与调度多维资源,需采用算力网络、区块链等新技术构建面向多维异构的资源适配与交易体系。

1. 面向多源异构资源体系的算力网络

算力网络利用网络控制面实时传递算力等资源信息,并以此为基础解决不同类型云计算节点规模建设后的算力分配与资源共享需求的难题,实现多源异构的计算、存储、网络等资源之间的信息关联与高频交易,以进一步满足新兴业务提出的"随时、随地、随需"的多样化需求[4]。

传统的云计算资源主要包括计算、存储和网络(主要指数据中心内部网络)。随着空天地海一体化泛在连接机制的兴起,计算、存储等基础资源出现形态多样化、分布离散化、来源多元化等特点,这些资源不仅仅增加了新的维度,而且可能为多方所拥有,并且具有不同的形态和结构。针对泛在的算力资源,可以通过模型函数将不同类型的算力资源映射到统一的量纲维度,从而形成业务层可理解、可阅读的算力资源池。在此基础上,进一步根据不同业务运行对算力的需求,对业务进行等级划分,为算力平台设计的选型和算力网络的资源匹配调度提供理论依据[5]。

① 吴翠敏.新基建下云网融合需求及关键技术架构分析[J].无线互联科技,2020,17(22):33-34+39.

② 乔爱锋.云网融合的发展和演进[J].电信快报,2021(07):6-9.

③ 中国电信集团公司.云网融合2030技术白皮书[R/OL].[2023-05-15].https://d.8all.cn/wp-content/uploads/2021/01/中国电信云网融合2030技术白皮书.pdf.

④ 李芳,赵文玉,张海懿.面向云网融合的5G承载网络技术发展趋势探讨[J].通信世界,2021(09):25-26.

⑤ 唐雄燕,张帅,曹畅.夯实云网融合,迈向算网一体[J].中兴通讯技术,2021,27(03):42-46.

2. 基于区块链的数据与价值交换机制

区块链是多方协作维护的分布式共享数据库,具有公开透明、全程留痕、历史可溯、集体维护、智能执行等特点,可有效建立多方协作机制,促进分布式多源异构资源高效配置,可支撑数字资产的高效流通与交换[①]。区块链作为一种高可信技术,具备数据防篡改、资源可追溯、价值可交换等能力。在异构资源管理方面,区块链技术可以保障可信数据交换,针对广泛存在的数据孤岛问题和数据共享难题,能够构建基于区块链的数据安全交换方案,实现敏感数据在不泄露隐私的同时进行安全可信共享和计算。同时,区块链能够实现异构资源价值交换,解决多源异构的资源所有方的数据、算法、算力等资源确权难,缺乏公平高效的价值分配,资源协同缺乏价值驱动等方面存在的问题。区块链在保证价值交换安全性的基础上具有良好的可扩展性,能有效推进云网融合技术的更广泛应用。

4.5.3.4 分布式资源调度

在城市数字孪生系统中,大量算力资源部署于网络边缘,包括基站侧、终端侧等,且具有大量的物联网感知设备、控制终端等,对通信网络的传输带宽、时延、算力提出了极高的要求,传统的集中式资源调度方案需要终端实时反馈数据至云端完成通信及算力资源调度,传输延迟较大,无法满足数字孪生系统物理世界与数字世界的实时联动需求。分布式资源调度可通过在具有较低算力及存储资源的网络节点间交换部分信息,实现全局最优决策,通信开销较低,具有很好的可扩展性且有利于隐私保护。另外,通过在众多的网络节点上共同协作运行分布式算法使得城市数字孪生系统更加鲁棒,不会因某个节点的故障而影响整个系统的运行。分布式资源调度方法主要可分为基于优化理论的调度和基于人工智能的调度两大类。

1. 基于优化理论的分布式资源调度

基于优化理论的分布式资源调度通常以边缘节点(如基站)作为智能体。边缘节点根据自身可以获得的局部信息,以及与相邻边缘节点通过信息交换获得的邻居信息,基于凸优化等优化理论进行分布式迭代计算,实现通信带宽、算力资源、存储资源的分布式调度及预编码方案、传输功率控制方案的分布式协同

---

① 蔡晓晴,邓尧,张亮,等.区块链原理及其核心技术[J].计算机学报,2021,44(01):84-131.

设计,以最大化系统资源利用率,降低能耗,支撑城市数字孪生可持续发展[①-③]。

2. 基于人工智能的分布式资源调度

随着人工智能技术的发展,深度神经网络、深度强化学习也可解决分布式资源调度问题。在传输功率控制方面,基于深度神经网络,相关研究人员提出了以终端位置为输入的分布式智能功率控制策略[④]。针对资源分配问题,学术界研究提出了基于多智能体深度强化学习的分布式资源分配框架[⑤]。在该框架下,每个用户根据当前自己的状态及观察到的周围邻居的状态,得到下一时刻的资源分配策略。该训练过程需共享全局历史状态、动作和策略,但在执行过程中无须终端间的信息交互,可分布式执行。

分布式资源调度也面临着众多的挑战。如出于隐私保护的考虑,网络节点间不能交换原始数据,这就需要在维护隐私与最大化准确性之间进行权衡。另外,在基于无线接入的城市数字孪生系统中,由于无线信道衰落及干扰等因素的影响,分布式资源调度要求的节点间低时延信息交换是极具挑战的关键难题,协同考虑数据传输与分布式资源调度具有重要意义。

① VU Q, TRAN L, JUNTTI M. Noncoherent joint transmission beamforming for dense small cell networks: Global optimality, efficient solution and distributed implementation[J]. IEEE Transactions on Wireless Communications, 2020, 19(09): 5891-5907.

② AMMAR A, ADVE R, SHAHBAZPANAHI S, et al. Distributed resource allocation optimization for user-centric cell-free MIMO networks[J]. IEEE Transactions on Wireless Communications, 2021, 21(05): 3099-3115.

③ ATZENI I, GOUDA B, TÖLLI A. Distributed precoding design via over-the-air signaling for cell-free massive MIMO[J]. IEEE Transactions on Wireless Communications, 2021, 20(02): 1201-1216.

④ ZAHER M, DEMIR O, BJÖRNSON E, et al. Distributed DNN power allocation in cell-free massive MIMO[C]// 55th Asilomar Conference on Signals, Systems and Computers. IEEE, 2021.

⑤ LI Z, GUO C. Multi-Agent deep reinforcement learning based spectrum allocation for D2D underlay communications [J]. IEEE Transactions on Vehicular Technology, 2020, 69(2): 1828-1840.

第5章
数字孪生技术引领
下的未来城市形态

5.1 数字孪生下的未来城市概述

数字孪生技术最初应用于尖端制造业,使用人工智能、物联网等技术,操控虚拟对象实时模拟物理对象。而后数字孪生技术应用于城市系统的现代化治理,使得城市转型的发展战略朝着更精明、高质量、智慧的方向前进①。在数字孪生技术应用于城市的过程中,诞生了数字城市、城市信息模型(city informative model, CIM)、数字孪生城市、城市智能模型(city intelligent model)等新理念、新技术。技术进步是城市发展的核心动力,中国信息研究院提出将数字孪生城市作为城市治理的研究热点和核心动力的观点②。数字孪生技术是引领未来城市的重要引擎,对城市的实体、虚拟形态有巨大的影响,同时也在深刻改变城市的生产、生活、公共空间。

数字孪生下的城市狭义上是物理城市映射成的虚拟城市,物理城市和虚拟城市之间实时连接、虚实融合,即虚拟城市在方方面面都是完全复刻此时此刻的物理城市。将数字孪生技术应用于城市建设的治理、规划方式,镜像的虚拟城市将提高城市系统的各要素信息实时的可视化、可操作,便于辅助实时监控、智能检测、风险规避、宏观决策等,将有助于智慧城市治理,创造更好的生活。

数字孪生技术不仅能根据实体城市,创造出不同形态的虚拟城市,更是能作用于实体城市,使实体城市的形态发生变化。数字孪生技术对实体城市的影响遍布城市系统的方方面面,对每一个系统的空间形态都有深刻的影响;数字孪生技术创造的虚拟城市形态更加具有创新性、多样性。

当前,数字孪生技术支撑下的城市实践也如雨后春笋般涌现,如新加坡登加镇、加拿大多伦多人行道(Sidewalk Toronto)、荷兰 Brainport 智慧街区、德国沃尔夫斯堡大众汽车之家总体规划、中国雄安新区的规划建设等都展现了数字孪生技术在城市建设中的应用前景。

本章基于数字孪生技术的内涵与应用发展,重点探讨其如何影响城市未来的虚实形态,并结合不同空间特点与案例来窥探未来城市的可能情景,提出当前

---

① 王世福.智慧城市研究的模型构建及方法思考[J].规划师论坛,2012(04):19-23.

② 许涛,都嘉城,邓靖凡,等.数字孪生城市研究进展及其在国土空间规划中的应用[C]//中国城市规划学会城市规划新技术应用学术委员会.创新技术·赋能规划·慧享未来:2021年中国城市规划信息化年会论文集.南宁:广西科学技术出版社,2021:19-28.

的趋势与挑战。这些结论大部分是基于国内外学者的研究结果、优秀地方案例和笔者团队的经验思考所得,预测结果尚有较大的不确定性。

应用于城市的数字孪生技术仍是一个新生的较为前沿的技术,城市的数字化"规建管用"还都处于摸索前行阶段。新技术必然面临着诸多方面的挑战,而这么多方面的挑战绝非某一领域的人所能解决,而是应该多领域从事人员合力,共同探索出一套更完善的数字孪生技术支撑体系。相信多领域从事人员共同努力,会使得数字孪生技术的城市应用往更光明的未来发展。

(1)原理层面的挑战

数字孪生下的未来城市是综合应用了城市、计算机等多方面的理论,但如何很好地将这些理论进行融合和扬长避短,仍是研究者们所需要继续研究的关键问题之一。另外,数字孪生城市用到了数字孪生的方法,那么如何看待和处理虚拟数字孪生城市和实体层面的城市的关系的方法就成为必须思考的点。实际应用过程中是实体形态和虚拟形态双向即时影响还是虚拟形态对实体形态的影响有一定延时,以及这二者实现更好地结合的方法,都是目前尚不太明确的。但是通过专业认识对原理进行更深层次的剖析就有可能得到的方法。

(2)技术层面的挑战

城市数字孪生系统基础在于数据的实时监控收集,有了数据才能实现更深层次的功能,那么首先需要研究的就是高效地处理、整合收集来的来自四面八方的数据的方法。怎样才能保证数据安全和伦理?这就又涉及参与式传感本身的问题——参与式传感本身允许所有人参与到反馈数据的过程中来,这样数据正确性和可靠性就也成为问题。

另外,城市数字孪生系统所运用的区块链、物联网、人工智能、CIM(城市信息模型)等都是比较前沿、耗费高的技术,难免有着终端技术不亲民的问题。那么想要得到超过其成本的价值就具有了挑战性。可以从成本的节约或技术改进两方面入手,如先前所述智能预测方面,如果可以应用更先进的算法,就可以作出更精准的模拟,进而更精确地规避更多风险,节约灾后救灾开支。

最后,人、地、环境、基础设施等形态空间方面的感知目前已经可以达到较高水平,但其他动态因素,诸如社会组织状态、经济等流动空间方面的感知仍处于较低水平。提高对流动空间的感知以进一步提高城市治理效率或许是一个漫长的过程,需要管理层面和社会科学家等多方面共同研究逐步实现。

（3）应用层面的挑战

基于现有基础,亟待提出一套更完善的参与式传感体系。在这套新的体系中,必须考虑的是保证大众参与进来的方法和大众的参与方式、最小化成本而最大化使用程度的性价比以及所得数据的透明程度和安全性。旧有体系中尤其在对数据透明程度这一问题的处理上存在缺陷,有可能造成公民的隐私泄漏和数据安全隐患,是一个亟待填补的缺口。在完善了管理方面的体系后,参与式传感本身机制在数据可靠度方面带来的问题也会得到一定的缓解。

5.2　孪生技术下的未来实体城市

城市系统由众多子系统组成,子系统之间相互协调、相互依赖[①]。实体的空间系统和非实体的社会系统共同构成了城市系统。城市社会系统包括居民的特征和组成的社会组织的特性;城市空间系统由自然的地形地质、水文、气候等以及人造的建筑、交通等组成,反映了实体空间的构成要素和组织模式。建成环境包括交通、建筑、基础设施等;自然环境包括土地、能源、绿地、水文、生物等。

城市数字孪生系统在城市地理信息模型和建筑信息模型中,植入实体城市中人、物、事件、能源等信息,从而建造一个与实体城市共生的虚拟城市。信息获取依赖于现实中的摄像头、传感器等与城市信息管理系统相连接的智能设备,从而及时更新数据信息,及时有效地对城市做出管理[②]。

城市数字孪生技术对城市实体形态的影响并不局限于信息技术的使用带来的智能设施的建设,更重要的是对于城市生产方式和生活模式所带来的冲击,城市内部的空间形态也会随之改变。虚拟商业使得传统的商业模式开始变革,弱化了传统的集聚效益,商业中心的地位被弱化,空间定位也发生转变;线上办公打破了办公物理空间上的限制,生产与生活的时空边界在被不断打破,居家办公成为新兴的办公方式,居住与办公空间的复合要求社区的功能更加多样化,来填补居民增加的在社区中生活的时间。在空间上,过往的城市单中心结构会随着

---

① 张小娟.智慧城市系统的要素、结构及模型研究[D].广州:华南理工大学,2015.
② 李德仁.数字孪生城市 智慧城市建设的新高度[J].中国勘察设计,2020(10):13-14.

改变,多中心的城市格局或许会成为未来城市的发展方向,形成网络化、扁平化的空间结构。[①]

5.2.1　交通

交通方式改良和市政路网建设往往意味着交通速度的提高与出行时间的减少,出行可达区域范围扩大,城市尺度下各空间的可达性随之提高。可达性变化会使得交通的习惯随之发生改变,各个功能区块之间的关系也就需要一定程度的重构。历史中交通方式从双足、畜力交通,到自行车、汽车、火车,再到地铁、高铁、飞机,每一次的变化都给城市的空间形态带来深刻影响。[②] 城市数字孪生技术的建构提供的实时的城市路网与交通路况为无人驾驶技术提供了充足的数据支撑。伴随数字孪生技术的开发,无人驾驶技术不断完善并走向成熟,注定掀起新一轮的交通变革,改变城市空间与结构的发展。

无人驾驶技术在物联网系统的基础上,依靠传感器采集实时路况信息并将其传送给计算机,计算机再通过网络获取城市道路拥堵情况,对信息进行整合再作出反馈,从而计算出车行路线。这样的一种技术能够解决长期困扰驾驶员的出行时间长、交通道路拥挤等问题,提高交通通行的效率。

当无人驾驶技术应用的范围没有被限制,交通成本的降低会使得郊区地价低、环境优的优势得到凸显,城市中心的优势会有所降低。但如果将无人驾驶汽车设定为公共交通并将其行驶范围设定在城中心则会提高城中心的区位优势,由此提出了三种城市未来的发展模式:城市蔓延发展、城市精明收缩、城市蔓延发展又精明收缩[③]。

城市蔓延发展是城市中心区位优势相对降低与城市郊区区位优势提高带来的一种发展问题。无人驾驶技术能够带来的交通时间成本的降低与通勤体验的提高可能会刺激私人汽车保有量的增加。无人驾驶技术可以让通勤时间变成娱乐时间,居住地与工作场地的距离优势会随之减少,而郊区房价低、环境优的强

① 姚南.智慧城市理念在新城规划中的应用探讨:以成都市天府新城规划为例[J].规划师,2013,29(02):20-25.

② 王鹏,雷诚.自动驾驶汽车对城市发展的影响及规划应对[J].规划师,2019,35(08):79-84.

③ 余姗姗,张梦,王昱力.无人驾驶对未来城市空间形态发展影响初探[C]//中国城市规划学会,成都市人民政府.面向高质量发展的空间治理:2021中国城市规划年会论文集(06城市交通规划).北京:中国建筑工业出版社,2021:316-323.

项会随之凸显。如果无人驾驶技术主要应用于私人汽车,那么城市蔓延发展显然会成为未来城市不可避免的一个问题。

但如果无人驾驶技术主要运用于共享经济与公共交通时,城市中心区的优势会得到进一步的提高,形成更有活力的空间。一方面,共享经济模式下的无人驾驶汽车能够对公共交通进行补充,让城市的交通方式变得更加灵活便捷,拉动城市公共交通导向开发(transit-oriented development, TOD)发展,提高城市中心的开发效率。另一方面,相同数目的无人驾驶汽车相对于私人汽车能够服务更多的人群。研究表明,发展成熟后,应用于公共交通的无人驾驶汽车一辆可以替代 11—14 辆私人汽车。① 部分停车空间能够得到释放,转化为绿化空间、活动空间等具有较高品质的城市公共空间。

而在两种情况的共同作用下,城市中心区域与郊区的优势都会有所提高,那么城市也有可能会形成既蔓延发展又精明收缩格局,城市中心区域的活力进一步提高,同时城市的郊区也会产生一定数量的次级中心,形成更有活力的发展格局,也能够更加灵活地应对城市的人口数目变化(图 5-1)。

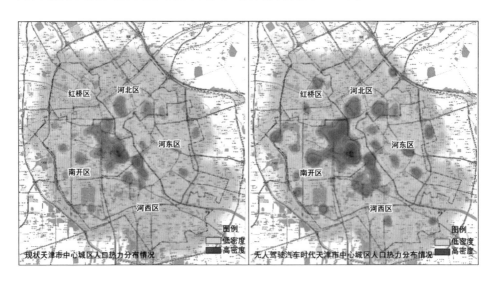

图 5-1 天津市中心城区空间结构变化图

来源:王维礼,朱杰,郑莘荑.无人驾驶汽车时代的城市空间特征之初探[J].规划师,2018,34(12):155-160.

① ZHANG W, GUHATHAKURTA S, FANG J, et al. Exploring the impact of shared autonomous vehicles on urban parking demand: An agent-based simulation approach[J]. Sustainable Cities and Society, 2015(19): 34-45.

总而言之,城市未来空间发展的模式主要取决于无人驾驶汽车会以怎样的形式出现,成为私人交通大概率意味着城市的蔓延发展,成为城市公共系统的补充则会加强城市中心区的活力,二者互补就可能是蔓延精明双重发展。

5.2.2　能源

风能、天然气、太阳能等清洁的分布式能源正逐步成为城市使用能源的主力,而互联网、人工智能等为城市能源系统的转型提供了技术支持。传统的集中式供电从电能质量上来说更为稳定且优质,但这样的方式对于电厂的容量要求较大。而分散式能源系统相对而言规模较小,具有模块化、分散式的特点,能够做到灵活配电。[1] 智能能源系统的建设,理应是传统集中式供电与分散式能源系统的结合,在建设时应考虑配套的分布式电力,在用电高峰时期接入分布式电力,降低集中式供电系统的荷载,能源供应更为稳定。

共享经济的落实对能源的灵活调配提出了更高的要求,无论是补充大型公共交通的共享汽车、共享电车等出行方式对于充电桩的需求,还是个体对于充电宝这种更为灵活且细微的能源需求。"智慧灯杆"以路灯杆为载体,集成了能源供应、环境监测等多种功能。[2] 灯杆作为城市空间中广泛分布的基础设施能够更灵活地实现细微能源的调配工作,同时智能化的灯杆能够通过实时信息调整自己的光照强度,从而实现绿色可持续发展。

5.2.3　土地

5.2.3.1　居住区

伴随着数字技术的发展,远程办公、共享经济、无人机物流配送等正在不断地渗透进人们的生活方式中,从而改变对于社区环境的规划[3]。

共享办公是未来共享文化发展的一个方向,是基于互联网的远程协作的实现所带来的对社区办公空间的需求。社区中充足的共享办公室能够有效地减少通勤时间,减少城市的交通压力。与共享办公室对应的还有孵化中心。共享办

---

① 胡志毅.基于城市能源变革的智慧能源系统建设研究[J].智能城市,2021,7(07):27-28.

② 焦奕硕,张雷.智慧灯杆在新型智慧城市中的应用[J].智能城市,2020,6(16):1-3.

③ 王才强,冯俊才,CHO I S,MALONE-LEE L-C.未来高密度居住区规划与设计框架研究[J].规划师,2020,36(21):35-44.

公意味着社区不再只是居住空间,办公空间的引入使得居民待在社区的时间更长,社区的功能需要更加复合多样化来满足实际的使用需求,需要引进更多的共享协作设施,如:菜市场、社区商店、诊所等设施。此外还需要更多的共享服务设施来填补社区居民在社区中的时间,如儿童娱乐中心、社区烹饪中心等为社区居民提供活动空间,加强社区居民之间的交流,形成社区文化。共享办公空间也意味着老人会有更多的可能参与到社区事务中,丰富老人的日常生活。

而社区中更深层次的共享则为共享居住,共享居住的概念为人群因为某种行为方式或生活喜好而聚集在一块区域生活的行为。[①] 选择共享居住的群体意味着接受某种共同的生活理念或行为模式,可以认为是"亚文化群体"。这一群体的成长中渗透着互联网、人工智能等科技,受到多种文化的影响,性格上较为鲜明,有着自己明确的行为方式与生活喜好,在互联网上形成具有认同感的群体。

共享居住是在互联网社区中形成有群体认同感的前提下,这些人在线下聚集在一起形成的实体社区,这样的社区需要有特定的空间来满足促使他们聚集在一起的爱好。这些群体先在线上通过微信、QQ、豆瓣等社交媒体形成拥有共同爱好的社交群体,如:游戏群、户外活动社群、萌宠爱好交流群等。迎合这些群体进一步推出了居住空间载体,在社区中创造出以相关爱好为主题的共享活动空间,这些在线上结识的群体在这一活动空间中开展线下社群活动。这类社区能够为线下的共享活动提供支撑,根据居民的活动需求配备对应的功能空间,在空间的构成与特征上符合该亚文化群体共享活动的需求,能够更好地创建共享生活场景,提高社区的凝聚力与归属感。

5.2.3.2　商业区

得益于互联网的发展,居民的生活需求已经基本可以通过虚拟购物来满足,线下的实体商业空间的购物属性很大程度上能够被替代,城市中心商业区的主要属性正在向服务体验转变,餐饮、娱乐空间的比重逐步提高。社区商业网点与虚拟购物之间是一种互补的关系,共同满足居民的基本生活需求。

实体商业会出现三种趋势:聚集、中心化趋势;聚散并存,层级化布局;分

---

① 林伟.城市共享居住形态及其空间特征研究[D].广州:华南理工大学,2019.

散、平面化趋势。① 对于实体商业,虚拟商业无法替代的部分依旧会因为存在的集聚效应集中存在于城市中心区,呈聚集、中心化趋势;虚拟商业能够产生弱替代作用的部分,实体商业会形成层级化的布局,在城市空间中有聚有散;而当虚拟商业产生强替代作用的部分,实体商业则会在城市中呈现分散扁平化的布局方式。

在这样的作用机制下,未来城市实体商业空间大体会呈现"整体分散、局部聚集"的布局。对于原有的城市商业中心,虚拟商业基本不起到替代作用,商业中心依旧保有交通便利、设施完善等优势,甚至在虚拟商业的影响下,商业中心的功能产生转变,主要提供服务体验娱乐空间,空间活力得到提高,能够辐射更广的服务范围,形成其中心极化区位。城市的进一步扩张与工业时代的规模效益的衰减会使得老城区与新城区的交界处形成新的次级商业中心,重构原有的城市空间格局。剩余的商业空间则主要为社区商业中心,它主要承担虚拟商业外的主要消费,提供日常用品,是对于虚拟商业延时性的补充,主要分布在社区中心、交通站点、工作场所等区域。在虚拟商业的冲击下,未来的实体商业在空间上的主要趋势会是"整体分散、局部集中"的趋势,大型商业中心的功能向体验化、服务化发展,小型社区商业中心则是实体消费的主要场所。

5.2.3.3 校园

教学活动中计算机互联网技术的应用使得传统模式中物理时空上的限制被打破,知识的传播可以随时随地发生。校园空间的定位模糊化,灵活性与便捷性成为新的教学模式的强烈需求。智能设备也会成为校园空间中重要的一部分,在服务校园内的学生的同时提高学校的管理效率。校园路灯通过传感器判断路上有无行人与天气状况来调节灯光的亮度,减少光污染并节省能源。智慧班牌为学生提供签到与课程信息查询系统。校园信息站为学生提供校园内部动态,及时传递重要信息。②

5.2.3.4 公园

数字技术同样会成为城市绿地中的重要组成部分,信息网络、云计算等技术

---

① 鄢金明.虚拟商业对城市商业空间的影响研究[D].武汉:武汉大学,2017.
② 李新,杨现民,刘雍潜,等.智慧校园公共空间体系的设计与发展趋势[J].现代教育技术,2018,28(07):25-31.

为城市公园的管理与景观提供了更多种可能。智慧技术在城市公园中的应用主要体现为智慧生态检测预警系统、智慧照明系统、智慧安防系统、智慧导视系统等。[①]

智慧照明系统能够优化公园绿地的景观,美化公园夜景,提高公园绿地的使用率,同时对游客的安全起保障作用。公园的面积较大,如果均质地设置灯具且同时开启,能耗较大,还会对公园的氛围产生影响。通过智慧技术,就能实时检测公园内部的人数和分布,对灯光进行远程实时调控,人多灯亮、人少灯暗,减少能耗。智慧导视系统能够让游客准确地认知自己所在的位置,同时了解公园内部的主要景点与人群分布,实现自发的公园人群的调配,进一步提高游客在公园内的体验。

5.2.4 建筑

BIM 技术可以将建筑项目各个环节的信息统一录入,实现建筑数据共享,协调辅助各环节工作的进行,为建筑从设计到后期维护的全周期设计过程提供协助,推动了装配式建筑的发展。

我国目前的建筑施工主要以现浇为主,这样的手工作业存在生产效率低、工期长、施工受天气影响较大、工程质量难以得到保证等问题。[②]“像汽车一样造房子”,装配式建筑是未来建筑发展的主要方向。装配式建筑的环境与经济效益主要集中于效仿先进制造业,在工厂内对建筑构件进行统一制造,以 PC 构件的生产为例,从布料到送入养护窑,整个过程由电脑控制在 5min 内就能完成,生产效率和质量远高于人工。现场的装配也能通过计算机事先的模拟作为指导,快速实现对于预制构件的现场组装,节省现场作业时间。在这些环节中,能够最大限度地实现节能和减少污染物的排放(图 5 - 2)。

此外,建筑的信息在建筑的施工前就已经完整地保存在了 BIM 中,这意味着在后续使用时能够快速地根据建筑信息模型找出问题的所在,而模块化的建筑系统则使得能够便捷地对建筑构件进行替换。而当建筑需要拆除时,装配式建筑也能够改变传统的拆除方式,让建筑能够在拆除时像汽车一样分为构件,减

① 赵洁,冯磊.城市公园绿地中智慧技术的应用研究[J].山东林业科技,2017,47(02): 103 - 105.

② 严薇,曹永红,李国荣.装配式结构体系的发展与建筑工业化[J].重庆建筑大学学报,2004(05): 131 - 136.

图 5-2　装配建筑建造

来源：http://www.precast.com.cn/index.php/subject_detail-id-12071.html

少了拆除现场产生的大量粉尘对于城市生产生活的影响，建筑的废弃构件也能得到最大化地重复使用，实现绿色经济。

　　总体而言，数字孪生技术带来生产生活方式方方面面的变化，而这样的变化又会对城市内部的空间结构产生影响。交通方式的变革——无人驾驶技术的成熟，使得人们出行的时间成本降低，城市区位的优势随之改变，将其应用于不同的交通模式，城市的空间会向着无序蔓延或精明收缩方向发展。共享经济时代也会对能源的精细化调配作出更高的要求，充电设施需要有更扁平的分布来及时满足需求。远程协作、电子商务等新模式也使得传统的集聚效益有所削弱，城市有多个次级中心、整体扁平化的趋势，对于每个社区的功能复合化、共享设施提出了更高的要求。数字设备成为建筑空间中的一部分，数字技术则改变了传统的建造方式，让建筑全寿命周期的运维变得更加可控。

5.3　孪生技术下的未来虚拟城市

　　多样化的数字孪生技术和展现形式使得虚拟城市的当前形态多样，重现实体城市的程度也参差不齐。在未来,数字孪生的城市形态不仅关乎个人的生活质量,更是国家治理的重要组成部分。然而随着信息技术的迭代、数据量的增加、公众需求的不断复杂化,让城市治理变得更为不可预测,由此问题带来对数字孪生虚拟城市模拟的需求来协同决策。如前文所述,数字孪生是一种创造物理城市的镜像虚拟城市的多维技术手段,它在物理城市与虚拟城市之间建立数据双向流动。在数字孪生在实体层面的基础上,接下来将在虚拟层面上进一步探究形态类型。

根据多种现有技术的充分融合以及发展,在虚拟层面上的城市形态大致分为四类,即抽象仿真型、完全仿真型、增强现实型和自由虚构型。抽象仿真型是一种较为初级但是仿真抽象性强,能将虚拟城市的一些功能提取出来;完全仿真型在抽象仿真型的基础上完善虚拟城市细节,有很高的还原度,当然还原的具体内容不局限于仅仅在视觉上,还可以在许多其他方面上;增强现实型则不满足于仅仅还原城市的物理形态,它可以将使用者当前所处的现实环境与虚拟场景融合在一起,然后回送到使用终端中去;自由虚构型则是在前者的基础上在虚拟空间中自由地对实体城市进行大胆设想与改造。

5.3.1　抽象仿真型

抽象仿真型是对物理城市的初步镜像,目前大多数虚拟城市停留在这一阶段。抽象物理城市的单个组成系统、部分功能,模仿物理城市构造虚拟城市。抽象仿真型虚拟城市的可视化形态相对初级,如说平面图像的形式,只能在视觉层面展现局部的城市信息,与真实物理城市有一定距离。

城市数字孪生数据平台有着非常庞大和负责的数据资源体系,这些数据来自各个方面,涉及不同主体,当然在目前要整合所有要素的信息,将其转化为知识存在相当难度,抽象仿真型城市就是指建立在城市的某个特定功能或者某些功能上的虚拟城市形态。如将所有城市地理信息收集整合起来就可以设计出一个基于交通的虚拟城市信息模型,如果将社区的基础信息库都整合利用起来就可以设计出一个基于社区的智慧社区虚拟城市模型,用于居民生活的服务和管理。

如在能源系统的设计过程中,抽象仿真型城市就能集中模拟一些能源结构的实体形态,如电、气、管线等实体的布局和配置,在此基础上再考虑城市布局、能源站结构等因素,就能进一步加快和完善能源系统的建设;如在运行过程中,抽象仿真型城市能模拟能源系统的运行能力,提供完备的模拟数据,同时考虑各种外部因素的影响对能源性能进行评估,就使得运行结果更贴近真实并且效率更高更有效(图5-3)。

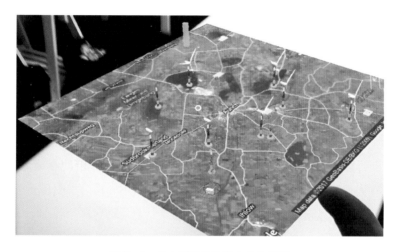

图 5-3　风电场开发的数字孪生模型

来源:PARGMANN H, EUHAUSEN D, FABER R. Intelligent big data processing for wind farm monitoring and analysis based on cloud-technologies and digital twins: A quantitative approach [C]//Proceedings of the 3rd International Conference on Cloud Computing and Big Data Analysis. Chengdu: IEEE,2018: 233-237.

受限于信息的高度集成和抽象,一般而言,该虚拟模型的一些指标或者信息的主要接受对象是相关专业的专业人员,对于使用者的适用性可能会有一定限制,但是不可否认的是,抽象仿真型对于城市相关信息的提取以及应用深度是相当不错的,应用面也相当的广。

5.3.2　完全仿真型

伴随着算力的提升,渲染技术、深度学习技术等方面技术的快速发展,在未来甚至可以将城市进行完全的仿真与还原。完全仿真型在抽象仿真型的基础上更进一步。还原了物理城市的更多信息,在广度上,完全仿真型不局限于城市的组成系统,而是还原整个城市形态的信息;在深度上,完全仿真型不止能展示二维、三维可视化,甚至能还原气味、触觉等信息。

在未来城市已不能仅仅存在于物理世界中,还可以通过信息化和数字化的手段完全"拷贝"一份存放在虚拟世界中,与实体层面的城市一一对应、相互映射,在此基础上互相协同,虚实交互,从而对孪生在虚拟空间的城市进行各种信息模拟、建设、发展,在实现城市全要素的数字化和智能化的同时模拟城市实体形态,进而在虚拟空间中探寻可行的发展方案,然后再进行回溯,指明目前实体城市的发展方向,在为决策者提供了极大便利的同时也满足了公众对未来生活的各种需求。

如在 2015 年,新加坡政府许多公司和机构签订协议,启动"虚拟新加坡"项目。该项目计划完全依照真实物理世界中的新加坡,创建数字孪生城市信息模型。其中包括各种详细信息,如几何对象的纹理、材质;地形属性,如水体、植被、交通基础设施等。对建筑物模型的几何结构以及设施的组件(如墙壁、地板和天花板)进行编码,直至达到精细的细节,如构图建筑材料中的花岗岩、沙子和石头[1]。有大量静态、动态的数据存放于该虚拟模型中,并可根据城市发展的目的和需求,实时地显示城市运营状态。

因此,完全仿真型虚拟城市既是物理世界运行的展示,即将所有的城市细节放入一个模型中,从而满足城市决策与公众的各种需求,同时对模型的模拟也能够指导未来城市的发展与提升。完全仿真型城市在某种程度上能够很好地"预测"未来,具有极大的参考价值(图 5-4)。

图 5-4　虚拟新加坡

来源:https://www.nrf.gov.sg/programmes/virtual-singapore

---

① 新加坡政府[EB/OL].[2022-05-10].https://www.nrf.gov.sg/programmes/virtual-singapore.

5.3.3 增强现实型

增强现实型不仅建立了虚拟城市,更是实现了虚实融合,利用增强现实(Augmented Reality,AR)、虚拟现实技术(Virtual Reality,VR)技术将构建的虚拟场景与使用者所在的现实环境融合。它更关注于使用者在通过终端使用过程中将虚拟的城市信息投射到物理城市中,以一种相对直观的方式方便使用者进行决策,同时这种形态也将带动新基建的发展,如在各地建设网络基站,支持数据传输,建设虚拟设备终端,给予公众进行虚实结合的场所。

基于计算机视觉技术、AR 技术和硬件设备技术的提升,早在 2017 年,苹果公司就获得了由 AR 内容构建 AR 场景系统方面相关的专利,由此,现代社会的增强现实技术渐渐开始改变用户与数字世界的交互方式(图 5-5)。

图 5-5 AR 技术展示

来源:https://www.apple.com.cn/augmented-reality/

目前,苹果公司的硬件(包括摄像头、显示屏、各种传感器)和软件(包括机器学习技术等)经过协同设计,带来了普通消费者层面较为出色的增强现实体验。并且对增强现实的支持不仅内置于苹果的操作系统中,如在内置浏览器、文献系统中,还可以通过增强现实类的应用程序进行实现。

此外,在未来城市数字孪生系统中,人们甚至可以通过增强现实技术,通过终端设备对城市信息有非常直观的获取。未来可以通过物联网技术,将城市物理实体的相关信息上传到云端,再结合增强现实技术,将云端数据以便于理解的方式呈现在用户眼前,人们可以在包括消费、教育、交通、娱乐等许多方面实现城市实体信息的实时呈现与互动。

消费方面,未来城市的商家可以用增强现实技术为消费者带来身临其境的购物体验。如一些服装和时尚配饰品牌使消费者能够直观地看到上身后的物品,如 Gucci 提供了 AR 试用功能,这样消费者只需用智能手机摄像头捕捉脚部,就可以看到该品牌的运动鞋装饰着自己的脚。教育方面,如在医学中,通过头戴式显示器的使用,可以将增强现实技术融入其学科课程中,以促进教学和学习,通过该技术的使用来显示复杂的 3D 解剖结构,甚至能让医学生沉浸在外科手术中。交通方面,未来城市交通可以将各种信息如地理信息数据等看不到的虚拟信息,通过增强现实的方式把它与物理世界进行叠加,直观、及时地感知到当前交通、车辆等信息。对突发事件也可更加快速地响应,更合理调度资源,保证与提升交通运行效率。娱乐方面,在韩国济州岛的查拉科世界(Characworld)主题公园中,游客可以参加虚拟骑马等活动,在这些景点中间设置有许多支持增强现实技术的站点,通过使用这些建设在站点的 AR 设备,对 3D 虚拟角色进行现场计算与模拟,然后应用投射到现实环境中,该 3D 虚拟角色可以与游客进行现场互动,带领游客进入一个虚实交互的游乐世界中。

通过上面四个应用场景的展示可以生动地展现出未来增强现实型城市的形态样貌,可以看出增强现实型城市应用前景广阔、形态多样、使用者友好、效率高等特点。此外上述四点远没有涵盖增强现实型城市形态的所有场景,它在其他地方也有其使用的一席之地。

5.3.4 自由虚构型

自由虚构型城市形态不追求完全复刻实体城市,而是在现实基础上创造一个存在于幻想的理想世界。在自由虚构城市中,可以发现地球不同地点的标志物、空间同时拼贴于此;可以发现不符合力学原理的、只存在于幻想的建筑物。目前自由虚构型城市在游戏世界中有所应用、崭露头角。

目前,已经有很多互联网公司及游戏厂商对自由虚构性的城市形态进行探索。如由腾讯和美国 Roblox 共同成立的合资公司罗布乐思所开发出的同名游戏罗布乐思,可以使得全球玩家通过该游戏同时在线对物理世界进行自由创作,此外基于 3D 和 VR 等技术的支持,使得游戏更加贴近真实(图 5-6)。

图 5-6　Roblox 游戏截图

来源：https://www.apple.com.cn/augmented-reality/

另外，城市经营模拟游戏城市天际线，玩法内核与城市规划十分相似，可以对一个城市的教育、消防、医疗、交通、人口等各个方面进行模拟和规划，体验作为市长需要解决的各种问题。在该游戏的基础上，提出了"雄安天际线"的设计大赛，通过比赛的形式征集城市的设计方案和规划蓝图，广泛征集普通人对于城市设计的想法，一方面更加贴近大众对城市的需求，另一方面也让大众对城市规划有了一定的理解。

与其他虚拟城市形态不同，自由虚构型城市的最大特点就是"新"，探索全新的城市物理形态，创造全新的城市治理模式，扩展全新的城市基础功能。而且城市涉及面广、基础深，作为非规划者的普通民众也能对城市的规划贡献自己的一份力。

5.4　城市空间的数字孪生技术转型策略

城市数字孪生系统建设首先需要对城市空间进行数字化转型，优化和建设新型城市基础设施；虚拟空间上，需要打造数字城市底座。在应用层面，不仅可以按照数字孪生技术对于城市实体形态、虚拟形态的影响分类,也可以按照城市建设与运行中"规划、建造、管理和使用"这四个阶段进行分类。如 BIM 技术辅助数字孪生医院建设可以归入城市建设;南京市江北新区智慧城市指挥中心主要应用于城市管理阶段等。本章将提出生活空间、公共活动空间和产业空间数字化转型的策略,通过具体案例分析的方式讲述数字孪生技术在这四个阶段的运用。

5.4.1 空间数字化转型策略

对生活空间、公共活动空间和产业空间,按照数字化城市规划、数字化建设发展、数字化运营维护和数字化服务治理提出围绕全生命周期的数字化转型策略。生活空间关注日常起居生活的经验空间,以居住社区为主,公共活动空间重点关注公共街区,产业空间聚焦于产业园区。

5.4.1.1 生活空间转型策略

建设共治共享、生态宜居的数字生活空间。通过数字化技术服务导入、全龄化人口,在生活空间的数字化转型中强调赋能十五分钟生活圈,促进智能居住生活体验,促进线上线下融合,创建绿色生态环境(表 5-1)。

表 5-1 生活空间转型策略

数字化转型	数 字 生 活 空 间 导 向
数字化城市规划	构建全龄化数字规划服务,促进以人口导入为根本的虚拟空间转型
	建设蓝绿融合的绿色生态社区,实现生态优先保护的实体空间转型
	构建信息共享的社区数字智能中枢,建设虚拟空间转型中的数字底座
数字化建设发展	数字技术推进低碳社区建造,促进社区低碳化建造的实体空间转型
	依托物联网感知与 BIM 技术支持的社区建设,实现技术落地的实体空间转型
	数字化推动社区线上线下共融,促进实体空间转型中的虚拟空间建设
数字化运营维护	提供数字家园的安全化运维,实现以居住安全导向的实体空间转型
	提供数字家园的健康化运维,实现以生活健康导向的实体空间转型
	提供数字家园的低碳化运维,实现以低碳绿色生活导向的实体空间转型

续　表

数字化转型	数字生活空间导向
数字化服务治理	构建数字服务的十五分钟生活圈
	打造数字化社区治理服务平台,实现以和谐治理为导向的社区虚拟空间转型
	提供数字化社区生活服务,实现以便民服务为导向的社区虚拟空间转型

来源:刘超,等绘制

5.4.1.2　公共活动空间转型策略

发展产城融合、品质活力、文化魅力的新城公共活动中心。通过数字化技术服务全龄化人口,推进数字赋能的 TOD 发展,实现产城融合、品质活力、文化魅力的城市空间公共活动中心数字化转型发展。数字化转型中强调产城融合,建成高品质的新城活力街区,塑造各具魅力特色的新城文化(表 5 - 2)。

表 5 - 2　公共活动空间转型策略

数字化转型	数字公共活动空间导向
数字化城市规划	数字技术激发的全时活力街区,实现提供全时段公共空间服务的虚拟空间转型
	智慧交通引导下的 TOD 开发,发展数字交通引领的实体空间转型
	线上线下数字化空间关联建设,创造激发多样性公共活动的实体空间转型
数字化建设发展	数字产业发展导向的产城融合,促进服务于产业创新的实体空间转型
	数字经济与商业街区相结合,实现多维数字商业服务的实体空间转型
	数字文旅构建富有特色的城区文化魅力,发展独特魅力的虚拟空间转型
数字化运营维护	依托物联网与 CIM 技术的公共活动中心,促进公共中心智能运营技术的实体空间转型
	加强街区公园绿色、慢行系统、广场设施,发展智能化公共服务设施的实体空间转型
	完善智能化的静态交通系统运维,实现智能停车服务的实体空间转型
数字化服务治理	打造城区公共服务设施低碳绿色运维,实现公共活动中心绿色低碳管理的虚拟空间转型

来源:刘超,等绘制

5.4.1.3　产业空间转型策略

建设数据驱动、绿色高效、智慧互联的数字产业空间。通过数字化技术服务产业发展,推进数据驱动的产业升级,在产业空间的数字化转型中增添绿色高效的产业底色,营造智慧互联的产业生态,建成高质量的数字产业空间(表5-3)。

表5-3　产业空间转型策略

数字化转型	数字产业空间导向
数字化园区规划	面向产业导入提供生态化数字规划服务
	加强产业和空间规划联动
	建设覆盖全生命周期的智慧规划系统
数字化建设发展	推进新型基础设施建设
	建设绿色高效的数字产业空间
	建设智慧工地系统
数字化运营维护	提供数字产业空间的全域运维
	提供数字产业空间的智能运维
	打造数字化园区管理平台
数字化服务治理	构建生产、生活、交通多元平衡产业综合体
	打造数字化企业服务平台

来源:刘超,等绘制

5.4.2　数字孪生·规划

数字孪生技术推动城市规划思想的转变。1950年以来,城市规划主要以解决当前城市的问题为导向[1];而如今,规划人员依靠数字孪生平台中的城市底盘数据可以全方面地把握城市发展规律,做到科学预测城市未来发展趋势[2],从一个更宏观的层面上感知城市、探寻适合城市的发展道路、挖掘城市特色[3]。

[1]　吴志强.人工智能辅助城市规划[J].时代建筑,2018(01):6-11.

[2]　徐辉.基于"数字孪生"的智慧城市发展建设思路[J].人民论坛·学术前沿,2020,(08):94-99.

[3]　吴志强.人工智能辅助城市规划[J].时代建筑,2018(01):6-11.

　　数字孪生技术提高城市规划时空精度。城市精细化规划设计的前提是尽可能详尽地获得城市的各方面信息①。传统的城市规划基于二维图纸和大量人工采集、精度较低的数据。随着城市日益复杂化，逐渐繁复而不精确的数据成为规划人员准确识别城市问题的障碍。而城市数字孪生系统就是依靠高精度传感器在物理世界采集大量的、精确的、动态的建成环境数据和居民行为模式的数据而建立起来的。数据中台还会将采集到的数据按照不同领域进行分类，分图层展现在三维城市模型上。所以，依靠数字孪生平台，规划人员可以在把握城市宏观状态的同时，深入展开更为精细化的城市规划设计。

　　数字孪生技术促进人民城市的建设。数字孪生技术为认识人群活动特征、加强建设以人为本的城市环境提供了新的思路和方法②：大量的 ICT 设施通过采集人群的交通轨迹、特定空间中行为模式等信息，帮助规划者把握人群对于城市空间需求与偏好的变化。由此，规划者得以将人的创新活动与城市整体的发展动向相结合，作出适合本地居民的、长远的规划决策。而三维仿真模拟可以在设计阶段完成人群模拟、交通模拟、灾情模拟等，检验规划方案的可行性并及时作出调整。

5.4.2.1　数字孪生技术辅助城市更新方案的制定案例

　　2020 年，广州市在对白云湖大道进行更新设计的时候使用了数字孪生城市更新平台。项目目的在于通过对于街道边建筑的重新规划、设计、建设，优化街区的空间布局，打造一个具有地区特色的街道空间。

　　（1）三维模型建立与信息统计。白云湖大道数字孪生平台建设初期采用了倾斜摄影技术，将 665 km² 的白云湖大道的建成环境在虚拟环境中精准真实地还原出来。数字孪生平台使用其强大的数据中台能力，完成了白云湖大道两侧房屋信息的统计，包括土地权属、建筑面积、拆迁量统计等③。白云湖大道上也接入了大量的球形摄像头，用于白云湖大道动态交通数据的实时监测。

　　（2）城市更新方案制定。在数字孪生城市更新平台可以智能识别白云湖大道的摄影画面并完成数据统计，规划人员利用这一些数据，分析白云湖大道交通

①　伍江.城市有机更新与精细化管理[J].时代建筑,2021,(04)：6-11.

②　龙瀛,张恩嘉.数据增强设计框架下的智慧规划研究展望[J].城市规划,2019,43(08)：34-40+52.

③　中国信息通信研究院,中国互联网协会.数字孪生城市优秀案例汇编(2021 年)[R/OL].(2022-01-27)[2023-05-15].http://www.caict.ac.cn/kxyj/qwfb/ztbg/202201/P020220127518128875573.pdf.

现状与需求;平台中已经建立好的拆迁成本计算模型也可以自动核算拆迁成本（前期费用、拆迁费用、补偿费用等）并且计算最优的拆迁方式,帮助规划人员更加便捷地制定适合白云湖大道的更新方案。

(3) 城市更新方案三维模拟与分析在改造方案完成后,可以在数字孪生城市更新平台上先进行三维模拟和三维分析。仿真模拟系统不仅可以直观地展现建筑与道路的关系;引入环境特征进行日照、视线分析[①];也可以引入人流,测试在实际使用过程中方案的合理性。规划人员也可以通过三维模型的可视化呈现深入街道立面设计、街道景观布置等,在适用的基础上提升街道的宜居性和美观性。

5.4.3　数字孪生·建造

目前,建筑行业中的数字孪生技术主要为 BIM 技术[②]。相较于使用 CAD 的二维建模方式,BIM 提供的三维可视化模拟,多专业协同设计平台、信息化管理系统不仅在设计阶段帮助设计人员更加精细化地深化方案,减缓各专业之间的沟通壁垒,大大提高了设计效率;在施工阶段可以提前进行施工模拟,施工路径规划,帮助设计人员可以与施工人员进行可视化交底[③];后期的运维阶段也可以辅助进行空间、设备、能源等数字化管理。

2020 年年初,新型冠状病毒感染疫情暴发,9 天建成火神山医院(2020 - 1 - 23—2020 - 2 - 2),12 天建成雷神山医院(2020 - 1 - 25—2020 - 2 - 5)的"中国速度"背后,不仅有 4 万多名建设者的逆行出征、日夜奋战,也有着强大的技术保障。本节将以雷神山医院的建设为例,分别从设计、施工、运维三方面简要概述数字孪生技术在建设领域中的运用。

雷神山医院位于武汉市江夏区,总建筑面积 7.97 万 m²,采取模块化装配式建造的方式。2020 - 1 - 25 日下午 3 点半,武汉市防疫指挥部举行调度会,决定建设雷神山医院,1 - 26 日,总平面图纸、护理单元的基础图纸以及水电总图均

---

① 中国信息通信研究院,中国互联网协会.数字孪生城市优秀案例汇编(2021 年)[R/OL]. (2022 - 01 - 27)[2023 - 05 - 15]. http://www.caict.ac.cn/kxyj/qwfb/ztbg/202201/P020220127518128875573.pdf.

② 范华冰,李文滔,魏欣,等.数字孪生医院:雷神山医院 BIM 技术应用与思考[J].华中建筑,2020,38(04):68 - 71.

③ 满吉芳.BIM 技术在装配式建筑中的应用研究:以火神山、雷神山项目为例[J].重庆建筑,2021,20(01):21 - 23.

已完成。

1. 数字孪生技术在设计阶段的应用

（1）正向设计。雷神山医院可以在一天之内完成各项图纸很大程度上得益于 BIM 的正向设计。不同于传统的 CAD 出图——三维建模——分析计算——绘制施工图——施工单位绘制详图的设计流程，BIM 直接从建立三维模型开始，基于三维模型进行结构的计算与分析[①]。并且，建筑施工图也由模型自动生成，这就代表图纸可以根据设计方案的改动自动更新。相较于传统的线性设计流程，BIM"所见即所得"的设计特性大大提升了设计的效率与质量[②]。

（2）协同设计。基于 BIM 的项目共享管理平台，设计方、施工方，甚至所有的参建方、运营方都可以看到项目方案，对同一个建模模型进行深化修改，并且在设计阶段就可以提前讨论涉及很多后续施工、运营方面的问题。跨专业协同设计避免了各专业之间由于沟通不及时而产生的后续矛盾，各专业同时工作也加快了设计进程。

（3）方案模拟。BIM 技术可以在方案阶段帮助设计人员对于设计结果进行有效的模拟，做到防患于未然。不同于一般的公共建筑，雷神山医院是应急传染病医院，设计中需要保证医患分区，尽最大努力保证医务人员不被感染。设计人员可以使用 BIM 技术和 3D 漫游的功能对医护人员在治疗、准备、移动等行为模式进行模拟，在实际使用情景中检验流线规划是否合理，寻找潜在的风险点进行优化[③]（图 5 - 7、图 5 - 8）。

2. 数字孪生技术在施工阶段的应用

雷神山医院的建造方式为装配式施工，其特点为构件数量多，吊装工作量很大，装配的精度要求也很高。而又因为雷神山医院的建设工期短，若是出现装配失误，会严重影响施工速度。BIM 技术可以在施工前先进行施工模拟，对于施工方案的可行性进行验证，确定构件的放置位置、装配顺序，优化大型机械设备的

---

① 苏章，李文建，彭飞，等.数字建造赋能抗疫医院：武汉雷神山医院项目设计施工一体化 BIM 应用[J].中国勘察设计，2022，(S1)：74 - 77.

② 满吉芳.BIM 技术在装配式建筑中的应用研究：以火神山、雷神山项目为例[J].重庆建筑，2021，20(01)：21 - 23.

③ 苏章，李文建，彭飞，等.数字建造赋能抗疫医院：武汉雷神山医院项目设计施工一体化 BIM 应用[J].中国勘察设计，2022，(S1)：74 - 77.

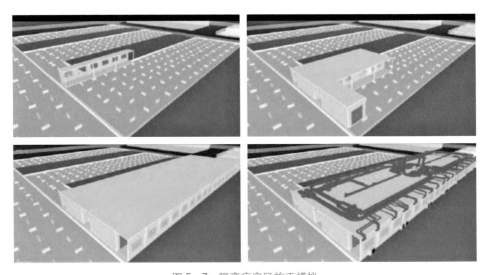

图 5-7　隔离病房区施工模拟

来源：范华冰,李文滔,魏欣,等. 数字孪生医院：雷神山医院 BIM 技术应用与思考［J］. 华中建筑,
2020,38(04)：68-71.

图 5-8　雷神山医院 BIM 模型可视化漫游

来源：范华冰,李文滔,魏欣,等. 数字孪生医院：雷神山医院 BIM 技术应用与思考［J］. 华中建筑,
2020,38(04)：68-71.

运行路线,保证现场出现因设备放置不合理而出现的拥堵[1][2]。此外,BIM 平台也为设计方和施工方搭建了桥梁:其中的可视化技术可以帮助设计人员向施工人员更清晰地展示具体节点的装配方式。

5.4.4　数字孪生·管理

在各类政策的推动下,我国城市管理不断向数字化、智能化转型,总共经历了三个阶段:第一阶段,信息技术被应用在各部门内部,仅作为信息收集、处理、发布的手段,提高工作人员的工作效率。第二阶段中,信息技术推动城市精细化管理,作用于事件、城市部件等[3]。如北京于 2004 年推出了网格化管理模式——通过万米网格划分城市,设置网格员并配备"城管通"的终端,提高指挥中心对于城市的感知和管理能力,也加快了城市管理中事件的响应速度。而第三阶段,则是运用数字孪生、城市大脑等新型城市的管理模式。这个管理模式的出现得益于人工智能、云计算、大数据、物联网等新一代的信息技术的发展。接下来将会以上海徐汇区的"一网统管"系统为例,具体介绍数字孪生技术在城市管理中发挥的作用。

2017 年,浦东建设城市运行综合管理中心进行试点;2020 年 4 月,"一网统管"在全市范围内进行推广。目前,上海的"一网统管"贯通市、区、街道三级,汇集了 50 多个部门的 185 个系统[4]。"一网统管"平台具有多重功能——精准服务、监测预警、决策支持、全程支持、协同办公,成功将不同领域的业务和流程统一了起来。上海的"一网统管"为"市—区—街道"分层管理模式。其中,徐汇区目前已成立城运中心、区大数据中心、区行政服务中心,是上海市区级唯一一个"三合一"的组织架构。本节将聚焦徐汇区的"一网统管"平台,讲述数字孪生技术在城市治理方面的应用。

1. 技术构成

徐汇区完成了"物联网平台""数据仓库""派单系统""轻应用平台"的建

---

① 范华冰,李文滔,魏欣,等.数字孪生医院:雷神山医院 BIM 技术应用与思考[J].华中建筑,2020,38(04):68-71.

② 李文建,魏欣,苏章等.武汉雷神山医院项目施工阶段 BIM 应用[C]//中国图学学会.2020 第九届"龙图杯"全国 BIM 大赛获奖工程应用文集.北京:中国图学学会(China Graphics Society),2020:233-238.

③ 焦永利,史晨.从数字化城市管理到智慧化城市治理:城市治理范式变革的中国路径研究[J].福建论坛(人文社会科学版),2020(11):37-48.

④ 陈水生.数字时代平台治理的运作逻辑:以上海"一网统管"为例[J].电子政务,2021(08):2-14.

设。"物联网平台"连接了全区 22 种,共计 4.2 万个物联感知设备,可以完成对于城市的实时感知和展现。"数据仓库"和"派单中心"作为信息中台,汇集了各领域的数据,而后采用集中式控制管理派单系统,高效率提炼有效数据,定位从单位精确到个人,并且实现了自动派单①。"轻应用平台"则接入了区域内多部门向外服务的窗口,降低了重复开发的成本,也极大程度地减少了用户在寻找服务时花费的成本。

2. 初步成效

已初步建成数字底座的基础体系。"一网统管"的系统已经实现了对全区电子政务云的统一管理②,可以在云端进行统一的资源分配和服务器管理。同时,数据处理和存储也初见成效。从感应器采集的数据经过清洗处理,分类存储在大数据中心。

事件处理流程高效化和简洁化。通过对于徐汇区案件的重新梳理和分析,得以聚焦区域内治理难点和多发易发事件,感知系统对于问题自动识别的能力提高。事件中心将问题汇聚到同一的平台上,方便多部门提供解决建议。同时,事件中心也明确了事件分级,自动派送普通案件,节省了案件在各层级、各部门周转的时间。

各部门协同办案的效率提高。得益于数据基座的建立,各部门之间因为职能不明确,沟通不及时而出现的业务重叠或业务处理不及时的现象减少。同时,由于部门之间的壁垒消失,部门处理问题的传统的、独立的思路也遭受到了挑战,很多创新、高效的方案在协同办案中出现。

5.4.5 数字孪生技术应用

目前,数字孪生技术在城市应用方面的应用已经十分广泛,包括智慧医院、智慧学校、历史建筑保护等方面。其中,中国文旅市场中已经出现了很多比较好的项目,如数字景区、城市戏剧等。我国的一些景区已经开始利用数字孪生平台帮助游客进行深度游览,如龙门石窟世界文化遗产园区使用了激光点云、精细人

---

① 冒静娴.城市治理数字化转型的实施路径[D].上海:上海师范大学,2021.
② 冒静娴.城市治理数字化转型的实施路径[D].上海:上海师范大学,2021.

工建模、倾斜摄影三种技术制作了龙门园区整体的三维建模①。景区方可以在三维模型的基础上开发智能导览系统,加入景区介绍、历史文化故事,帮助游客在浏览的时候更加深入地了解参观地。而我国许多大型博物馆,也都借助数字孪生技术开始了线上博物馆的建设。

早在 1998 年,故宫就已经建立了资料信息中心,开始着手文物的数字影像化。当初此项工作的开展是为了可以长久地"保存"文物,也便于研究人员更方便地开展工作。但进一步,故宫希望可以将这些文物的信息化资料用于博物馆的文化传播。

故宫的目标是建立起"数字故宫"——一个虚实结合的博物馆。对于这样一座博物馆来说,既需要一个由大量数字文物组成的数据库,还需寻找如何邀请游客光临虚拟故宫的方式。

1. 数据库的建立

截至 2021 年 7 月,故宫已经使用平面资料的形式"保存"了 72 万件馆藏文物。但是数字文物不代表简单地将文物影像化,而是依靠三维成像技术建立起三维影像数据库,并且辅以其他的科学手段采集文物的属性数据。除了文物馆藏需要数字化建模,故宫内"收藏"着的许多古建筑也需要通过三维采集手段在虚拟世界中进行还原。值得一提的是,古建筑往往需要经历多次的修缮,久远的影像照片和手动测绘结果也会被上传至文物属性的数据库中②。数字孪生世界中,数据会根据现实情况一代代迭代更新,记录下的每一代数据也方便了解古建筑的"前世今生"(图 5 - 9、图 5 - 10)。

2. 互动方式

(1)提升线下游览体验。基于手机等无线终端设备的数字化参观导览在景区中已经很常见,主要引导游客在景区内参观。但是故宫社区内除了解决"怎么走",还解决了在走的时候"看什么""怎么看"的问题:故宫为一些展馆开发了虚拟展厅的 App,使得用户可以在参观的同时 360°观察展品并获得展品的深度信息;针对一些不方便观测角度和难以进入的狭小空间,利用全景技术开发了

---

① 中国信息通信研究院,中国互联网协会.数字孪生城市优秀案例汇编(2021 年)[R/OL].(2022 - 01 - 27) [2023 - 05 - 15]. http://www.caict.ac.cn/kxyj/qwfb/ztbg/202201/P020220127518128875573.pdf.

② 冯乃恩.博物馆数字化建设理念与实践综述:以数字故宫社区为例[J].故宫博物院刊,2017(01):108 - 123+162.

图 5 - 9 数字故宫 VR 作品

来源：冯乃恩. 博物馆数字化建设理念与实践综述：以数字故宫社区为例[J]. 故宫博物院院刊,2017(01)：108 - 123+162.

图 5 - 10 紫禁城符望阁三维记录

来源：冯乃恩. 博物馆数字化建设理念与实践综述：以数字故宫社区为例[J]. 故宫博物院院刊,2017(01)：108 - 123+162.

包括建筑内部、细部的全视角观测功能；利用倾斜摄影技术为游客展现紫禁城无人状态下的全貌等[1]。

---

① 冯乃恩. 博物馆数字化建设理念与实践综述：以数字故宫社区为例[J]. 故宫博物院院刊,2017(01)：108 - 123+162.

（2）"云参观"。故宫使用全息摄影技术,在官网上推出了"全景故宫",以地理位置为线索,在三维空间展现了故宫博物院每一个宫殿,点击对应建筑还可以获得对应的详细讲解。不仅如此,"全景故宫"展现了故宫的四时之景,让用户足不出户便可欣赏红砖白雪的美景。同为故宫打造的"数字多宝阁"则收录了几百件文物影像,高精度的三维模型完美地展现出了文物细腻的历史纹理。

故宫的"数字故宫"也更新至 2.0 版本。目前,小程序中已经包含了 1742 个全景点位、78 处开放宫殿和 6 万多张高清影像①。小程序不仅为用户提供文物查询、文物观赏、文物科普等常规服务,也会定期举办线上展览。如疫情期间,小程序中的"云游敦煌"项目深受欢迎。用户打开小程序就可以跨越时空欣赏数千幅壁画、访问数百个洞窟。据统计数据,上线不到 2 年,访问量已超过 5000 万人次,而出于对文物的保护,敦煌石窟每天最大承载量也不过 6000 人②。作为线下景点的数字化延伸,不仅让游客以较低成本获得了珍贵的游览机会,也打破空间限制,在全球的范围内弘扬了敦煌文化。

综上所述,城市数字孪生技术在实际应用层面也已经有了一定程度上的发展。未来,在城市规划方面,数字孪生技术将进一步为城市规划提供精确有力的数据支撑,随着技术的不断发展,将会更深入地被应用于城市规律探寻和城市规划决策中;在城市建造方面,BIM 技术将继续渗透设计、施工、运维、使用四个阶段,达到全生命周期的数据共享;管理方面,在"一网统管"和"一网通办"都建设成熟的基础上,将两网融合,搭建城市管理者和城市居民之间的直接桥梁,有利于管理者更加敏感地发现城市问题,提高治理效率,也降低居民解决问题时花费的成本;而使用层面,数字孪生技术将会在已有的使用场景中进一步加强用户"线上—线下"的延续性体验;将应用范围从单一景区或博物馆扩大,发挥数字孪生技术可以打破空间壁垒的特性,进行城市品牌的建设与宣传,同时数字孪生技术也会持续不断地寻找新的应用场景。

城市数字孪生系统在理论、技术、应用三个层面均已有了很大的突破,但仍属于探索阶段。未来,在不断探索数字孪生技术创新发展的基础上,还会进一步

① 文博圈.数字故宫"小程序 2.0 背后,有着怎样的黑科技?［EB/OL］.（2022 - 01 - 04）［2022 - 05 - 11］. https://xw.qq.com/cmsid/20220104A01AP600.

② 人民资讯.故宫×腾讯,国宝"活"起来［EB/OL］.（2021 - 12 - 18）［2022 - 05 - 11］. https://baijiahao.baidu. com/s? id = 1719468828088698571&wfr = spider&for = pc.

增加数字孪生技术的应用范围,通过产学研协同的方式完善、发展现有的数字孪生体系,探寻未来城市的新可能。

现阶段的城市数字孪生系统呈现技术路线多样性的特点。如单一的数字生产空间智能农场构建抽象仿真型的数字城市足够其在低成本上进行生产优化;而综合空间如北京城市副中心是规划建设完全仿真型的数字孪生城市系统。这些不同的案例同时具备一定的结构共性——底层:从物质世界收集数据;中层:形成虚拟对象,实现数据的集合、分析、可视化;终端:实现真实世界、虚拟空间互动干预,终端的最终目的是改善现实中人们的生活。在技术方面,底层监测、采集实体城市的数据信息,通常使用物联网技术;中层构建虚拟城市,会使用BIM、CIM、GIS 等技术创造虚拟环境;终端展示平台是多样化的,可用的技术包括 App 小程序、VR/AR 技术、可视化软件平台等。

关于数字孪生技术的未来,数字孪生技术作为一个新生技术,在原理、技术、应用层面仍然存在问题。但随着数字孪生技术进步迅速,相关配套设施、政策也在逐步跟进,其问题将得到进一步解决:实体形态之间虚拟形态的影响是否实时、滞后、超前的关系可以在具体环境中经过大量实践得出,大量相关人才涌入数字孪生城市的领域也必然有助于原理的探讨;参与式传感的可靠性可以通过训练 AI 模型设置筛选机制,自动筛除不可靠信息;技术的进步必然带来价格的下降;动态空间的感知已经开始了探索;社会在向知识型社会转型,大众的知识水平在上升,对参与式的传感接受度逐渐变高,深化管理方式改革可以防止隐私泄露。

数字孪生技术未来应用前景必然广阔,它将成为未来城市发展的动力。相信数字孪生技术的进步将以势不可挡的强劲能量成为推进城市进步的重要引擎,指导更智能的城市空间营造,创造创新的生活方式和生活空间,深刻地改善人民的生活。新的生活方式和空间体现在城市的实体、虚拟形态改变成更适宜生活的形态上,也体现在面向未来的城市生活、生产、公共空间的营造中。

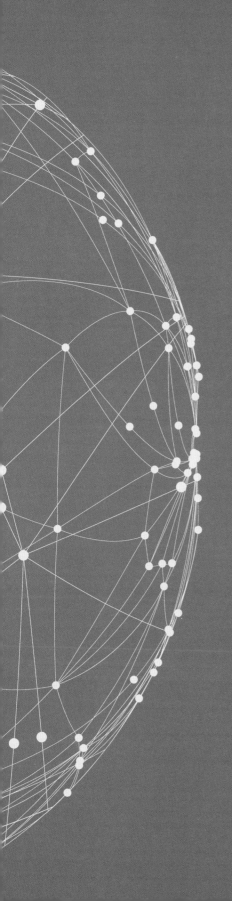

第6章
数字孪生典型
场景应用

随着 5G 网络、人工智能、云计算、大数据、物联网等技术的发展,数字孪生技术得到了快速应用和发展,各行各业都将数字孪生技术作为关键数字化技术加以应用,并已取得较大成效。下面将对业界较为关注的、涉及经济/生活/治理三大领域八个典型场景(园区、工厂、校园、医院、交通、社区、新城、建筑)分别予以介绍。

6.1 园区数字孪生

6.1.1 概述

1. 园区的起源及发展趋势

园区的雏形概念最早可追溯到 18 世纪,随着科技的进步、产业的聚集所应运而生的组织形式。在通常意义上,园区一般是指在政府指定的区域内,由政府集中统一规划,区域内会设置不同行业、形态的企业,并由专门的机构进行统一管理。国内常见的园区分为工业园区、农业园区、科技园区、物流园区和文化创意产业园区等。国内外的园区的类型和发展模式各不相同,但基本上都会遵循塑造、聚集产业创新能力的规律。

国内园区最常见的类型就是产业园区,为了适应国家城市化可持续发展的需要,园区建设的首要目标就是实现资源的集约化使用。园区建设一般都会在基础设施方面进行统一规划,同时往往会缺少统一的信息化和智能化设施。这就会导致园区内的建设、运营和维护成本相对偏高。园区管理者通常面临各类问题,包括管理范围有多大,资产有多少,资产存放位置、利用情况、运行情况,如何保障生产安全,如何提高园区经营收益率等。

随着信息技术的飞速发展,传统园区已经无法满足智能化管理需求,园区需要"升级换代暨数字化转型",向数字园区方向发展。数字园区能够提供的服务由单一的空间载体服务向综合、全面、专业化方向演进,由简单的物业服务保障向产业价值型保障升级,园区建设运营管理由传统人工管理方式向集中化、平台化、智能化转变。

2. 园区数字孪生的定义

园区数字孪生是在全面利用信息科技手段基础上进行建设和运营的,这些信息科技手段包括数字孪生、物联网、云计算、大数据等新一代信息技术,通过这些技术整合园区内外资源,快速响应各类需求,实现园区基础设施网络化、信息管理无纸化、服务功能精细化和产业支持智能化。园区数字孪生是顺应时代发展的产物。

园区数字孪生是指引入数字化技术,以数字化应用为基础,完成数据与信息、业务、经济的融合,逐步实现园区基础设施、管理运营、产业发展的优化与革新。园区数字孪生相关的数据、分析、应用支撑能力,结合园区规划、建设、运营、管理、招商等全方位的业务需求,具备构建面向各类园区的场景化综合解决方案,为数字园区建设赋能。数字园区建设最大的变化在于从"人治"到"数智"的转换,发挥数据的价值与智慧,辅助人力决策,从而增强园区自身主动响应的能力[①]。而数字孪生技术作为数字化的关键技术,将成为贯穿园区全生命周期的信息载体,为园区的智慧应用提供基本的信息支撑。

6.1.2　系统架构

园区数字化基础设施暨园区数字孪生体(模型),是现阶段园区数字孪生的基础,形成园区数字化底板,作为园区统一集中的数字大脑,实现园区整体感知和运行决策分析中心。基于以上需求,园区数字孪生的整体构架如图 6-1 所示。其中,数字孪生模型是贯穿整体数字化园区机构体系,作为联系基础环境、智能应用、管理空间之间的核心纽带。

基础环境:该层位于总体架构的最底层,收集散布于园区内的各类环境信息、传感器等物联生态的实时信息、有线与无线网络信息、监控安防信息、云资源信息等,通过标准网络协议向上层输入信息,提供数据支持。

智能应用:该层支撑平台运行的各类场景,包括人员、设备、车辆、管理类应用,与基础环境一起共同构成系统的园区数据中心和管理应用的核心内容。以数字孪生为核心,形成了从规划到设计,从施工到运维的数字化进程,涵盖园区从规划、建设到运维及相关服务的全生命周期功能范围。

管理空间:物联智慧管理空间包括三维模型数据、地理信息 GIS 数据、传感

---

① 吕晓飞,李一聪,陈瑗瑗,等.基于 BIM 的智慧园区设计与全生命周期应用[J].智能建筑与智慧城市,2022(01):67-69.

图 6 - 1 园区数字孪生整体架构

来源：上海电信工程公司提供

器设备采集数据、物联网通道的传输数据等。

6.1.3　应用场景

1. 规划设计

规划设计是园区建设的重要阶段,是实际行动的指导,决定了园区的整体定位以及后续的发展方向。传统规划基于二维图纸,在资源配置、设施选址、空间定位、持续发展等方面,很难充分感知真实的三维空间环境。对园区的基础设施、房屋建筑、地质情况进行三维建模(图 6-2),评估特定区域内的空间性质及环境现状,形成空间规划方案,通过合理规划产业园区的产业功能区块,可以实现产业集聚和产业链的合理延续,进而提升产业竞争力。

图 6-2　园区数字孪生模型效果图

来源: 李江川,马燕,刘怡菲,等. 数字孪生之场站 BIM+GIS 智能化运营[EB/OL]. (2020-02-18)[2022-12-24]. https://www.doc88.com/p-79139953962163.html.

基于数字孪生技术,不同的园区性质,在规划设计阶段就能够针对不同的用途进行更加合理的规划设计,模拟功能及区域运行,以达到降低建设和运维成本的目标。

2. 建设施工

基于数字孪生技术,可以对建设施工的主要环节进行数字化管理。

1) 施工协同管理

跨地域的施工协同管理,通过内控体系和统一平台,共享数据,协作沟通,帮助提高施工过程中的管理效率。

帮助施工企业解决传统方式无法实现精细化管理。传统项目复杂、建设周期长、地质环境复杂,多单位多工序交叉作业。项目沟通成本高,返修成本高,资源损耗高,信息送达不够高效,引起不必要的工期延误。施工协同系统便于快速收集和管理工地现场人员现场信息,提升业主、监理、项目管理人员之间的监管能力,可以实现多项目同时管理。提升项目管理的精细度,并提高可追溯性。让项目成本定量化、进度节点化、质量可视化、施工标准化、管理数据化、协同移动化。

2)施工安全管理

在作业区监控区域内,基于施工安全行为规范要求,通过人工智能识别技术,动态监测佩戴安全帽及安全背心情况,记录抓拍未佩戴安全帽和安全背心人员的图像;进阶算法能够判断安全帽的颜色是否与佩戴者角色相符,同步发出告警并通知管理人员及时跟进处理,提升作业区安全规范工作水平。

3. 运行维护管理

园区运维管理主要包括房屋管理、设施设备管理、设施设备维护三个方面。

1)房屋管理

基于建筑物 BIM 模型,根据维保标准及维保计划,自动派单完成保养、巡检、维护、维修管理;通过物联网终端,实时监测房屋主体的实时运行数据和偏离正常范围的运行数据。实现对房屋的能耗采集、监控与预警等功能;通过数据分析,指导并改进房屋巡检、维护、维修管理工作,从而实现节约能源、延长建筑使用寿命的目标。

2)设施设备管理

设施设备信息内容包括:设备名称、类型、安装信息、厂商信息、使用年限、空间位置、维保记录等。通过 BIM 模型,将设施设备信息与模型数据做唯一性关联,建立设施设备唯一"身份"标识,实现资产信息的查询、统计、定位和可视化管理。实时监测设备的运行状态、故障和预警信息,记录故障设备维护信息,定向通知对应的维保、维修人员,实现设施设备信息的动态可视化监管。

3)设施设备维护

可以根据不同类型设备特点建立设备维护保养标准和分类编码。数字孪生系统,能够预设维护路线,根据维保标准建立维保计划并自动生成维保任务。任务执行人员可通过移动设备扫码进行设备定位和故障记录,并创建维修工单进行隐患的处理反馈,通过查看图纸、历史记录,辅助定位问题。实现设施设备维护全过程可视化(图 6 - 3)。

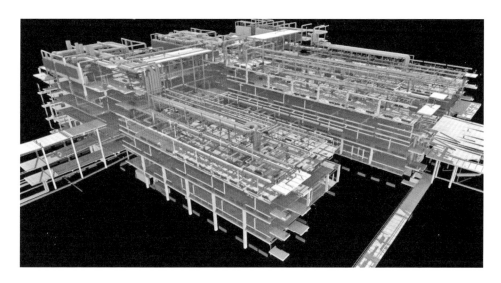

图 6 - 3　园区基于数字孪生的楼宇设备及管线模型

来源:广东建科建筑设计院. 谈 BIM 对施工企业的重要作用[EB/OL]. (2018 - 04 - 23)[2022 - 12 - 24]. http://www.gdjksj.com/Article/qtbimdsgqy.html.

6.1.4　应用案例

某工业园区基于数字孪生技术的应用,包括以下几个方面。

1. 招商引资

招商引资是园区在发展成熟过程中的前期阶段,优秀的招商引资工作决定了园区未来的发展前景。在这个阶段,基于数字孪生技术的 CIM 平台,能够更好地面向客户,介绍目前园区的整体规划、建设进度、年发运能力、年设计办理量、入驻企业、优惠政策等关键信息。

数字孪生的可视化交互能力,能够将让企业更直观、更可视地了解园区整体运行概况、园区品牌价值等方面的核心竞争优势。数字孪生的虚拟化模拟能力,则能更有效率地展现运营管理效能、安全治理保障方面的能力,助力园区经济建设。

2. 安全保障

安全保障是保证园区基础安全的主要手段。安全保障能力主要来自园区安防监控系统,将园区视频监控与数字园区管理系统集成,能够将园区内全部的监控进行远程管理,实时交互,从而让运营方对园区有全面的、实时的了解。当数据监控值达到园区管理所要求的阈值或告警时,系统自动显示告警信息并标明相关设备的园区 3D 空间位置,提醒及时处置告警信息。

3. 数字化运营管理

园区数字化运营管理是指基于基本的房屋、设施设备、安全管理的基础之上,基于园区数字孪生平台,建立的园区数字化运营体系,将整个园区的人、车、货、场、事等相关数据,实时交互分析,持续改善园区整体的运营能力,助推园区高质量发展。

4. 物业管理

物业管理服务是由业主和物业服务企业按照物业服务合同约定,在物业管理区域内提供的对房屋及配套的设施设备和相关场地进行维修、养护、管理、维护相关区域内的环境卫生和秩序的活动。

基于数字孪生的园区物业服务以满足客户需求为主导,通过数字化技术支撑,通过便捷的客户服务提升客户满意度;通过秩序维护管理,增强园区安全性和预警能力;通过环境优化,节约成本,美化环境。其优势对比见表 6-1。

表 6-1 数字园区物业管理服务

分 类	物业管理基础服务	基于数字孪生的数字园区物业管理	优 势
客户服务	满足客户需求,按需服务	打破传统人工操作模式,平台协同,线上办理	便捷、直观、个性化、精准定位
房屋及设施设备管理	人工处理:巡检—报修—派单—维修—完成	自动巡维、自动处理、自动派单、闭环管理	精准、快速、自动定位、信息全面、准确
环境管理	二维表单式管理	人员定位、降低运营成本	自动调节、自适应、人员精准定位
秩序维护	安全防范、消防管理、应急管理	自动识别车辆、人员信息,轨迹跟踪、事前可动态排查安全隐患、事中自动处理	提高安全系数、提升服务体验、降低人工成本

来源:李玉琳,张婧,高琨,等.基于数字孪生的智慧园区物业管理基础服务研究[J].智能建筑与智慧城市,2021(03):9-12.

数字孪生园区场景应用的核心价值,主要包括以下几个方面:

(1)推动园区管理数字化、精细化、规范化发展,实现降本增效;

（2）服务品质可量化，降低客户投诉率，提升客户满意度；

（3）对内打破部门和专业壁垒，对外树立标杆形象，吸引优质企业入驻，提高招商引资竞争力；

（4）数字化资产让实体核心资产，进一步保值增值，全生命周期的数字化管理，能够更好地延续和创造价值。

6.2 工厂数字孪生

6.2.1 概述

1. 制造业的数字化背景

制造业是中国的支柱产业之一，也是中国经济体的重要组成部分。高端制造业的不断创新与发展，使得企业需要持续提升产品的研发效率、协同合作，不断降低生产成本、持续增强开放性，希望能够为客户提供更具竞争力的服务。从信息化到数字化，从自动化到智能化，数字孪生作为数字化基础技术之一，协助企业发展数字化制造是增强制造业竞争优势的重要抓手[①]。

发展数字化制造是提高制造业生产效率的重要手段。数字化制造以生产要素的数据化为依托，以工业互联网为载体，通过数字孪生实现前后端协同，整合优化企业的产品和工艺设计、原材料供应、产品制造和市场营销与售后服务等主要产业链环节，提升制造业整体资源配置效率[②]。

2. 数字孪生在工业制造领域的发展历程

几何建模、理化建模、计算机仿真分析等一系列技术支撑体系，使得传统的生产物理验证样机等将不再是必备环节。传统的物理样机，帮助企业验证产品的设计性能、工艺质量。而今，通过数字孪生技术，研发设计人员具备快速验证复杂实验产品的能力，生成、更改，产品的研发时间被大幅缩短，大大节约实验开支。这些就是数字化技术，尤其是数字孪生技术在制造业领域的早期应用尝试[③]。

① 樊改焕.以数字化转型推动中小企业高质量发展[J].中国中小企业,2021(06)：154-155.
② 周维富.以数字化制造引领制造业高质量发展[J].实践(思想理论版),2020(05)：59.
③ 高艳丽,陈才,等.数字孪生城市：虚实融合开启智慧之门[M].北京：人民邮电出版社,2019.

2003 年,密歇根大学教授迈克尔·格里夫斯首次提出了"与物理产品等价的虚拟数字化表达"的概念,早期称作"镜像的空间模型"(Mirrored Spaced Model)。

2011 年,迈克尔·格里夫斯教授正式提出"数字孪生体"的概念。

2010—2016 年的应用初期,数字孪生主要集中在制造业的产品设计及运维阶段,建立数字孪生模型,以模拟仿真应用为主要落地场景。

2017 年之后,新一代数字化技术的发展突飞猛进,包括大数据、物联网、虚拟/增强现实、人工智能等新型信息技术都有了长足的进步,数字孪生技术可以达到的精准度、实时性以及适用范围都有了大幅提升。数字孪生在制造业中的应用场景快速扩大,"工厂数字孪生"的概念应运而生[①]。

6.2.2 系统架构

系统架构如图 6-4 所示,未来工厂数字孪生将呈现以下特征:

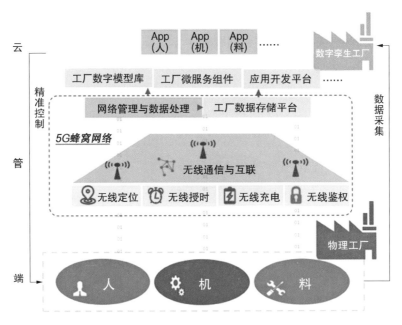

图 6-4 未来工厂数字孪生架构

来源:中国通服物联网联盟提供

---

① 高艳丽,陈才,等.数字孪生城市:虚实融合开启智慧之门[M].北京:人民邮电出版社,2019.

（1）企业内网扁平化。控制系统将打破分层次组网模式,信息化系统与控制系统网络逐步融合成同一张全互联网络。

（2）内网 IP 化。现场总线逐渐被工业以太网替代,工业网络 IP 化使得信息化节点与控制节点(机器)直接可达。

（3）网络灵活化组网。基于软件定义网络(SDN)技术实现网络资源可编排。

（4）数字可视化。以数字孪生为基础平台,实现可视化数据交互。

6.2.3　应用场景

1. 设计研发

数字孪生技术能够让产品的设计、研发过程更加便捷、直观,数字孪生通过设计工具、仿真工具、物联网、虚拟现实等数字化技术,将设备的物理属性,变成可拆解、可增删改查、可重复操作的数字镜像[①]。这一技术突破,使得操作人员了解物理实体所需要的时间大大缩短。数字孪生让很多物理受限的操作成为可能,如模拟仿真、批量复制、虚拟装配等,这些场景的实现,激发人们去探索新的途径来优化制造业的设计、生产和服务。

二维图纸对设计师非常有用。它们迫使技术人员从多个角度检查零件,减少设计错误。这些图纸可以在各种环境中轻松移动、共享和阅读。具备广泛的群众基础,有利于整体的质量控制。二维图纸是设计-工艺-制造-服务人员之间的知识交流纽带。

随着制造业产品复杂度的提升,生产体系的日趋庞大,二维图纸在很多场景下,难以适应信息传递的效率要求。

数字孪生模型,能够作为信息载体,贯穿产品设计、制造、服务全过程。其核心优势在于可视化程度好,信息集成度高,可跟踪,可追溯。

在产品设计研发阶段,数字孪生体基于初始数据,如需求书和规划书等文件,叠加性能指标需求和外形需求,设计人员通过数字孪生体平台实现数据输入和加工,以此为基础打造数字孪生对象。数字孪生的对象,在制造业领域,往往是产品和生产设备。利用数字孪生技术,可以大大提高设计质量及方案的准确性、可行性,并大大降低设计方案的验证试错成本。其中,产品相关的数字孪生内

---

① 赵彦利.基于时空信息的危险化学品全域监管系统研究[J].软件,2023,44(05):157-160.

容包括：产品数字孪生模型、PMI产品制造信息、关联属性、工艺设计信息等。生产设备的数字孪生内容包括：设备的几何信息、加工精度、工作空间和生产效率。

企业借助数字孪生技术和模拟仿真方法，能够提前发现生产制造、产品服务过程中可能发生的问题，降低试错成本，持续地对产品设计进行迭代和改进，大幅缩短产品研发设计周期。

2. 精准制造

通过数字孪生技术，利用产品数字孪生体，可以指导产品制造、装配过程，降低普通工人的技术要求，所见即所得，减少生产过程的无谓错误和生产损耗，提升生产过程管理的精准度。

1）生产要素

数字孪生的对象，包括产品和各类生产要素。除了要素的基本信息之外，一些在线质量检测数据也能被记录，也可以用于指导产品装配配合以及产品后续安装运行过程的参数调整，实现制造信息的采集和全要素重建，如设备状态数据、物流配送数据、产品检测数据等。

2）生产过程

生产制造是一个高度协同的过程，利用产品数字孪生体所记录的运行过程数据，可以分析挖掘制造过程的质量缺陷，将产品本身的数字孪生体与生产设备、生产过程中的其他相关要素的数字孪生体高度集成，实现智能化功能，进一步提高生产制造过程的制造参数，改进质量，提高产品价值。

3. 智能服务

制造业领域中，采用了数字孪生技术的数字工厂，能够提供更加智能的制造业增值服务，更加适应制造业服务化的大趋势。

20世纪下半叶以来，制造企业的平均利润水平始终大幅落后于服务业。从"工业型经济"向"服务型经济"转变，是制造业发展的趋势之一。

1）精准预测服务

通过数字孪生技术模型，制造商可以预测未来的需求，从而调整生产计划和库存管理。这样可以更好地满足客户需求，同时避免废品和过剩库存的产生。

2）数据之上的增值服务

数字孪生技术可以采集大量的数据，并将其转化为有价值的信息和洞察力，以帮助企业作出更明智的决策。如，在制造流程中收集的数据可以用于推断产品的质量、原材料的使用率等因素。

3）全生命周期数据服务

数字孪生技术可以利用传感器和物联网数据来实现对设备、工具和人员的实时监控。当监测到任何异常情况时，系统可以立即发出警报并提供相应的建议和解决方案。从而实现对产品生产全生命周期的过程数据服务。

4）客户体验服务

数字孪生技术可用于创建虚拟化体验，这是一种基于数字孪生技术构建的电子环境，用户可以在其中实现互动和操作真实设备。制造商可以利用这种技术使客户更好地了解他们的产品，提高客户满意度和忠诚度。

6.2.4 应用案例

1. 多学科融合设计

某公司的机电一体化协同设计平台，属于较为典型的跨学科融合设计应用场景。从产品的概念模型开始，逐步扩展到产品功能模型和行为规则模型。同步推进机械设计、电气设计和自动化设计等其他专业设计的工作进程。

该场景中，有统一的数据库平台，通过标准 API 接口，实现机械设计、电气设计、自动化设计平台之间的信息交互。随后对集成电气和自动化元件设备模型，进行模拟仿真，验证设计结果并迭代反馈，持续优化设计模型。

在伺服电机设备选型阶段，基于数字孪生模型进行模拟仿真和选型验证。在电气设计阶段，顺序实现装配集成、自动化设计、模拟调试、精准调试、产品运行等工作。

2. 飞机设计与制造协同

某公司通过搭建数字孪生设计模型，改善现有虚拟样机，初步实现了设计和制造之间的环节协同。

1）数字孪生模型设计

设计师在设计过程中需要考虑产品几何信息和制造信息。根据产品设计标准，建立带有相关制造信息的设计模型。

2）数字孪生指导制造

工程师通过 PMI 真实数据通过数字总线实时更新设计模型，使用数控机床加工零件测量仪检测关键尺寸，作为数字孪生模型的输入数据。设计师通过数字孪生模型完成协同工作,监控实时加工状态、测试各类加工方案、在线评估加工质量,同时将优化后的计划、策略传给生产设备和量测设备,从而完成孪生驱动的设计制造协同周期①。

3. 工厂精细化柔性制造

1) 核心目标与实施方案

核心目标是构建一个箱体类零件柔性制造生产车间。同步搭建自动化生产车间的数字孪生体。

基于有线和无线双通道通信技术,物理车间与孪生模型之间具备交互融合的通道。通过工厂调度平台,实现调配制造资源、监控产品全生命周期、响应多源动态扰动、优化生产过程等工作,如图6-5所示。

2) 数字孪生生产制造的优势

(1) 全生命过程管理

产品在设计、生产、出库,以及最后的售后过程中,物理与现实车间始终保持互联互通,实现产品全生命周期监控。

(2) 精细化管控

实时对车间内的工作进行反馈、调度、优化。对生产过程中的动态扰动情况进行故障预测诊断,提前制定对应动态扰动策略。

(3) 实时能耗管理

数字孪生的数据交互,能够实时反映车间各设备的能耗曲线,并根据趋势和特点对车间调度过程作出适时调整②。

4. 石化企业安全生产

工厂数字孪生包括集成设备信息、监控数据、HSE报警信息、应急演练和仿真、移动端及VR应用。石化企业是非常典型的大型自动化类工厂企业,实际运营生产有着大量实际的业务需求。

1) 数字孪生基础平台构建

数字化的静态信息是该工厂数字孪生平台的运行基础,运维阶段会产生大

---

① 李浩,陶飞,王昊琪,等.基于数字孪生的复杂产品设计制造一体化开发框架与关键技术[J].计算机集成制造系统,2019,25(06):1320-1336.

② 刘志峰,陈伟,杨聪彬,等.基于数字孪生的零件智能制造车间调度云平台[J].计算机集成制造系统,2019,25(06):1445-1452.

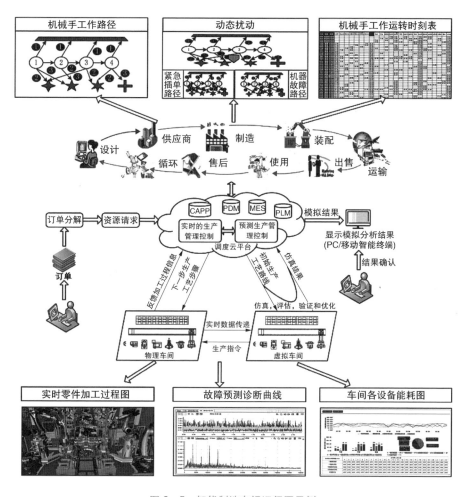

图 6-5　智能制造车间运行图示例

来源：刘志峰,陈伟,杨聪彬,等.基于数字孪生的零件智能制造车间调度云平台[J].计算机集成制造系统,2019,25(06)：1444-1453.

量的数字动态信息,基于这些信息,通过三维可视化进行产品全生命周期的数字化管理,通过虚拟仿真技术对工厂进行数字化模拟[①]。

　　将虚拟现实技术与常规仿真技术相结合,开发装置三维虚拟操作环境并实现对装置典型应急事故的仿真模拟(安全应急预案仿真演练系统),用于生产班组应急预案仿真操作演练与考核(图 6-6)。利用仿真系统的组合事故功能,充分体现事故的"可能性""随机性"和"突发性",事故仿真更加贴近生产实际。能

---

① 王华,魏岩.数字化交付模式下三维数字化工厂建设[J].油气与新能源,2022,34(04)：93-98.

够实现定期地对在岗操作工人进行装置事故判断与处理的技能培训,主要训练以外操为主处理的一些简单事故排查及处置①。

图 6－6　工厂数字孪生事件模拟
来源: 渤化集团提供

2)数字化增值服务

工厂数字孪生除了本身的基础业务支持外,基于数字孪生模型,还可以提供多类型的增值类服务。

工厂数字孪生是一个生产技术资料及信息资源的集成平台,将 ERP、MES、UMS、工业监控等系统与三维数字化工厂进行集成,能够很好地提升管理效率②。

6.3　校园数字孪生

6.3.1　概述

随着现代社会经济发展和科技进步,特别是出现了人工智能、大数据、数字

① 面向石化安全的三维数字孪生工厂[EB/OL]. (2019－10－20)[2022－10－20]. https://wenku.baidu.com/view/ff42e9afdfccda38376baf1ffc4ffe473268fd60.html.

② 孙浩.三维数字化工厂在石化企业的建设及应用[J].信息系统工程,2021(01): 18－19.

孪生等新兴信息技术的大量应用,现代教育从内容上增加了大量科学文化知识、社会历史知识和新的科技成果。

数字孪生时代的到来,为教育教学方式变革提供了新的发展方向。利用数字孪生技术,提供的实时交互、虚实共生和深度洞见等功能,促进线上线下教学的深度融合。

数字孪生技术在校园中的应用,可以大大促进校园智慧化,促进校园信息化运营平台能够解决校园数据管理上的可视化"痛点",帮助校园管理者打通各领域数据,消除数据孤岛,提升决策能力,挖掘数据价值,实现校园日常运营全领域覆盖,对校园运行态势进行全面感知、综合研判。同时融合道路监控、大楼门禁系统、路灯,实现人、事、物的全方位立体化安防态势监测,提升校园安防管理效能。平台运用影视级的实时渲染技术,对学生学习、教研成果、师资力量等校园教育指标与建设成果进行全面、清晰、高效地展现,宏观体现校园智慧化水平。故而,数字孪生技术在校园具有广泛的应用前景。

6.3.2　系统架构

校园数字孪生的基础是数字底座,即为教育行业量身定制的"泛在专网连接+专属混合算力+云网一体安全"一站式的云网融合服务,可以满足教育信息化应用绿色环保、先进优质和快速部署需求,实现固移融合、云数联动,构建教育行业云网新基础设施,实现统一管理,结合大数据、人工智能、区块链等算力平台,整合优质教育信息化应用助力教育现代化发展,校园数字孪生系统架构如图6-7所示。

校园数字孪生底座包括以下云网安设施:

(1)教育专属网。实现校与校智能组网、视频监控专属网络、高速校园有线上网、Wi-Fi上网和5G移动高速上网、物联感知设备互联、视频媒体高速分发等精品网络服务。使得班级都能高速上网,满足教育局与学校、各学校之间、各班级之间互联互通的要求,实现低成本、轻维护的校园网。

(2)教育专属云。可以提供私有云定制,混合云的部署,按需部署现代化云设施;同时提供公有云服务按需提供资源和弹性服务,快速和安全地实现应用上云,具有丰富的算力资源,为大数据、人工智能、区块链等智能应用提供平台能力,如门户网站、数据存储、监控视频、在线课堂、智能分析、数字图书馆等各类应

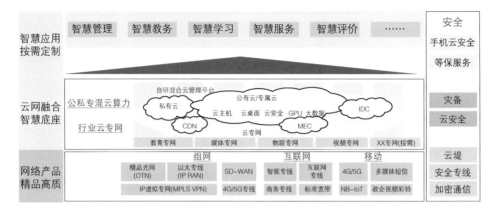

图6-7　校园数字孪生系统架构
来源：中国电信集团公司

用服务提供优质信息设施资源。

（3）安全一体化。提供符合等保等级的云网安全服务能力，有效防止网络被黑客攻击、网页被篡改、系统被不法入侵、远程安全运维、主机病毒检测、漏洞分析扫描等各种安全事件，满足教育主管部门对网络的可管可控、绿色安全的要求。

6.3.3　应用场景

1. 教室

教室是教师进行知识传播和学生吸收知识营养的传统阵地。过去几年的发展历程来看，教室经历了脱胎换骨的变化，从原来只配置黑板、讲台、桌椅的传统教室演变成如今配有电脑、投影仪、电子白板、摄像头、音响的多媒体教室，讲台从一般的木桌、石桌演变成多媒体讲台，黑板由一般木板演变成如今的多媒体屏幕，学生手中的学习资料由原先的油印本、书本演变成如今的电脑、平板电脑等多媒体终端。这表明知识传播的载体由语言发展到纸媒、网页、多媒体等，学习方式也从"我讲你听"向自主学习方式转变。如何远程接入学习并从大量的碎片知识中汲取有效成分，教室数字孪生可以为此提供有效的手段。

教室数字孪生首先要构建一个数字孪生多媒体教室，在传统的文字表达基础上，增加了声音、图形、图像等多种形式，让教学更加可视化，可以让学生对知识的直观理解变得更加简单。其次,构建一个数字孪生教室系统,让不在教室的学生通过网络登录相关系统进入数字孪生教室,犹如真正进入教室一样逼真地参加课堂学习。此外,课前的预习、课后的复习、作业都可以虚拟的方式完成。同时,后台系统配有云录播教学综合评价系统,该系统可以对授课教学质量进行系统评价。例如地理课,老师可以引入全息互动课堂虚拟仿真技术,实现地理教育教学的数字孪生;通过构建地球地貌模型,学生可以在虚拟场景中直观感受地理环境的真实性,以沉浸式体验加深记忆,可以更快速高效地掌握地理知识。

2. 教育辅助管理

校园数字孪生中的教育辅助管理包括学生健康管理、运动管理等很多方面,以下举例说明:

(1)学生体质健康管理。体质测试的目的是测试学生体质的变化情况并向教育主管部门上报,其中功能包括:体质测试计划生成、体质测试执行、体质测试结果生成、体质测试异常情况处理(补测、漏测处理)、体质报告生成等。

(2)学生运动管理。通过学生参加体育课、体育比赛等手段来收集了解学生运动能力。通过建设场馆信息系统等方式,实现校园体育场馆的场地预约、场地使用、场地录像、场地支付、场地评价等场地服务,以及赛事查询、竞赛报名、成绩发布等赛事服务。

6.3.4　应用案例

某大学打造了一个校园数字孪生信息化运营平台,该平台根据学校自身业务模块需求,结合物联网、GIS、BIM 等数据,利用视频流云渲染 BS 架构部署方案,打造了校园数字孪生信息化运营平台,为该大学的校园管理提供了更加便捷、高效、直观的管理运维检测平台,助力该大学打造更加智能和安全高效的校园环境。

该大学数字孪生项目将整个校园情况通过三维建模 1:1 映射到虚拟空间,实时检测校园内安全、教学、运维、环境、资产、能源等变化,校园管理者可通过系统直观快速地掌握校园情况,通过打通数据孤岛,挖掘数据公共价值,提升校园决策能力。其数字孪生可视化应用举例如下:

(1)安全管理数字孪生。安全管理将安保监控、消防、告警监控等校园安全管理系统数据悉数收集汇总集中,记录人流尤其是访客进入校园、安保轮流值班的状况,可及时收集、分析、预测涉及安全管理的各类情况,切实保障校内师生安全。

（2）教学管理数字孪生。通过教务系统实时展示学校师资力量配置状况、教师授课表、教学授课情况、公开课、集体备课等信息。遇到突发情况，可通过 AI 结合教务系统及时调整、及时推送相关信息，利于学校管理层和教师学生及时作出安排。

（3）运维管理数字孪生。及时收集校园内各项设施（包括教学设施、后勤设施、运动设施、就餐设施等）是否正常运作，如有损坏及时判断并记录在案和通知维修。

6.4 医院数字孪生

6.4.1 概述

随着经济的发展和人民生活水平的提高，人们对于提升医疗服务水平有着越来越高的要求，医疗机构管理者也希望通过信息化手段提高管理效率。医院逐渐向智能化的方向转型，在新兴技术的助推下，智慧医院、互联网+医疗、移动医疗、远程医疗、大数据与智能可穿戴设备在医疗行业开始崭露头角。高度分散的设备环境、不断演变的平台架构以及海量的数据分析都将通过科学技术向数字化医疗转型。数字孪生的概念不断地发展，相应的科学技术也趋于完善，医疗健康领域正迎来一场颠覆式的改造。医院数字孪生的逐步兴起，在就医问诊、诊疗诊治、诊后管理等全流程环节中，延续了数千年的"望闻问切"的诊疗模式正经历着改变。还有全方位数字化虚拟人体的技术，虽然此技术发展才刚刚起步，但在医疗行业内其技术优势已经是大势所趋，而这一转变的主要推手之一就是数字孪生技术。

6.4.2 系统架构

建设具有数字孪生理念的智慧医院，可从"一门户""一平台""一朵云"和"一张网"四个点开始建立，通过网、云、计算和医疗应用的一体化协同，实现人、财、物全要素聚合，为基于实际需求的"智慧服务、智慧医疗、智慧管理"三大应用提供坚实基础，最终构建起"1+1+1+1+3"的医院数字孪生系统架构，如图 6-8 所示。

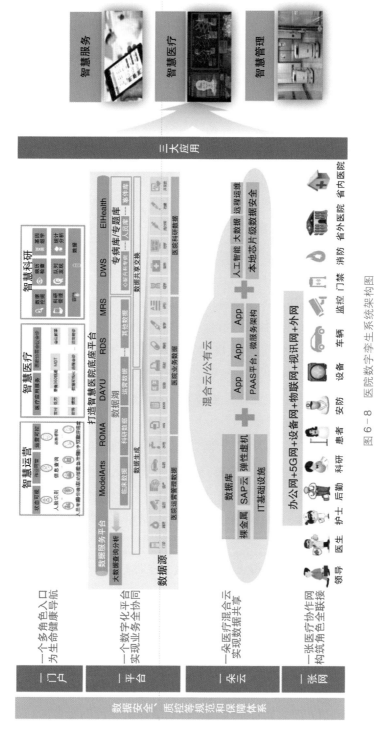

图 6-8　医院数字孪生系统架构图

来源：中国电信集团公司提供

6.4.3 应用场景

1. 面向患者的数字孪生

打造以患者为中心的医疗服务体系,将临床诊疗与患者服务相衔接,为患者提供人性化、无边界的医疗服务,及全流程智能化的健康管理服务。

1)诊前服务:精准导诊

利用数字孪生技术将多源、异构、海量数据进行时空校准,在时间方面,根据患者年龄、性别、症状、历史就诊情况,进行差异化智能导诊。在空间方面,根据患者症状,结合近期同类症状患者挂号科室大数据,在区域范围内进行科室匹配,可提供专业化的智能导诊推荐。根据医院位置、满意度评分、科室医生就诊量、费用等因素排序,为患者提供可预约医生推荐,并记录患者优选习惯。

2)诊中服务:便捷就医

利用 AR 现实增强技术,后端将各类获取的数据与 AI 算法深度融合,根据患者就诊信息自动安排最佳就诊流程与路线,如化验、B 超、CT、取药等。在通过数字孪生技术对虚拟模型、箭头、虚线等元素在真实世界为用户指引方向,患者可在手机上实现院内 AR 实景智慧导诊,可轻松、有效解决患者在此类空间易迷路的问题。采用实时定位、活体检测技术,可有效解决室内导航误差大的难题,让患者出行更加便捷。

诊疗判断系统正搭建一个巨大的"放大镜",使得监测人体生命体征变得更加精准和实时。相信在不久的将来,专业医疗技术人员可以将人体生命体征中不同维度、不同来源的数据信息进行汇总分析,依托先进的网络基础搭建起全方位的数字化孪生个体,其与个体之间保持着"同频共振",各项生命体征数据实时保持同步。

如此,医生的诊断将变得透明化,通过登录诊疗判断系统,就能诊断出患者正经历着哪种病症,若使用 AI 等技术手段,外加庞大的病史数据库,能演绎推演出病症的发展趋势,这对医生的治疗判断将起到重大帮助。

3)诊后服务

(1)远程探视。患者家属只需佩戴上 VR 眼镜手握操纵遥感,搭载有 360°8K 全景摄像头的医疗机器人将依托利用数字孪生技术所构建的病区地图,对探视患者的位置进行定位,选择最优路径自动前往需探视的患者床前。利用高速率、低延时的全景视频,可提供身临患者床边的沉浸式探视,在解决探视需求的同时,也能满足 ICU 等重点病房无菌式管理,改善医患关系。

(2)电子病历。对患者病情、检查、诊断、治疗、转归等数据进行全流程多维度综合监控。结合数字孪生技术对病程记录、手术记录、用药剂量、医生医嘱、护理记录等信息进行可视化管理,对各诊疗环节及指标进行实时监测,构建电子档案可视化,一方面提升了医护与患者的就医舒适度和数据地域性分享的局限,另一方面完善了存储信息的能用性,使得医疗数据更加严谨,也为后续医疗质量评估提供科学依据。

(3)慢病随访。智能慢病管理服务平台服务于患者、医生及社区健康小屋,通过 AI 辅助为患者下达健康管理计划,对慢病患者及病情统一分析和管理,帮助医生更好地监控患者病情,配合健康小屋有针对性地进行健康筛查及健康干预。结合智能随访服务平台可实现满意度回访、术后患者随访、患者预约门诊和重症患者定期关怀等多场景的运用,让随访过程更加规范化、统一化,医患双向信息传达也更加快速、准确,数字孪生技术所形成电子病例将覆盖患者入院、出院、康复、复诊等全流程,让医生及时掌握患者的治疗及康复情况。

2. 面向医务人员的数字孪生

通过对医务管理系统再造与数字孪生技术的赋能,帮助医护工作人员高效、高质地工作,提升医疗效率,提高科研创新水平。

1)医务管理

针对各医务管理系统数据实施整合,可对医师技术档案、医护人员排班、手术分级、病历质控、医疗纠纷等管理要素进行可视化监测分析,对异常情况进行实时可视化预警告警,为医务人员和科室事务管理提供科学依据。

除了面向门急诊病患的动态监测外,采用数字孪生技术还可对住院病患人数、病种、床位使用情况、住院费用等关键指标进行综合监测,提供多种可视化分析手段,对平均住院日、危重症转换率、出院率、医疗服务效果等指标进行多维度可视化分析,辅助医务人员综合掌握医院住院病患情况,为医疗资源调配以及病患治疗方案调整提供决策依据。

2)智慧药房

医院药房药品的采购、存储、库房、分拣、传送等提供全流程数字化服务。实现对每盒药品流向追踪、入库类型比例登记、畅销或滞销药品提示、麻醉药品及第一类精神药品"五专"记录管理等多元化功能。智能盘点支持增添自定义趋势查看、数据分析、消耗曲线对比等功能,按需进行多方位并行分析,一改往日人工药品盘点耗时费力且账、货相符率低下的问题。助力医院门诊药房实现精细化、智能化、流程化的管理形式。搭载智能传感器,对存取药柜及药架、加药系统、水平动力药槽和皮带传输系统进行实时设备监测。针对药品缺货、补位、传输带跑偏或急停等多类型问题,系统设有自主分析预判、定位定量补药、异常报警停机、异物智能识别告警等功能,满足面对潜在问题时的急速响应速率。加强药房从药品补位-药品发放的数据闭环,构造一体化感知体系。

3)手术管理

构建全流程、一体化的多模态智能手术管理平台,打造患者满意、安心的智能手术室。

在术前,数字孪生可以帮助主刀医生拟订手术实施步骤,制定术中管理计划,此外,主刀医生佩戴 VR 眼镜后可在数字化虚拟孪生人体上开展手术预先实验,利用 MR 等先进技术,手术实施团队可将数字化虚拟孪生人体与患者的病灶模拟显示,从而可以全方位清晰地展现患者体内信息,并重叠显示在虚拟的物理环境中,从而拟定高效准确的手术实施方案。犹如身临其境在手术室开展手术,从多维度多层次验证手术可行性,不断优化手术过程,切实提高手术成功率的同时,还可以为主刀医生提供更多的操作训练空间。

在真实手术实施过程中,辅以数字孪生技术可扩大手术视角并对视野盲区提供预警,预先判断可能的出血点位,有助于临场的判断和应变。面向医生建立整个手术周期内的信息支撑,提供便捷的手术医生辅助。面向患者实现全流程放心安心实时掌握进程,面向护理实现手术过程全电子化记录,面向管理提高手术室运转效率与手术绩效的精细化分析。

4)科研教学

医护工作人员通过一体化的教学管理平台可以随时随地进行学习;数字孪生技术与教育大数据相结合,可形成医护学员画像,进行个性化课程推荐。相比常规图文、视频,数字孪生可以展现出 360° 全景,兼具三维化、全景视野不受限等特性,医护学员可凭借数字孪生技术的应用,规避在实践操作过程中因操作不当或者误操作所引发的危险。实现较好的环境模拟,可充分在手术、解剖等医学培训和授课中发挥出优势。

3. 面向医院管理的数字孪生

1）医院内部

智慧医院中采用数字孪生,并通过接入医院门诊管理系统数据,可实现对预约人数、候诊人数、出诊医生、医疗床位等要素态势进行实时监测,并对就医人群号别、科室、诊别、预约时间、预约途径以及医生出诊工作量等多维度数据进行综合可视分析,实现挂号、分诊、就诊、缴费、治疗、取药等医疗活动全流程综合管控,为优化门急诊资源配置提供决策支持。

通过三维建模技术,可对各类资产、设备、设施等要素进行可视化管理,并可集成各传感器监测数据,对各资产的类型、数量、空间位置分布、运行状态等信息进行监测,对异常状态(故障、短路冲击、过载、过温等)进行实时告警,提升资产的运维管理效率。

2）医院外部

通过三维建模,对医院外部环境、楼宇建筑到建筑内部空间结构进行三维展示,对空间资源使用情况进行可视分析;支持集成楼控系统、消防系统、环境监测系统等数据,对医院空气质量、温湿度、水质、环卫等环境数据进行综合监测,实现对医院空间资源和环境状态的有效管控,提高环境空间利用率。整合医院内能耗数据,对用电、供排水、供热等各子系统运行态势进行实时监测分析;支持能耗趋势分析、能耗指标综合考评、异常状态可视化预警告警,帮助管理者实时了解院区能耗状况,为资源合理调配、医院节能减排提供可靠的数据依据。

医院外部结合物联网、视频监控、人工智能等技术应用,对人员车辆通行情况、车位使用情况、人员密度、楼宇内部电梯等运行状态进行实时可视化监测,支持对人脸识别、车牌识别结果进行分析研判,对异常情况进行可视化告警,帮助管理者实时掌握医院人流、车流态势,实现人员、车辆的便捷通行。医院安全防范管理系统可汇集院外视频监控、电子巡查系统、卡口门禁等数据,从而建立起医院安全态势监测模型。可围绕院内外重点区域、告警事件和关键人群进行监测,支持快速定位、实时调取和联动判断,从而有效提升医院的安全管理能力。

3）应急指挥调度

基于 GIS 系统,可对医院内发生的紧急事件进行态势显示,并与周边监控视频进行联通,方便应急指挥调度人员对突发事件周边情况进行判定和分析,为事件处置提供决策支持,提高突发事件处理效率。整合医院管理情报数据资源,基于时间、空间、数据等多个维度为各类焦点警情建立阈值告警触发规则[①]，并支持集成电子围栏、门禁报警、电子巡更等监测系统，自动监控各类焦点事件的发展状态，进行可视化自动告警。实时监测应急人员、车辆、物资、设备等应急保障资源的部署情况，为突发情况下指挥人员进行大规模应急资源管理和调配提供支持。

6.4.4 应用案例

某医院基于"顶层设计、分步实施"的原则，通过业务流程再造，构建了数字孪生后勤综合集成平台，利用数字孪生技术，先对医院整体进行了三维建模，搭建起医院数字化孪生场景，为后勤服务保障提供了信息化支撑，全面提高了后勤的服务能力，提升了医院整体管理水平[②]。

该医院后勤数字孪生平台按照"顶层规划、分步实施"的原则，遵循充分解耦、高度可扩展的架构理念进行分层设计，平台架构如图6-9所示，自上而下可划分为六层，分别是展示层、应用层、应用支撑层、数据层、采集层和基础设施层。有效利用AI、大数据、物联网等技术，可支撑后勤业务流程的全闭环跟踪处置、各类结构化和非结构化数据的归集统一以及医院后勤业务管理知识的模型化，不仅能够实现医院后勤一体化智能管理，还可以将所有后勤业务数据进行关联分析，实现智能判断，精准预测和动态决策。

为满足医院后勤业务的不断创新发展，整体架构设计通过数据采集层与数据层实现整体系统的三层解耦，采集层实现硬件设备同系统之间的数据解耦，方便后续需不断增加接入管理的后勤设备以及采集的数据范围，数据层实现数据同业务应用层之间的解耦，以应对未来不确定的数据使用需求。

6.5 交通数字孪生

6.5.1 概述

随着国民经济进一步发展，城镇化进程进一步加快，大量人口从农村进入城

---

① 史玉洁,吴恺,尹瑞阳,等.智慧可视一体化数字口岸建设方案[J].智能建筑,2022(08)：19-24.

② 张凤娟,徐荣,宋朝钦,等.医院智慧后勤综合集成平台的构建与探索[J].中国数字医学,2021,16(06)：28-32.

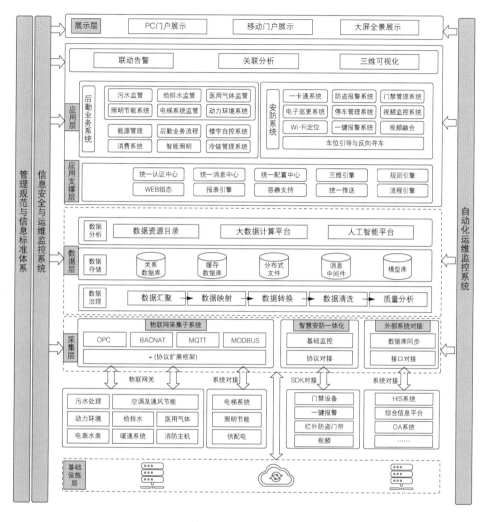

图6-9 某医院后勤数字孪生平台架构图

来源：张凤娟,徐荣,宋朝钦,等.医院智慧后勤综合集成平台的构建与探索[J].中国数字医学,2021,16(06)：28-32.

市,城市出现交通拥堵、住房紧缺、能源紧张、工作岗位不足等一系列"大城市病"。如何解决交通拥堵,提升市民出行效率,成为城市交通管理部门的重点工作之一。

交通数字孪生是城市数字孪生的一个重要应用,它充分利用交通工程模型、交通感知网络、交通数据体系和城市交通处理平台,提供以数据驱动为核心的城市道路预测、预警、应急处理,实现虚拟数字空间对现实交通概况(人、车、路等多元素)的映射,为畅行交通管理、决策和服务提供可靠的技术支撑。

6.5.2 系统架构

依据交通数字孪生的理念所设计的智慧交通系统架构主要由感知终端设施(摄像机、雷达、信号机、情报板、地感线圈等)、信息基础设施(网络、数据中心等)、业务管理应用(交通预测、交通指挥、设施维护、交通管理等)几部分组成。

1)感知终端设施

交通数字孪生的关键是交通全量大数据,这是指与交通相关的数据(如路网运行特征、车辆信息及运行状态、居民出行特征以及人流、客货流信息等)互相关联和融合而形成的庞大数据网。交通数字孪生的全量大数据采集一般可以通过三种感知终端设施:一是通过集约式感知终端,如智能信息杆,采集城市道路等公共区域的气象数据、视频监控数据;二是通过嵌入式感知终端,如建筑、道路、桥梁等大型设施内部敷设的传感器等,采集交通设施的物理数据、道路通行状态数据;三是通过独立式感知终端,如道路监控、RFID、传感器节点,以及智能手机、智能无人车等个人设备,采集个人出行、运行车辆、移动轨迹等信息[1]。

2)信息基础设施

交通数字孪生的信息基础设施包括网络(含有线和无线,如光纤、5G)、云计算(云计算数据中心、算力设备等)和城市交通运营系统(即"城市交通大脑")等。其中城市交通运营系统是城市数字孪生的重点,其通过 AI、大数据、云计算、视频等信息技术对采集而来的庞大数据进行分区域、分类、分级处理,实现精确识别、精准分析,包括快速识别行人、车辆和设施的状态,实时展示违章违建、道路遗撒、交通事故等状况,并且不受天气情况和像素质量的影响。

3)业务管理应用

构建在城市交通运营系统上的各类业务管理应用,可以衍生出相当专业的预测分析、系统规划能力。通过专业模型推演,高效协同计算可以实现精准道路预警,为交通管理者的决策提供科学依据。

---

① 高艳丽,陈才,等.数字孪生城市:虚实融合开启智慧之门[M].北京:人民邮电出版社,2019.

6.5.3　应用场景

1. 应急救援

在城市治理、民生服务中,一旦遇到紧急情况,安排车辆优先通行,保障民众生命财产安全,是"人民至上"理念的一种体现。这种具备应急救援功能的特种车辆,例如工程抢险车、救护车、警车、消防车等,具有优先通行权利。在城市道路资源紧张、城区拥堵频发的区域,如何为应急救援车辆开辟"绿色通道",一直是城市交通管理部门关注的重要问题。

如果构建交通数字孪生系统,则可以为应急救援服务提供新思路、新方案。在 AI、云计算、大数据、物联网等新一代信息技术的支持下,可以大量收集实时道路交通路况,通过城市交通仿真模型,比对历史数据作出预警分析。例如可以智能分析各种应急车辆的需求,对车辆到达下一个路口的时间实现秒级精准预测,自动调控交通信号灯,以及向交警、一般车辆、行人发布让道信息,这样可以显著缩短应急救援车辆的通行时长,为生命和财产救援赢得宝贵的时间。

2. 车路协同

车路协同指的是采用新一代信息通信技术,通过全量交通信息采集,实现车-车、车-路、车-人实时信息交互以达到人车路高效协同、保障交通安全的一种交通技术体系。

自动驾驶是车路协同的主要应用场景。自从 2010 年开始,自动驾驶概念在国内兴起。根据《汽车驾驶自动化分级》(GB/T 40429—2021),驾驶自动化系统分为 6 个等级,分别是 L0(应急辅助)、L1(部分驾驶辅助)、L2(组合驾驶辅助)、L3(有条件自动驾驶)、L4(高度自动驾驶)和 L5(完全自动驾驶)。据统计,我国已建设 17 个国家级智能网联汽车测试示范区,北京、上海、广州、武汉等 16 个城市列为"双智"(智慧城市基础设施与智能网联汽车协同发展)试点城市[①]。在这些试点城市,要建设信息基础设施,例如在确定试点的重点路口布设视觉雷达等感知设施和车城交互设施,并建设 5G 基站和边缘云端处理设施,同时要适应不同环境的应用场景。试点城市主管部门向相关企业和车辆发放自动驾驶道路测

---

① 曹亚菲.科技赋能智慧出行 创新加快智能应用[J].软件和集成电路,2023(04):34-35. DOI:10.19609/j. cnki. cn10-1339/tn. 2023. 04. 016.

试临时车牌,不断进行自动驾驶道路测试。例如上海嘉定区将双智试点工作将从安亭镇拓展至嘉定新城范围,构建"1+1+n+1"的双智协同发展整体架构。"1+1+n+1"的含义是建成"1"个集端感知、网连接、智计算、全数据于一体的高质量智能化基础设施,构建"1"个基于城市统一数据基底的"车城网"实体数字孪生平台,打造"n"个彰显嘉定特色的智能网联汽车与智慧交通融合创新应用,建成"1"个面向智慧城市深度融合的智能网联汽车标准体系[①]。

6.5.4 应用案例

某市为提高交通管理水平,降低高峰拥堵时间,实施了一项交通数字孪生项目。该项目基于交通数字孪生数据底座,采用 AI、大数据、云计算、物联网等信息技术,将城市交通出行数据进行有机整合,构建城市管理"一张图",加载显示高精道路数据、三维建筑结构数据、设施设备(感应器件、摄像头、信号机、信号灯、立杆、诱导屏)、基础设施、事件数据等要素信息,打通交通流量、道路速度、车辆、信号灯态等动态业务数据。利用数字孪生技术对道路要素、车辆要素、交通设施要素、交通设备要素、地貌要素和气象要素进行数字化还原,将路网及沿线的草木、车路、天气环境等要素数据化融合分析后实时投射到三维数字世界中,借助城市交通大屏、驾驶舱等形式,全方位展示整个城市交通空间和时间运行态势,展现全时空、高精度、高保真、实时还原的虚拟世界,让城市交通运行态势可感、可知、可控。其数字孪生应用举例如下:

(1)三维数字仿真城市道路。利用数字孪生技术对道路、车辆、交通设施设备、地貌环境要素等进行 1∶1 的数字化仿真,实时投射到三维数字世界中,展现城市道路虚拟世界。

(2)道路交通实时全景监控。将车辆行驶数据和视频数据、路网交通数据相融合,对城市道路运行状况按照交通模型进行仿真和评价,具体可以展现拥堵时间、区域行驶速度、特种车辆行驶轨迹以及排队长度、流量、均速、延误、交通事故等相关交通指标,为交通预测和实时指挥提供有效的手段。

---

① 张思远,曹建永.示范先行的"上海方案"[J].质量与标准化,2022(09):11-14.

6.6　社区数字孪生

6.6.1　概述

随着社会经济转型和城市化进程加快,科学发展观和构建和谐社会等新执政理念为中国社区发展实践提出了新方向。将信息技术融入社区生活运营,尽可能地满足人们生活中多样化的需求,是未来社区的发展之路。随着互联网、大数据、云计算、人工智能等技术快速发展,尤其是智能手机的广泛使用,数字孪生技术为社区发展提供了新机遇新空间,也推动了社区数字孪生的快速发展。

社区数字孪生是在智慧社区基础上通过“数据”新要素整合,构建虚实融合、虚实映射的“数字孪生体”,不断重塑治理、安全、民生的智慧应用体系。社区是城市的“微版块”,城市治理的最小单元,是城市数字化建设的集约化功能载体。

基层政府在推进社区治理的过程中面临着事务繁多、人员不足、权小责大、群众满意度不高等突出难题。为了改变这一现状,要推进基层社会治理现代化,借助信息化、数字化的技术手段,让群众少跑腿,数据多跑路,围绕老百姓的“衣食住行安”提供贴心式的管家服务。社区数字孪生是数字孪生技术将社区辖区的楼宇、道路、河流、基础设施等进行的三维数字还原,利用 GIS、智能物联网和大数据系统将社区内的人、房、事、物、情、组织进行数字刻画,将社区的物理世界与数字世界进行一一映射,通过虚实结合,以虚控实,虚实相生的数字孪生美好家园。

6.6.2　系统架构

社区数字孪生平台其总体构架如图 6-10 所示。

社区数字孪生建设平台分为基础设施层、平台能力层、数字应用层、展现交互层、安全保障体系五个板块,共同组成社区数字孪生的总体建设框架。

（1）基础设施层。包括终端感知、网络连接、数据汇聚,通过以感知为主的终端设备将数字社区智能穿戴、监控、传感器、快递柜、地磁、智能灯杆、充电桩、门磁等数据信息,通过光纤、以太网、物联网、4G/5G 等网络传输到平台能力层,

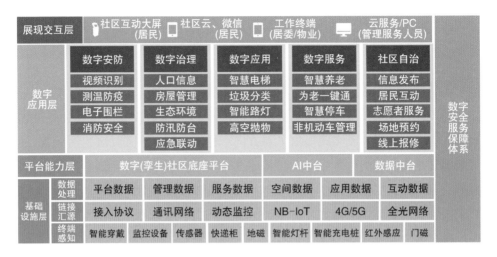

图 6-10　社区数字孪生平台总体构架案例

来源：中国电信集团公司提供

形成基于社区的数字服务基础底座。

（2）平台能力层。通过基础设施层，将社区各系统的"神经元"数据汇聚到数据平台，形成社区数据中台；通过场景 AI 模型库中的各种应用算法，对社区各项事件处置不断优化，形成社区事件处理 AI 算法库，推动事件处理从"被动"到"主动"发展，主动感知并提前预判；实现问题出题从化"人治"到"自治"，建立自我学习的模型体系，再造自我处置的闭环处理，提升社区治理的效率。建立基于空间维度的地理信息库，围绕社区的人、房、事、物、情、组织等静态和动态信息，打造社区数字孪生的建筑空间位置数字应用图层，更加高效地完成从"发现-研判-处置-闭环"，提升社区治理的高效服务化。

（3）服务应用层。数字社区的便民服务应用是在数字（孪生）社区平台能力基础上，依托社区数字孪生平台、AI 中台、数据中台，涵盖了社区数字安防、数字治理、数字应用、数字服务、社区自治五大板块，为社区提供便利的智慧电梯、烟感、智慧停车、生态环境、信息发布、志愿者服务等贴心服务。各数字应用遵循社区数字孪生平台建设规范的指引，通过数据整合与交互，以统一平台向居民、工作人员提供服务，对各种事件、活动作出闭环响应。

（4）展现交互层。数字社区的重点服务对象是社区的广大居民，要建立与群众交互的平台，通过手机、电视、社区大屏、社区广播等方式及时向居民传达信息;通过线上 App、微服务等渠道及时搜集汇总居民需求,形成统一的信息发布至交互平台。同时社区工作人员通过数字孪生平台,及时精准地发现、处置居民的问题,切实提升数字服务对社区居民的便利服务,提升居民的满意度。通过社区信息发布及时对外发布社区信息、最新动态;通过监控大屏"一屏观天下",汇聚社区内关键人、事、物态,直观展现社区运营全貌,提升综合管理效率。

(5)安全保障服务。通过完善数字社区安全服务保障体系,采用安全技术加持数字社区的基础设施安全、数据安全、应用安全、边界安全,形成围绕数字社区自身的安全管理服务体系。在符合国家、行业以及各地城市发展的总体要求以及城市智慧社区的政策和标准体系下,不断完善和发展数字社区的基层治理服务水平。

6.6.3 应用场景

1. 数字安防

作为城市居民生活场所的住宅楼宇是社区的重要组成部分,保障社区的安全运营是首要任务。为了更好地保护居民财产安全及社区的运营安全,当前通过视频监控、物联感知、人脸识别、数据研判等数字技术可以最大限度防范各种非法入侵,提高社区工作人员处置突发事件的反应速度,给广大居民提供一个安全的居住环境。数字孪生技术将社区内智能终端进行数字化虚拟化,在三维模型中实时映射出来,通过"场景-事件-算法-处置"形成常态化监测,对安全隐患进行研判并提前发出警示,防患于未然,进一步守护社区安全底线。数字安防包括:

(1)视频识别。对小区出入口进行智能化改造,实现人、车智能通行,有效实现对进出人员、车辆的管理。通过车牌识别摄像机,对进出车辆进行车牌识别,车牌信息与平台内信息一致则对该车辆进行放行,并记录通行记录。通过人脸识别摄像机,抓拍并识别访问小区人员身份,根据采集到人员出入信息分类统计分析。通过数字孪生平台实时发现车辆数据进行车辆智能管理。

(2)电子围栏。通过在社区周围安装电子围栏及感应器,在河道护栏安装感应装备,有效监测不法分子翻越围墙行为,及时预警跳河轻生等情况发生等。

通过数字孪生平台实时调取智能摄像头的电子围栏情况,触发告警时及时向社区工作人员发出报警信息及传输实时画面,工作人员可以第一时间进行现场处置。

(3) 消防安全。社区大火往往会对居民生命财产安全造成巨大损失,社区在居民家中、停车棚、垃圾房易燃区域安装智能烟感设备,实时监测环境情况,一旦发生火情平台将会产生告警,实时电话通知相关人员。同时对楼内末端水压进行感知,一旦水压异常,产生报警信息;通过车棚充电桩上加装的灭弧电气装置,一旦电路温度异常或者火线零线相触,灭弧电气装置会自动断电,同时告警;结合已经部署的烟感系统,对于存在消防隐患的场所、当消防预警等级达到报警阈值后,系统会自动推送报警给相关人员,及时对消防隐患进行排查。在社区数字孪生平台中,将多个系统的画面、数据打通,通过多场景的 AI 融合,形成对火灾火情的及时预警、通报和处置,为居民生活增加一道强有力的安全防护。

2. 社区治理

社区作为构成社会系统的基本单元,是推进治理体系与治理能力提升的基础着力点,通过社区数字孪生平台的建设将可以更加直观地掌握社区各条块的运营状况,根据不同条块实时与上级平台数据共享,形成上下联动,横向连通的社区治理模式,不断提升社区治理的工作效率和群众满意度。主要场景包括:

(1) 人口信息管理。基于数字社区人员管理场景,建立社区人口基础信息库,通过信息采集,展示街镇常住人口、流动人口、户籍人口、外籍人口的数量,并进行分类统计分析;对人口相关的全维度信息管理,通过在社区孪生平台中将楼栋、房屋、车辆实时呈现,实有人口进行模块化管理,对特殊人群进行分类施策管理、分析,并为特定人员打上标签,便于提供精准高效服务。

(2) 实有房屋管理。基于社区内的住房信息,建立一房一档管理信息,有效对房屋数据进行分类分析,便于社区管理人员对居住人员、房屋信息的核对管理,辅助决策。通过孪生大数据平台,打破各委办局数据壁垒,整合人口办、社建办、房办、房产交易中心的房屋信息及实有人口信息,整合人员信息及人员标签信息,展示房屋概况,以及房屋内人员概况。

(3) 生态环境。建立安居乐业、绿色生态的数字社区,依托社区内的公共绿地、小区河道、水体、绿植等区域安装空气监测设备,可自动感应空气的温度、湿度、风速、噪声,水体中 pH 值、电导率、污染物等信息,环境信息实时上传数字孪生平台,实现实时监测空气质量数据。当检测的数值达到设定值以上,系统将生成告警,通过精确的监测为居民健康美好的生活保驾护航。

(4)防汛防台。集合其他天气平台数据,在平台上展示最新台风、洪水预警信息、气象云图、预警级别及相应的预警方案;通过平台和终端及时通知社区居民提前做好防范。通过水位监测设备获取河道水位,展示街道内各种类型河道水位数据,为服务人员提供实时水位信息,通过调取就近摄像机视频,第一时间获知河道水位情况。当相关河道水位超过一定阈值时,自动在平台产生告警提醒;通过系统上展示的防汛防台值班人员情况获取值班人员信息。

(5)应急联动。通过智能物联网、智能视频等技术实时关注重点区域状况,通过数字孪生平台,在日常管理与应急事件处置中,实现对社区各场景事件的监测、分析、预警,对紧急事件的早发现,早处理。

3. 数字服务

社区工作中难免存在各种不友好行为,社区工作人员很难及时发现和处理,对于社区中的老人、残障人员、儿童等特殊人员,通过贴心的数字服务提供特殊的关爱,数字社区邻里变得更加和睦,社区运行更有序,社区生活更有品质。

(1)智慧养老。通过智能手段检测独居老人居家状态,提供安全、有力的保障手段,以避免安全事故的发生。通过水表、门磁、红外、智能手环、守护宝等方式,及时获取独居老人、孤寡老人的生活轨迹,通过系统智能研判算法,判断其异常情况,生成告警信息并及时通知工作人员上门探视,提升对老人的关怀关爱。

(2)为老服务一键通。通过一键通小喇叭,老人可以一键叫车、一键就医、一键拨号,及时呼叫子女或者工作人员,成为老人生活的便利助手,可结合 IPTV 为老人提供贴心的服务。

4. 社区自治

社区是城市的微模块,在疫情期间,许多社区的居民协商自治成了解决群众身边事的新模式。通过民主协商、群策群力、汇聚民智形成解决社区群众的各种需要。通过数字社区平台的建设,打通社区内信息发布、居民互动、志愿者服务、场地预约、线上保修等模块,为数字社区自治提供新的技术支持。包括:

(1)信息发布。社区工作人员面向社区老年人、中青年人群,分别提供社区互动设备、天气预报、新闻广播、主流移动设备,以获取社区信息,同时为社工提供多终端信息便捷发布功能,减少社工工作量。

(2)居民互动。充分发挥互联网作用,拉动青年群体、老年群体、团体爱好者主动加入社区社群,增加居民对社区的归属感,提升居民对社区活动的参与度,让居民参与到社区建设项目的各个环节,变被动服务为主动发现、主动服务、自我治理。

(3)志愿者服务。社区志愿者可以在平台上参与报名,对接社区内需要包装的居民,提供电脑维修、理发、法律咨询、代购、为老服务、教育培训等服务。平台能够记录志愿者服务时长、服务评价等信息,志愿者服务为社区弱势群体提供相应的帮助,提高社区治理。

(4)场地预约。徐汇区徐家汇街道的"邻里汇"内设接待咨询、生活服务、日间照料、短期托养、居家上门等五大服务板块,通过政府搭建公共平台,集聚社会资源,提供多样服务,来满足多元需求,促进社区和谐发展。平台提供活动预约功能,居民可通过多终端的形式自助线上预约参与活动,查看预约进程,管理者也可在后台进行管理预约情况,估计活动人数等工作。根据参与量与预约量可定制增加活动容量。

(5)线上报修。平台为居民提供"线上报修"功能,居民通过各终端设备自助线上实现报修时间预约、报修项目预约、报修价格一览等功能。同时也为物业管理者减轻居民反复询问、电话预约等情况带来的工作负担。

6.6.4 应用案例

群众对幸福生活的需求,是在日常生活中切切实实地感受,通过社区内各便民应用的建设,让数字化新技术在社区中发挥便捷作用,让居民感受到科技带来好处,让老百姓生活更加美好、更加舒心。上海某社区数字孪生应用案例如图6-11所示,重点包括以下四个方面:

(1)智慧电梯。社区中的楼宇电梯,建立电梯的健康数据库,形成"一梯一

图 6 - 11　社区数字孪生应用

来源：中国电信集团公司提供

档"，24 h 进行持续跟踪和监管，包括电梯运行故障预警、电瓶车进电梯分析及告警、电梯维护管理、电梯运行分析报告。通过数字孪生平台实时监控每台电梯运行数据，包括电梯实时运行状态、乘客舒适度判断(噪声、温度、湿度等)，通过人脸识别、语音识别、生物识别等方式，更加便利地使用电梯；通过大数据平台记录使用频率，对异常情况及时高精并制止，提高居民使用电梯的安全性和舒适度。

（2）垃圾分类。垃圾分类处理关系到社区美好环境，基于社区垃圾分类应用场景，通过摄像机及红外感应监测，自动发现人员偷倒垃圾不良行为，自动进行语音提醒并生成抓拍照片；对于垃圾站内工作人员离岗状况，自动生成告警并抓拍照片，实现闭环处置。通过摄像头加物联网设备接入 AI 平台，减巡增处，物尽其用，提升工作人员的工作效率。

（3）智慧路灯。通过智能化手段对路灯进行改造，实现社区辖区内的路灯远程控制、状态监控及多种智慧化综合服务等功能。实现对路灯开关状态感知，同时支持路灯智能控制，实现远程开启、关闭路灯，实现智慧路灯的节能减排，打造绿色低碳的数字社区。

（4）减少高空抛物。通过安装摄像头监控，能够主动发现和自动记录高空乱扔乱抛行为，联动社区管理，可以有效减少社区高空抛物现象。

6.7 新城数字孪生

6.7.1 概述

《中华人民共和国国民经济和社会发展第十四个五年规划和2035年远景目标纲要》中明确指出"完善城市信息模型平台和运行管理服务平台，构建城市数据资源体系，推进城市数据大脑建设。探索建设数字孪生城市"。

在顶层规划支持下，数字孪生成为国家和地方新城建设和发展的战略要求，多部委发布了行动方案，各地以新城作为探索数字孪生城市的样板间，加速推动数字孪生在城市建设中相关技术、平台、产业、应用的发展。随着物联感知、BIM和CIM建模、可视化呈现等技术加速应用，万物互联、虚实映射、实时交互的数字孪生技术成为赋能城市发展、提升长期竞争力的核心抓手，新城数字孪生从概念培育期加速走向建设实施期。

6.7.2 系统架构

新城数字孪生在规划建设伊始，将实体城市在虚拟空间映射，各类物联网系统、公共数据库、智能算力等资源统一整合，建立一个与物理城市并行的孪生虚拟城市，使城市基础设施布局更为合理。新城建成后，通过对城市空间、公共设施建设、城市治理服务等进行模拟分析与预研，提升城市运行的综合水平和智能决策能力。新城数字孪生不仅是未来新城打造的重要手段，更是物理实体城市和信息虚拟城市相互交融共存的城市未来发展新形态。

新城数字孪生通常分为数字孪生应用、城市智能中枢、城市基础底座三个层面，实现全过程、全要素数字化，形成"规建管用"一体化的业务闭环，为城市建设运行提供科学决策依据，服务智慧城市的创新发展，其系统架构如图6-12所示。

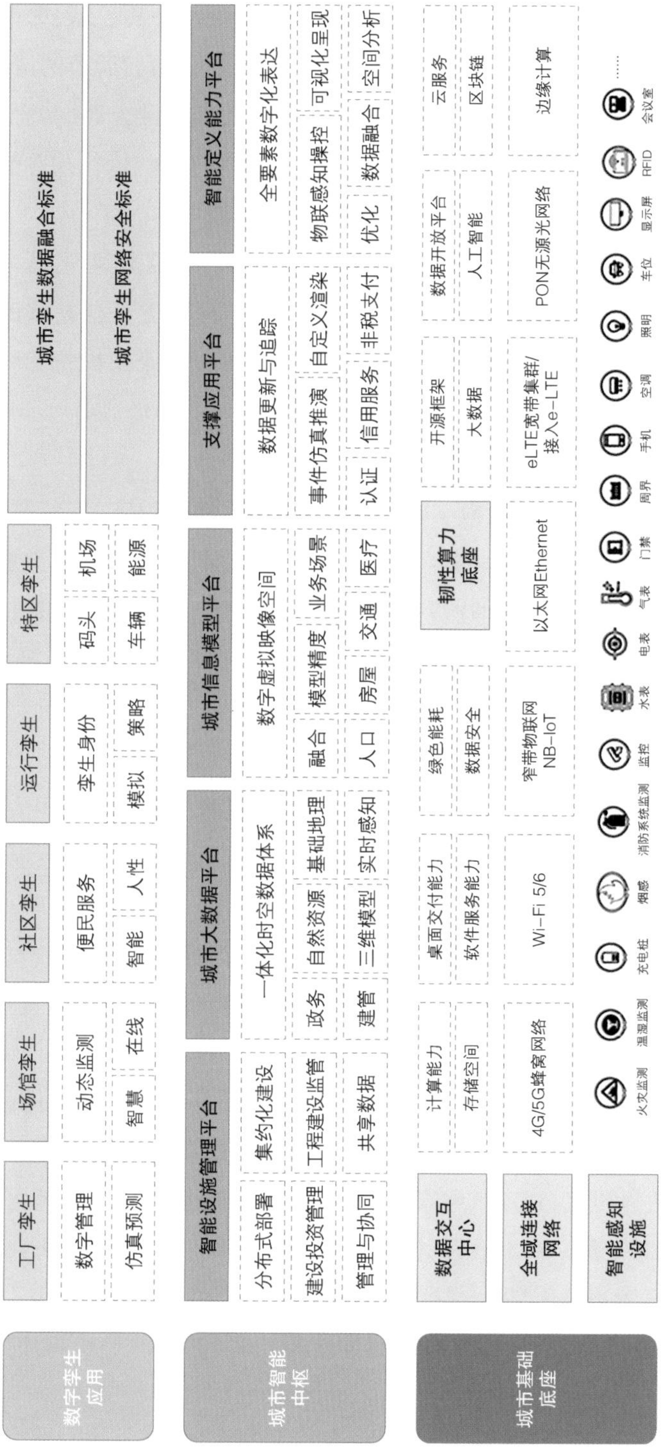

图6－12 新城数字孪生系统架构

来源：中国电信集团公司提供

（1）数字孪生应用，支撑新城规划建设、管理运行、公共活动、灾难预警、能源消耗等一系列场景，改善传统模式下规划、建设、管理、运行脱节的情况。

（2）城市智能中枢，空间化各类规划成果数据、多规融合数据、建筑及基础设施数据、物联网数据，形成数字孪生时空信息模型数据库，依托共性能力平台，实现数据分析及人工智能预测，为各类应用提供有效决策。

（3）城市基础底座，采用卫星遥感、无人机摄影、建筑 BIM 建模、照片算法建模等多种方式，汇聚高精度地图/街景、城市 GIS/DEM 等多种类数据，通过云网实现新城各类数据要素的采集、传输、汇聚，建设数字化孪生模型的底板。

6.7.3 应用场景

1. 多规合一，规划建设一幅图

在新城的规划建设阶段，数字孪生打破城市在"规建管用"等环节的信息壁垒，通过在虚拟空间全面整合城乡、土地、生态环境保护、市政等多方规划数据，解决潜在冲突差异，统一空间边界控制，形成多规合一的"一张底图"。以此为基础，合理布局建筑、绿地、管线等基础设施，模拟优化规划方案，实现一幅蓝图绘到底、一幅蓝图建到底、一幅蓝图管到底[①]。

1）某地科技城规划

规划面积为 26 km²，是该地重点先导项目，通过数字孪生的运用为科技城的规划、设计、建设到后期的运行管理等全生命周期的全场景赋能，实现从单一部门数据到城市全维度发展规划大数据的升级跨越。该科技城将 2020 年、2022年、2025 年、2035 年的各阶段发展与规划融入数字孪生底座中，通过城市规划、建筑及规划数据，结合精准建模，实现了发展规划的"可管、可控、可视"。

2）某城轨交规划

该城轨道交通建设规划借助数字孪生实现地质环境四维可视化，解决了几十年以来水域保护与地铁建设的矛盾。在规划阶段，项目模拟岩溶水主径流通道，深化水域边界研究，划定水域影响核心区，合理规划线网布局，优化轨道交通线路走向及埋深设计。在勘察设计阶段，指导地铁线路勘察钻孔的合理布设点位，提前锁定高渗透粉质黏土、高强度闪长岩及岩溶强发育带分布区域，攻克高渗透粉质黏土基坑渗漏、盾构穿越超高强度闪长岩、孤石群等难题，助力前期建

---

① 中国信息通信研究院.数字孪生城市白皮书[R/OL].北京：中国信息通信研究院,2021.

设规划的轻轨提前一年通车。

3）某地新区国土空间规划

基于多源数据的时空模型体系,该新区对陆域及海域进行数字孪生场景还原构建,通过大数据分析支撑城市规划建设、违法用地精准监测、土地全生命周期管理等应用场景,对辖区内土地资源进行整体规划,塑造集聚发展的国土空间格局,构建产城融合发展的城镇空间,修复生态与国土综合整治、优化主城区布局,实现规划传导与实施保障。

在建设阶段,基于对接规划数据和后续管理需求,探索数字化监管新模式,通过设立工程综合监管、项目监管、土地全生命周期监管等系统平台,提高审批和监管效率,实现项目行政管理与施工过程的规划协同、科学决策多级联动。其中包括:

（1）建筑 BIM 监管。基于 BIM 模型对传统建筑解析渲染,对光影、构图、色调、镜头角度、节奏、建筑材质等进行调整以呈现不同的展示效果,并与项目质量、安全、进度等管理内容结合,进行数据交互,1∶1 真实还原工地现场,让管理者看清建筑空间布局,实现工程过程管控,为管理者开展审批监管等提供决策依据。

（2）工程综合监管。通过数字孪生对所有项目的建造过程、各阶段建设成果同步映射,建设施工方和行业管理部门能够对工程项目从图纸、施工到竣工交付的全过程进行动态监管,从项目进度、资金、质量、安全、绿色施工、原材料、劳务和协同协作等各方面进行数字化管理,推动新城的建设管理从粗放型监管向效能监管、规范监管和联动监管转变。

（3）土地全生命周期监管。从土地规划计划、土地征收转用、土地储备、土地供应进行详细的土地处置节点跟踪,对超时未兑现的地块进行及时预警;实现土地的用途管制、功能设置、业态布局、土地使用权明确等机制,促进项目建设、功能实现、运营管理、节能环保等经济、社会、环境各要素更合理化,实现土地利用管理系统化、精细化、动态化①。

2. 高效协同,城市治理一张网

在城市治理领域,新城数字孪生依靠数据驱动,通过城市科学模拟与仿真系

---

① 谷晓坤,吴沅菁,代兵.国土空间规划体系下大城市产业空间规划:技术框架与适应性治理[J].经济地理,
  2021,41(04):233-240.

统对城市进行科学预测,为城市管理者与城市治理提供有效的解决方案,助力城市的发展、运营①,发现重大公共卫生、自然灾害、建筑安全等问题,化解城市风险于成灾之前,提升城市的抗灾、防灾能力,让城市运行更安全、可靠,实现城市的精细化治理。

随着全域物联感知和智能化设施的发展,各类物联网设备的普及有效提升了物联感知粒度和数字孪生的精细化程度。在激光扫描、航空摄影、移动测绘等新型测绘技术运用下,城市地理信息和三维实景数据等城市基础空间信息能更高精度地采集到城市模型中;在信息传感器、射频识别、全球定位、红外传感器等装置的帮助下,可以实时采集到需要监控、互动的人、事、物数据,实现对城市全局的可视化、可感知。在此基础上,通过机器学习、大数据、计算机视觉等人工智能技术,将"自学习、自优化、自演进"能力融入城市治理过程中,辅助城市决策,提升城市管理体验,推动数据治理从政务大数据到城市大数据、城市管理从人工排查到智能发现、社会治理从分散治理到协同治理的跨越,真正实现城市治理的"一网统管"。

(1)城市安全监测。对水电煤等地下管网、综合管廊等市政设施进行实时监测,及时发现问题,智能预判风险,防患于未然,提高城市公共安全指数。

(2)城市应急监测。提前分析预判城市可能面临的台风、海啸、洪水等自然灾害,及时上报告警信息至应急部门进行处理②。

(3)城市生态监测。通过物联感知体系对城市河道、绿植、沙尘、供水、空气等全方位监控检测,实时预警播报污染告警信息,为居民自然和谐的生活环境提供保障。

(4)绿化市容监测。建立城市环境、市容工单、广告牌监管、生活垃圾投放、垃圾分类、回收物站点、建筑垃圾等场景的监测平台,使场业务指挥调度融入实景需求。通过可视化的指挥决策、合理的业务数据展示和趋势分析,让基层治理数据做到"看得见、用得到",实现城市治理"高效处置一件事",为城市运行常态体征监测、提高基层治理效能等提供帮助。

(5)能源能耗管理。构建区域能源互联网数字孪生系统通过"知识+数据"

---

① 郭科.数字孪生、无感支付,让未来城市更智慧[N].科技日报,2018 - 06 - 11(008).
② 刘刚,谭啸,王勇.基于"数字孪生"的城市建设与管理新范式[J].人工智能,2019(06):58 - 67.

驱动的分布式设备数字化建模技术,让海量设备的数据"可知、可视、可感、可用",通过多层级特性聚合感知技术,将高维海量数据聚合成直观的低维等效数据,便于孪生系统进行分析和计算。孪生体的多时态仿真推演技术为调度人员的决策提供模拟和试验的沙盘,能够更准确地预知未来场景,为保障城市电力系统安全,实现"双碳"目标提供助力。

3. 情景交融,虚实相生一座城

在城市生活领域,数字孪生的应用也十分广泛,如在交通路线优化方面与数字孪生的结合,提供最优解决方案;在医疗健康领域与数字孪生结合,为重大手术预演、整容手术模拟等提供参考;在居民日常活动方面,如去营业厅办理业务、观看体育比赛、参观博物馆、商场采购等线下活动,也可以通过数字孪生系统及虚拟现实等技术转为线上完成。

(1)交通路线。数字孪生规划模型使工程师和建筑师能够发现每条线路和车站对周围社区、行人和车辆交通流量产生的影响,在施工开始前识别问题和需要改进的领域,可视化空间数据、模拟建筑和展望未来的能力是新城交通孪生优势的体现。

(2)公众参与。某国际大都市在 Unity 中用实时 3D 技术重现了大都市圈,跨越了 1 000 km^2 领土上的 200 多万个现有和拟建建筑,在大都市的城市数字孪生界面中,允许用户简单地从一个现实的基础设施模型切换到另一个上,帮助城市市民了解拟建基础设施在城市的规划并提出建议,使得市民能够以一种全新的方式参与城市的发展,让居民对城市的未来建设更有发言权,提高居民的整体满意度。

(3)智慧文旅。某地园博园占地 3 km^2,该园基于数字孪生技术打造超脑系统,深入结合客流、安防等业务场景,能够基于深度时空细粒度推测模型推断出景区内每个景点在不同时间的动态游客人数,解决了传统景区只能基于检票数据统计整个景区范围人数,每个景点的游玩人数无从得知的问题,使游客能够实时查看当下每个景点的游玩舒适性,错峰游览或调整路线。

6.7.4　应用案例

上海作为我国智慧城市的领先者,自启动智慧城市建设以来,始终沿着数字化的大方向不断探索前进,2020 年上海从 350 个国际城市中脱颖而出,成为首个获得"世界智慧城市大奖"的国内城市。随着城市数字化转型的进一步发展，数字孪生成为上海智慧城市发展最重要的动力引擎[①]。

2021年3月，上海发布的《关于本市"十四五"加快推进新城规划建设工作的实施意见》中指出，要应用CIM技术，构建"数字孪生城市"。搭建CIM平台，通过科学布局通信网络、数据中心、城域物联感知设施等数字化基础设施，构建新城物理世界及网络虚拟空间相互映射、协同交互的数字系统，深化大数据技术应用，积极推进新城"数字孪生城市"建设试点示范。2022年，《上海市新城数字化转型规划建设导引》中进一步明确，嘉定、南汇、青浦、松江、奉贤五个新城要聚焦数字底座建设、数据开发利用、数字技术创新、行业转型赋能四个方面，到2025年，感知终端部署规模超过20万个，实现对新城九成以上通信管道的感知监测，规模以上新建建设项目全部使用BIM技术。

以南汇新城的临港新片区为例，上海市政府发布《中国（上海）自由贸易试验区临港新片区发展"十四五"规划》，提出将在临港试点数字孪生城市建设，打造上海数字化转型的示范区，上海临港新城数字孪生成为上海数字化转型示范区中最先启动的项目。

以顶尖科学家论坛永久会址为例，数字孪生技术充分融入了项目建设工程，短短半年多时间就施工完毕，与同类工程需要长达2年的时长相比，效率整整提升了3/4。在项目规划设计阶段，计算机就通过数字技术仿真建筑整体情况，并策划了详细施工方案；在数字孪生工地中对施工进程分析推演，提前发现问题、防范风险，保障了后续施工的顺利推进；配合数字拼图工艺的高精度优势，模块化定制建筑构件，使得会址工地上的重型建筑机械在造房子时犹如拼拼图般举重若轻。

临港不仅在工程施工中运用数字孪生技术使建筑在数字世界中再现，更瞄准元宇宙雏形，寻求数字人与数字城市间的交互。临港新片区的建设者小镇是临港施工人员的主要生活区，小镇就采用数字手段对各类生活场景全景映射、精准管理。同时，上海天文馆作为临港的标志性建筑也将运用数字孪生来提升参观体验，游客可以通过增强现实装备深入感受热门展项的另一层魅力，未来甚至

可以足不出户,在家中借由远程接入的方式参观数字世界的全真天文馆①。

　　除了在新城建设的"规建管用"阶段数字孪生应用,临港新片区更聚焦在产业端全链条中融入数字孪生技术,为保持产业链顺畅、巩固产业链稳定、拓宽产业链发展提供数字化支撑。上海昌强工业科技股份有限公司是临港新片区的高端装备结构件制造商,随着企业数字化的不断深入,其在临港打造的数字孪生工厂将房屋、制造设备、生产流程、人力调度、节能控制等各类生产要素实时映射至数字空间,为核心经营指标带来了显著提升,数字孪生模式与传统模式相比,产品一次质量合格率提升 7.6%,产品制造交付周期缩短 31%,能源能耗节约2.9%。此外,临港新片区也正在打造园区数字孪生,例如信息飞鱼、大飞机园、海洋创新园、东方芯港、生命蓝湾等园区内的汽车工业、民用航空、生物医药、装备制造、集成电路等特色孪生应用均在探索实践中②。

　　展望未来,将有更多数字孪生应用在临港落地,从而实现到 2025 年基本建成临港数字孪生城整体架构的目标,在技术架构、制度创新等方面进一步为其他地区提供实践经验③。

6.8　建筑数字孪生

6.8.1　概述

　　建筑数字孪生,是指综合运用 BIM 等数字孪生技术,以实体建筑物为载体的建筑信息物理系统④。BIM 是建筑领域创建和使用数字孪生体技术的工具,其通过赋予各物理建筑构件特有的"身份属性",辅以数字孪生技术来解决建筑工程项目在设计、施工、运营、拆除阶段的技术难题和管理难题,为建筑业带来全面的数字化变革和转型升级。BIM 技术已被国际工程界公认为建筑产业革命性技术,被许多国家列为强制应用技术。近年来,我国多地相继出台了 BIM 相关

① 张懿.再造一个"数字临港"为新片区未来发展持续赋能[N].文汇报,2022-03-17(001).
② 上海市人民政府.五个新城建数据底座[EB/OL].[2022-12-19].https://www.shanghai.gov.cn/nw4411/20220302/1d820ce62a1643a8aff47d778c7aa591.html,2022-03-02/2023-04-23.
③ 张懿.再造一个"数字临港"为新片区未来发展持续赋能[N].文汇报,2022-03-17(001).
④ 金明堂.数字孪生在智慧建筑中的应用探索[J].建设监理,2021(06):8-10+56.

政策,开始在国有投资项目中逐步推行 BIM 技术,在建筑行业中,BIM 技术标准已经在向行业基础技术规范迈进。

上海市发布的《上海市进一步推进建筑信息模型技术应用三年行动计划(2021—2023)》指出应用能力和创新的进一步突破,政策标系和市场环境已初步建立,经济社会效益逐步显现。BIM 技术应从辅助性技术成为基础性技术,从建筑建设走向智能应用领域,与智慧城市建设实现深度融合。与数字化、信息化等技术耦合,成为城市精细化管理的新引擎。

6.8.2 系统架构

建筑数字孪生的体系架构大致分为以下两个方面。

1. 全生命周期管理

构建基于 BIM 的建筑全生命周期管理体系,促进建筑和城市全生命周期智能化、精细化管理,实现"数字孪生"。核心内容包括:建造运维一体化的建设管理模式;超大城市建筑物精细化管理体系,建设房屋建筑、基础设施全要素采集体系和平台;数字孪生服务管理,帮助实现智慧建筑的全生命周期的管理应用。

BIM 一体化服务平台,囊括设计-施工-运维全生命周期的 BIM 应用能力,形成智慧建筑完整解决方案,基于服务平台能够将智慧建筑设计、施工、运维各个阶段平滑地结合起来。

2. 多业态融合发展

多业态的发展应用面,包括 BIM+装配式建筑,实现建筑工业化建设,建立构配件和设备 BIM 共享平台和机制;BIM+绿色节能技术,研究基于 BIM 的节能设计、分析、评价算法;BIM+新基建,应用 BIM 提升新基建效率与管理水平;BIM+研发,鼓励基于 BIM 的软硬件研发,以及具有自主知识产权的先进 BIM 软件。

6.8.3 应用场景

1. 设计、施工、运维一体化

1) 设计阶段

基于数字孪生的设计,数字孪生协同平台可实现跨专业并行设计,包括建筑、结构和机电等专业,大大缩短了传统设计周期所需时长。通过基于 Web 的轻量化协同平台,应用展示和审核等工具,站在不同专业的角度,对模型进行多维会审,能够在源头上把控建筑质量。

2)施工阶段

BIM 技术对建筑设计的优化,大大提升了设计质量,在智慧建筑施工过程中,BIM 技术同样可以提升施工管理工作的效率。

构件 ID 编码和工程量清单项目编码在 BIM 模型构件中实现关联,构件与工程量清单项目名称、单价、项目特征等之间形成对应关系,在数据库中,可以同时提取 BIM 中不同构件及模型的几何信息和属性信息。基于 BIM 开展造价评估工作,可以大幅减少造假评估工作,同时减少了因人为计算失误等而造成的错误,方便审核人员复核工程量成果。

3)运行维护

智慧建筑的运行和维护,能够从设计和施工阶段获取大量数字化基础信息,从而大大提升运行维护阶段的管理效率,同步对建筑物的舒适性和便利性产生正向影响。

2. 建筑减碳

数字孪生技术在建筑绿色低碳领域也能够起到促进作用。在建筑物全过程的数字化管理中,数字孪生技术已经对建筑物的低碳排放起到了非常大的帮助促进作用。同时,在建筑设备、材料、智能化方面,数字孪生依然可以推动建筑的节能低碳。

绿色建筑是城市数字孪生的重要组成部分。2020 年 7 月,国家住房和城乡建设部、发展和改革委员会等多部门发布《绿色建筑创建行动方案》要求,方案中提到,至 2022 年城镇新建建筑中绿色建筑的面积占比达 70%,进一步提高既有建筑能效水平和推广绿色建材应用。我国在低碳建筑方面仍处于发展阶段,需要进一步提升建筑维护结构性能,基础条件相对较好的地区,可率先向近零能耗建筑目标迈进。

1)建筑设备电气化

建筑运行领域,产生能耗的专业有很多,主要包括供热取暖、制冷、热水供应、炊事、照明、家电、电梯、通风等。

国内居民建筑的制冷、照明、家电、电梯、通风已基本实现电气化,但其他方面,如供热取暖、热水供应、炊事等的电气化率仍然较低,公共建筑这些方面也有类似问题。

在设施电气化快速推进过程中,数字孪生技术可以配合电气化改造,实时监测设施设备能耗,并通过物联网、人工智能等方法智能化降低能耗[①]。

2）建筑智能化

在设施电气化的基础之上,通过数字孪生与物联网技术,能够对建筑物内的设施设备进行智能化的调节,逐步实现建筑智能化。

对系统集成的需求,除了管理智能建筑内各子系统的信息外,还需要在服务子系统发现问题时,立刻发生反应将问题信息上传管理系统,管理系统通过自身检查或提醒管理人员快速解决问题[②]。

3）新能源新材料

采用新型能源新材料,对传统能源和材料进行使用替代,是建筑低碳化的实现方式之一,结合数字化技术,能够快速实现数字新能源的普及应用。

6.8.4 应用案例

1. 数据中心数字孪生

数据中心数字孪生系统基于高度仿真的 3D 模型对机房资产设备,资源设备运行状况等进行全面的数据展示,通过采集服务器、交换机等设备的实际运行数据,将数据中心机房内分散的多种专业监控系统、资产管理、运维巡检、容量管理等融合。

图 6－13 所示为数据中心机房数字孪生 3D 模型。在此 3D 模型中,可以建立统一数据展示、统一机房监控及告警提示、统一管理界面,提升机房运维的智能化程度。

同时,系统与巡检、动环、消防、视频监控、云网监控可以实现接口互通,实时获取机房运行的各类数据,通过文件读取的方式,可以定期更新机柜占用情况并且直观展现。运维人员能够便捷地查看所有信息技术相关设备的健康运行信息,远程开展运维巡检工作。

数字孪生运维系统同样可以实时检测机房告警,基于 BIM 模型上的所有设

---

① 于成东.低碳建筑:我国低碳城市建设的重点[EB/OL].（2021－05－25）[2021－05－25].https://www.fx361.com/page/2021/0525/8384218.shtml.

② 维鼎康联.专注建筑智能化发展开辟"另一种"新能源[EB/OL].（2019－07－04）[2019－07－04].http://wdklchina.com/News/49.html.

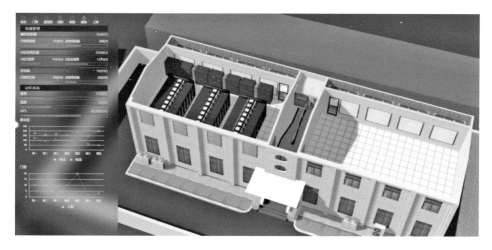

图 6-13　数据中心机房数字孪生
来源：上海电信工程公司提供

备信息，进行实时告警关联响应。

　　数据中心数字孪生管理平台，可以极大地提升数据中心运维、运营的效率，也带来多方面的管理能力提升。

　　2. 基于 BIM+数字孪生技术的装配式建筑管理平台

　　装配式建筑建造过程包括预制构件生产和现场装配施工两个部分。装配式建筑的实施首先需要协调预制构件的生产配送和现场施工活动安排，其次还要对项目做合理调度[①]。

　　1）装配式建筑的技术特点

　　装配式建筑建造过程技术特点包括：多空间性、非同步性、异地域性和关联性，数字孪生项目调度能够突破传统项目调度模式中，物理施工系统与虚拟施工系统的难以实时交互的瓶颈。基于数字孪生的智能化项目调度，能有效改善装配式建筑建造过程的管理效率。

　　2）基于 BIM 的数字孪生的融合调度

　　数字孪生模型，能够对项目的现场施工方案进行虚拟仿真调试。进行有效的项目调度优化，需要虚拟系统对复杂多样的调度数据进行分析与清洗。通过

① 谢琳琳，陈雅娇. 基于 BIM+数字孪生技术的装配式建筑项目调度智能化管理平台研究[J]. 建筑经济，2020，41(09)：5.

对数据的统计分析、网络化分析后,可对采集获取的调度信息进行分类与标准化处理。装配式建筑施工过程存在着一些不确定性,主要包括施工要素多元性、预制构件供应、扰动要素多源性等。在虚实系统实时交互过程中,通过仿真反馈、扰动预测、决策优化等手段,可实现项目调度的信息化、便捷化、先见化、网络化、智能化与自动化。

装配式建筑的核心是集成,功能按照层叠式递进结构组成。数字孪生技术是连接人机交互与底层数据的纽带。提供可视化、直观化、可操作化的交流通道。3D 虚拟映射模型集成了视觉、听觉、触觉、重力感知等关键信息,能够充分帮助使用者身临其境地了解和掌握物理建筑系统的属性和实时状态。同时使用者能够便捷地向后台下达决策指令,实现整体调度的数字化管控。